中国水利教育协会
高等学校水利类专业教学指导委员会　　共同组织

全国水利行业"十三五"规划教材（普通高等教育）

水利工程概预算

主编　李春生　黄建文

U0238267

中国水利水电出版社
www.waterpub.com.cn
·北京·

内 容 提 要

  本书为全国水利行业"十三五"规划教材（普通高等教育），依据我国最新颁布的水利工程定额及编制规定，从我国水利工程建设与管理的实际出发，以水利工程造价编制全过程为主线，系统地介绍了工程造价概论，工程定额，水利工程基础单价，水利建筑工程概算，设备及安装工程概算，水利施工临时工程概算，水利工程设计总概算，投资估算、施工图预算、施工预算，水利工程量清单计价，水利工程造价电算等内容。

  本书除作为大专院校水利水电工程相关专业工程造价课程的教材，也可供从事水利水电工程规划、设计、施工、监理等相关工作的工程技术人员阅读参考。

图书在版编目（CIP）数据

水利工程概预算 / 李春生，黄建文主编. -- 北京：
中国水利水电出版社，2019.12（2024.8重印）.
 全国水利行业"十三五"规划教材. 普通高等教育
 ISBN 978-7-5170-8339-9

 Ⅰ．①水… Ⅱ．①李… ②黄… Ⅲ．①水利工程—概算编制—高等学校—教材②水利工程—预算编制—高等学校—教材 Ⅳ．①TV512

中国版本图书馆CIP数据核字（2019）第296127号

书　　名	全国水利行业"十三五"规划教材（普通高等教育） **水利工程概预算** SHUILI GONGCHENG GAIYUSUAN
作　　者	主编　李春生　黄建文
出版发行	中国水利水电出版社 （北京市海淀区玉渊潭南路1号D座　100038） 网址：www. waterpub. com. cn E-mail：sales@mwr. gov. cn 电话：（010）68545888（营销中心）
经　　售	北京科水图书销售有限公司 电话：（010）68545874、63202643 全国各地新华书店和相关出版物销售网点
排　　版	中国水利水电出版社微机排版中心
印　　刷	清淞永业（天津）印刷有限公司
规　　格	184mm×260mm　16开本　17印张　414千字
版　　次	2019年12月第1版　2024年8月第2次印刷
印　　数	3001—5000册
定　　价	**50.00元**

前　言

　　《水利工程概预算》是根据全国水利行业"十三五"规划教材编写委员会和普通高等教育"十三五"规划教材编写委员会的编写要求，并结合《水利工程设计概（估）算编制规定》（水总〔2014〕429号），以先进、实用为目标进行编写的。

　　随着社会主义市场经济体制的建立和逐步完善，我国的基本建设工程造价管理模式也逐步由与计划经济相适应的概预算定额管理向市场经济相适应的工程造价管理转换。

　　本书以水利工程概预算编制全过程为主线，系统地介绍了基本建设程序与工程造价、工程定额、水利工程基础单价、水利建筑工程概算、水利设备及安装工程概算、水利施工临时工程概算、设计总概算、投资估算、施工图预算、施工预算、水利工程清单计价、水利工程概预算电算等内容。在编写过程中，贯彻理论联系实际，注重实践能力的培养，力求反映水利工程概预算编制的先进经验和技术成就。

　　本书由沈阳农业大学和三峡大学的老师联合编写，主编为李春生、黄建文，副主编为李玉清、胡志华、谷晓萍、殷德胜、付玉娟。编写人员分工如下：第一、第二章由李春生编写，第三、第四章由黄建文编写，第五章由李春生、付玉娟编写，第六、第七章由谷晓萍、殷德胜编写，第八章由黄建文、殷德胜编写，第九、第十章由李玉清、胡志华编写，附录由谷晓萍整理。

　　为及时全面准确地落实党的二十大精神，充分发挥教材的铸魂育人功能，本书编写过程中参考和引用了一些相关书籍的论述，编者也在此向有关人员致以衷心的感谢！

　　限于时间和水平，书中难免存在缺点和错误，恳请读者批评指正。

作者

2019 年 8 月

目 录

第一章 工 程 造 价 概 论

第一节 基 本 建 设 程 序

基本建设的特点是投资多，建设周期长，涉及的专业和部门多，工作环节错综复杂。为了保证工程建设顺利进行，达到预期的目的，在基本建设的实践中，逐渐总结出一套大家共同遵守的工作顺序，这就是基本建设程序。基本建设程序是基本建设全过程中各项工作的先后顺序和工作内容。

按基本建设程序进行水利工程建设是保证工程质量和投资效果的基本要求，是水利工程建设项目管理的重要工作。为此水利部于 1995 年 4 月 21 日发布施行了《水利工程建设项目管理规定》（水建〔1995〕128 号，2016 年 8 月 1 日水利部令第 48 号第二次修订），于 1998 年 1 月 7 日发布施行了《水利工程建设程序管理暂行规定》（水建〔1998〕16 号，2017 年 12 月 22 日水利部令第 49 号第三次修改）。水利工程基本建设程序一般分为项目建议书、可行性研究报告、施工准备、初步设计、建设实施、生产准备、竣工验收、后评价等阶段。

一、项目建议书

项目建议书应根据国民经济和社会发展长远规划、流域综合规划、区域综合规划、专业规划，按照国家产业政策和国家有关投资建设方针进行编制，是对拟进行建设项目的初步说明。主要从宏观上分析项目建设的必要性、建设条件的可行性、获利的可能性，即从国家或地区的长远需要分析建设项目是否有必要，从当前的实际情况分析建设条件是否具备，从投入与产出的关系分析是否值得投入资金和人力。

项目建议书编制一般委托有相应资格的设计单位承担，并按国家规定权限向上级主管部门申报审批。

二、可行性研究报告

可行性研究是综合应用工程技术、经济学和管理科学等学科基本理论对项目建设的各方案进行的技术、经济比较分析，提出评价意见，推荐最佳方案，论证项目建设的必要性、技术可行性和经济合理性。可行性研究报告是项目立项决策依据，同时也是项目办理资金筹措、签订合作协议、进行初步设计等工作的依据和基础，一经批准，不得随意修改和变更。可行性研究报告的内容一定要做到全面、科学、深入、可靠。

可行性研究报告，按国家现行规定的审批权限报批。申请项目可行性研究报告，必须同时提出项目法人组建方案及运行机制、资金筹措方案、资金结构及回收资金办法，并依照有关规定附具有管辖权的水行政主管部门或流域机构签署的规划同意书，对取水许可预申请的书面审查意见，审批部门要委托有项目相应资质的工程咨询机构对可行性研究报告进行评估，并综合行业归口主管部门、投资机构（公司）、项目法人（或项目法人筹备机构）等方面的意见进行审批。

项目可行性报告批准后，应正式成立项目法人，并按项目法人责任制实行项目管理。

三、施工准备

项目在主体工程开工之前，必须完成各项施工准备工作，其主要内容包括：落实施工用地的征地、拆迁；完成施工用水、电、通信、道路和场地平整等工程；建设生产、生活必需的临时工程；准备施工图纸；完成施工招标工作，择优选定监理单位、施工单位和材料设备供应厂家。这一阶段的工作对于保证项目开工后能否顺利进行具有决定性作用。

施工准备工作开始前，项目法人或其代理机构，必须按照规定向水行政主管部门办理报建手续，项目报建须交验工程建设项目的有关批准文件。工程项目进行项目报建登记后，方可组织施工准备工作。工程建设项目施工，除某些不适应招标的特殊工程项目外（须经水行政主管部门批准），均须实行招标投标。

水利工程项目进行施工准备必须满足如下条件：①初步设计已经批准；②项目法人已经建立；③项目已列入国家或地方水利建设投资计划，筹资方案已经确定；④有关土地使用权已经批准；⑤已办理报建手续。

四、初步设计

初步设计是根据批准的可行性研究报告和必要而准确的设计资料，对设计对象进行通盘研究，阐明拟建工程在技术上的可行性和经济上的合理性，规定项目的各项基本技术参数，编制项目的总概算。设计是复杂的综合性很强的技术经济工作，它建立在全面正确的勘测、调查工作之上。不仅设计前要有大量的勘测、调查、试验工作，在设计中以及工程施工中都要有相当细致的勘测、调查、试验工作。

初步设计是解决建设项目的技术可靠性和经济合理性问题。因此，初步设计具有一定程度的规划性质，是建设项目的"纲要"设计。初步设计要提出设计报告、初设概算和经济评价三项资料，主要内容包括：工程的总体规划布置，工程规模（包括装机容量、水库的特征水位等），地质条件，主要建筑物的位置、结构形式和尺寸，主要建筑物的施工方法，施工导流方案，消防设施，环境保护，水库淹没，工程占地，水利工程管理机构等。对灌区工程来说，还要确定灌区的范围，主要干支渠道的规划布置，渠道的初步定线、断面设计和土石方量的估计等。还应包括各种建筑材料的用量，主要技术经济指标，建设工期，设计总概算等。

对大中型水利水电工程中一些水工、施工中的重大问题，如新坝型、泄洪方式、施工导流、截流等，应进行相应深度的科学研究，必要时，应有模型试验成果的论证。

初步设计任务应择优选择有项目相应资格的设计单位承担，依照有关初步设计编制规定进行编制。初步设计报批前，一般由项目法人委托有相应资格的工程咨询机构或组织专家，对初步设计中的重大问题进行咨询论证。设计单位根据咨询论证意见，对初步设计文件进行补充、修改和优化。初步设计由项目法人组织审查后，按国家现行规定权限向主管部门申报审批。

五、建设实施

建设实施是项目法人按照批准的建设文件，组织工程建设，保证项目建设目标的实现。项目法人或其代理机构必须按审批权限，向主管部门提出主体工程开工申请报告，经批准后，主体工程方能正式开工。

主体工程开工须具备如下条件：①前期工程各阶段文件已按规定批准，施工详图设计可以满足初期主体工程施工需要；②建设项目已列入国家或地方水利建设投资年度计划，年度建设资金已落实；③主体工程招标已经决标，工程承包合同已经签订，并得到主管部门同意；④现场施工准备和征地移民等建设外部条件能够满足主体工程开工需要。

施工是把设计变为具有使用价值的建设实体，必须严格按照设计图纸进行，如有修改变动，要征得设计单位的同意。施工单位要严格履行合同，要与建设、设计单位和监理工程师密切配合。在施工过程中，各个环节要相互协调，要加强科学管理，确保工程质量，全面按期完成施工任务。要按设计和施工验收规范验收，对地下工程，特别是基础和结构的关键部位，一定要在验收合格后才能进行下一道工序施工，并做好原始记录。

六、生产准备

生产准备是项目投产前所要进行的一项重要工作，是建设阶段转入生产经营的必要条件。项目法人应按照建管结合和项目法人责任制的要求，适时做好有关生产准备工作。生产准备应根据不同类型的工程要求确定，一般应包括如下主要内容：

（1）生产组织准备。建立生产经营的管理机构、配备生产人员、制定相应管理制度。

（2）招收和培训人员。按照生产运营的要求，配备生产管理人员，并通过多种形式的培训，提高人员素质，使之能满足运营要求。有条件时，生产管理人员要尽早介入工程的施工建设，参加设备的安装调试和工程验收，熟悉情况，掌握好生产技术和工艺流程，为顺利衔接基本建设和生产经营阶段做好准备。

（3）生产技术准备。生产技术准备主要包括技术资料的汇总、运行技术方案的制定、岗位操作规程制定和新技术准备。

（4）生产物资准备。生产物资准备主要是落实投产运营所需要的原材料、协作产品、工器具、备品备件和其他协作配合条件的准备。

（5）正常的生活福利设施准备。

七、竣工验收

当建设项目的建设内容全部完成，并经过单位工程验收，符合设计要求并按有关规定的要求完成了档案资料的整理工作，完成竣工报告、竣工决算等必需文件的编制后，项目法人按规定向验收主管部门提出申请，根据国家和部颁验收规程，组织验收。工程规模较大、技术较复杂的建设项目可先进行初步验收。不合格的工程不予验收；有遗留问题的项目，对遗留问题必须有具体处理意见，且有限期处理的明确要求并落实责任人。

水利水电工程按照设计文件所规定的内容建成以后，在办理竣工验收以前，必须进行试运行。如工程质量不合格，应返工或加固处理。

竣工验收程序，一般分两个阶段：单项工程验收和整个工程项目的全部验收。对于大型工程，因建设时间长或建设过程中逐步投产，应分批组织验收。验收之前，项目法人要组织设计、施工等单位进行初验，待施工单位对初验的问题作出必要的处理之后，再向主管部门提交验收申请，根据国家和部颁验收规程，组织验收。

项目法人要系统整理技术资料，绘制竣工图，分类立卷，在验收后作为档案资料，交生产单位保存。项目法人要认真清理所有财产和物资，编好工程竣工决算，报上级主管部门审批。竣工决算编制完成后，须由审计机关组织竣工审计，审计报告作为竣工验收的基本资料。

水利水电工程把上述验收程序分为阶段验收和竣工验收。凡能独立发挥作用的单项工程均应进行阶段验收，如截流、下闸蓄水、机组启动、通水等。

竣工验收是工程完成建设目标的标志，是全面考核基本建设成果、检验设计和工程质量的重要步骤。竣工验收合格的项目即从基本建设转入生产或使用。

八、后评价

后评价是工程交付使用并生产运行 1～2 年后，对项目的立项决策、设计、施工、竣工验收、生产运行等全过程进行系统评价的一种技术经济活动。通过后评价达到肯定成绩、总结经验、研究问题、提高项目决策水平和投资效果的目的。评价的内容主要包括：

（1）影响评价。通过项目建成投入生产后对社会、经济、政治、技术和环境等方面所产生的影响来评价项目决策的正确性。如项目建成后没达到决策时的目标，或背弃了决策目标，则应分析原因，找出问题，加以改进。

（2）经济效益评价。通过项目建成投产后所产生的实际效益的分析，来评价项目投资是否合理，经营管理是否得当，并与可行性研究阶段的评价结果进行比较，找出二者之间的差异及原因，提出改进措施。

（3）过程评价。前述两种评价是从项目投产后运行结果来分析评价的。过程评价则是从项目的立项决策、设计、施工、竣工投产等全过程进行系统分析。

基本建设过程大致上可以分为三个时期，即前期工作时期、工程实施时期、竣工投产时期。从国内外的基本建设经验来看，前期工作最重要，一般占整个过程的 50%～60% 的时间。前期工作搞好了，其后各阶段的工作就容易顺利完成。

第二节　工程造价的概念

一、工程造价的含义和特点

1. 工程造价的含义

工程造价指进行一个工程项目的建造所需花费的全部费用，是指各类水利水电建设项目从筹建到竣工验收交付使用全过程所需的全部费用。工程造价有两种含义：

（1）第一种含义。工程造价是指建设项目的建设成本，即完成一个建设项目所需费用的总和，包括建筑工程费、安装工程费、设备费，以及其他相关的必需费用。显然，这一含义是从投资者的角度来定义的。从性质上讲，建设成本的管理属于对具体工程项目的投资管理范畴，而工程造价不像建设项目投资那样有明确的主体性和目标性，它只表示建设项目所消耗资金的数量标准。

建设成本（工程投资）是对投资方、业主、项目法人而言的。为谋求以较低的投入获得较高的产出，在确保建设要求、工程质量的基础上，建设成本总是要求越低越好，这就必须对建设成本实行从前期就开始的全过程控制与管理。

（2）第二种含义。工程造价是指建设项目的工程价格，换句话说，就是为建成一项工程，预计或实际在土地市场、设备市场、技术劳务市场以及承包市场等交易活动中所形成的建筑安装工程的价格和建设工程总价格。它是在社会主义市场经济条件下，以工程这种特定的商品形式作为交易对象，通过招投标、承发包或其他交易方式，由市场形成的价格。

工程承发包价格形成于发包方和承包方的承发包关系中，即合同的买卖关系中，双方的利益是矛盾的。在具体工程上，双方都在通过市场谋求有利于自身的合理承包价格，并保证价格的兑现和风险的补偿，因此双方都有对具体工程项目的价格管理问题。这种管理明确属于价格管理范畴。

2. 工程造价的特点

（1）工程造价的大额性。能够发挥投资效用的任一项工程，不仅实物形体庞大，而且造价高昂。一项工程的造价可以达到上千万、上亿元人民币，特大的工程项目造价可达千亿元人民币。工程造价的大额性使它关系到有关各方面的重大经济利益，同时也会对宏观经济产生重大影响。

（2）工程造价的差异性。由于基本建设产品的单件性、露天性、建设地点的不固定性，并且用途、功能、规模一般也都不一样，这样就决定了工程造价的差异性。

（3）工程造价的动态性。任一项工程从决策到竣工交付使用，都有一个较长的建设期间，特别是水利水电工程更是如此。在预计工期内，存在许多影响工程造价的动态因素，如工程变更，设备材料价格变动，工资标准以及费率、利率、汇率会发生变化。这种变化必然会影响到造价的变动，所以工程造价在整个建设期中处于不确定状态，直至竣工决算后才能最终确定工程的实际造价。

（4）工程造价的层次性。造价的层次性取决于工程的层次性，一个建设项目往往含有多个能够独立发挥设计效能的单项工程，如一个水库工程项目由挡水工程、泄洪工程、引水工程等组成。一个单项工程又是由能够各自发挥专业效能的多个单位工程组成，如引水工程由进（取）水口工程、引水明渠工程、引水隧洞工程、调压井工程、高压管道工程等组成。与此相适应，工程造价也有 3 个层次，建设项目总造价、单项工程造价和单位工程造价。如果专业分工更细，单位工程的组成部分——分部分项工程也可以成为交易对象，如土方工程、基础工程、混凝土工程等，这样工程造价的层次就增加分部工程和分项工程而成为 5 个层次。

二、水利水电工程造价计算的种类

水利水电工程造价，是根据不同设计阶段的具体内容和有关定额、指标分阶段进行编制的。

根据我国基本建设程序的规定，水利水电工程在工程的不同建设阶段，要编制相应的工程造价，一般有以下几种：

（1）投资估算。投资估算是指在项目建议书阶段、可行性研究阶段对建设工程造价的预测，它应考虑多种可能的需要、风险、价格上涨等因素，要打足投资、不留缺口，适当留有余地。它是设计文件的重要组成部分，是编制基本建设计划，实行基本建设投资大包干、控制其中建设拨款、贷款的依据；也是考核设计方案和建设成本是否合理的依据。它是可行性研究报告的重要组成部分，是业主为选定近期开发项目、做出科学决策和进行初步设计的重要依据。投资估算是工程造价全过程管理的"龙头"，抓好这个"龙头"有十分重要的意义。它主要是根据估算指标、概算指标或类似工程的预决算资料进行编制。

投资估算是建设单位向国家或主管部门申请基本建设投资时，为确定建设项目投资总额而编制的技术经济文件，它是国家或主管部门确定基本建设投资计划的重要文件，主要根据估算指标、概算指标或类似工程的预（决）算资料进行编制。投资估算控制初设概算，它是工程投资的最高限额。

（2）设计概算。设计概算是指在初步设计阶段，设计单位为确定拟建基本建设项目所需的投资额或费用而编制的工程造价文件，它是设计文件的重要组成部分。由于初步设计阶段对建筑物的布置、结构形式、主要尺寸以及机电设备型号、规格等均已确定，所以概算是对建设工程造价有定位性质的造价测算，设计概算不得突破投资估算。设计概算是编制基本建设计划，实行基本建设投资大包干，控制其中建设拨款、贷款的依据；也是考核设计方案和建设成本是否合理的依据。设计单位在报批设计文件的同时，要报批设计概算，设计概算经过审批后，就成为国家控制该建设项目总投资的主要依据，不得任意突破。

（3）修改概算。当某些大型工程或特殊工程采用三阶段设计时，在技术设计阶段随着设计内容的深化，可能出现建设规模、结构造型、设备类型和数量等内容与初步设计相比有所变化的情况，设计单位应对投资额进行具体核算，对初步设计总概算进行修改，即编制修改设计概算，作为技术文件的组成部分。修改概算是在量（指工程规模或设计标准）和价（指价格水平）都有变化的情况下，对设计概算的修改。由于绝大多数水利水电工程都采用两阶段设计（即初步设计和施工图设计），未作技术设计，故修改概算也就很少出现。

（4）业主预算。业主预算是在已经批准的初步设计概算基础上，对已经确定实行投资包干或招标承包制的大中型水利水电工程建设项目，根据工程管理与投资的支配权限，按照管理单位及分标项目的划分，进行投资的切块分配，以便于对工程投资进行管理与控制，并作为项目投资主管部门与建设单位签订工程总承包（或投资包干）合同的主要依据。它是为了满足业主控制和管理的需要，按照总量控制、合理调整的原则编制的内部预算，业主预算也称为执行概算。

（5）标底与报价。标底是招标工程的预期价格，它主要是以招标文件、图纸，按有关规定，结合工程的具体情况，计算出的合理工程价格。它是由业主委托具有相应资质的设计单位、社会咨询单位编制完成的，包括发包造价、与造价相适应的质量保证措施及主要施工方案、为了缩短工期所需的措施费等。其中主要是合理的发包造价，应在编制完成后报送招标投标管理部门审定。标底的主要作用是招标单位在一定浮动范围内合理控制工程造价，明确自己在发包工程上应承担的财务义务。标底也是投资单位考核发包工程造价的主要尺度。

投标报价，即报价，是施工企业（或厂家）对建筑工程施工产品（或机电、金属结构设备）的自主定价。它反映的是市场价格，体现了企业的经营管理、技术和装备水平。中标报价是基本建设产品的成交价格。

（6）施工图预算。施工图预算是指在施工图设计阶段，根据施工图纸、施工组织设计、国家颁布的预算定额和工程量计算规则、地区材料预算价格、施工管理费标准、计划利润率、税金等，计算每项工程所需人力、物力和投资额的文件。它应在已批准的设计概算控制下进行编制。它是施工前组织物资、机具、劳动力，编制施工计划，统计完成工作量，办理工程价款结算，实行经济核算，考核工程成本，实行建筑工程包干和建设银行拨（贷）工程款的依据。它是施工图设计的组成部分，由设计单位负责编制的。它的主要作用是确定单位工程项目造价，是考核施工图设计经济合理性的依据。一般建筑工程以施工图预算作为编制施工招标标底的依据。

（7）施工预算。施工预算是指在施工阶段，施工单位为了加强企业内部经济核算，节约人工和材料，合理使用机械，在施工图预算的控制下，通过工料分析，计算拟建工程工、料和机具等需要量，并直接用于生产的技术经济文件。它是根据施工图的工程量、施工组织设计或施工方案和施工定额等资料进行编制的。

（8）竣工结算。竣工结算是施工单位与建设单位对承建工程项目的最终结算（施工过程中的结算属于中间结算）。竣工结算与竣工决算是完全不同的两个概念，其主要区别在于：①范围不同，竣工结算的范围只是承建工程项目，是基本建设的局部，而竣工决算的范围是基本建设的整体；②成本不同，竣工结算只是承包合同范围内的预算成本，而竣工决算是完整的预算成本。它还要计入工程建设的其他费用、临时费用、建设期还贷利息等工程成本和费用。由此可见，竣工结算是竣工决算的基础，只有先办竣工结算才有条件编制竣工决算。

（9）竣工决算。竣工决算是指建设项目全部完工后，在工程竣工验收阶段，由建设单位编制的从项目筹建到建成投产全部费用的技术经济文件。它是建设投资管理的重要环节，是工程竣工验收、交付使用的重要依据，也是进行建设项目财务总结，银行对其实行监督的必要手段。

水利水电工程基本建设程序与工程造价的关系如图1-1所示。建设项目估算、概算、

图1-1　水利水电工程基本建设程序与工程造价关系图

预算及决算，从确定建设项目，确定和控制基本建设投资，进行基本建设经济管理和施工企业经济核算，到最后来核定项目的固定资产，它们以价值形态贯穿于整个基本建设过程中。其中设计概算、施工图预算和竣工决算，通常简称为基本建设的"三算"，是建设项目概预算的重要内容，三者有机联系，缺一不可。设计要编制概算，施工要编制预算，竣工要编制决算。一般情况下，决算不能超过预算，预算不能超过概算，概算不能超过估算。

建设项目概预算中的设计概算和施工图预算，在编制年度基本建设计划，确定工程造价，评价设计方案，签订工程合同，建设银行据以进行拨款、贷款和竣工结算等方面有着共同的作用，都是业主对基本建设进行科学管理和监督的有效手段，在编制方法上也有相似之处。但由于二者的编制时间、依据和要求不同，它们还是有区别的。设计概算与施工图预算的区别有以下几点：

（1）编制费用内容不完全相同。设计总概算包括建设项目从筹建开始至全部项目竣工和交付使用前的全部建设费用。施工图预算一般包括建筑工程、设备及安装工程、临时工程等。建设项目的设计总概算除包括施工图预算的内容外，还应包括水库淹没处理补偿费和其他费用等。

（2）编制阶段不同。建设项目设计总概算的编制，是在初步设计阶段进行的，由设计单位编制。施工图预算是在施工图设计完成后，由设计单位编制的。

（3）审批过程及其作用不同。设计总概算是初步设计文件的组成部分，由有关主管部门审批，作为建设项目立项和正式列入年度基本建设计划的依据。只有在初步设计图纸和设计总概算经审批同意后，施工图设计才能开始，因此它是控制施工图设计和预算总额的依据。施工图预算是先报建设单位初审，然后再送交建设银行经办行审查认定，就可作为拨付工程价款和竣工结算的依据。

（4）概预算的分项大小和采用的定额不同。设计概算分项和采用定额，具有较强的综合性，设计概算采用概算定额。施工图预算用的是预算定额，预算定额是概算定额的基础。另外设计概算和施工图预算采用的分级项目不一样，设计概算一般采用三级项目，施工图预算一般采用比三级项目更细的项目。

第三节　工程项目划分与费用构成

一、水利工程项目划分

（一）工程类别划分

水利工程按工程性质分为枢纽工程、引水工程和河道工程。枢纽工程包括水库、水电站、大型泵站、大型拦河闸和其他大型独立建筑物（含引水工程的水源工程）。枢纽工程大多为多目标开发项目，建筑物种类多，布置集中，施工难度大；引水工程指供水工程、调水工程、灌溉工程（1）；河道工程指堤防修建与加固工程、河湖整治工程以及灌溉工程（2）。引水及河道工程建筑种类少，布置分散，施工难度小。

（二）工程概算构成

水利工程概算由工程部分、移民和环境部分两部分组成（包括建设征地移民补偿、水土保持工程、环境保护工程）。工程部分项目划分和概算编制按照水利部 2014 年颁发的水总〔2014〕429 号文有关规定执行。移民和环境部分概算编制和划分的各级项目执行《水利工程建设征地移民补偿投资概（估）算编制规定》《水利工程环境保护设计概（估）算编制规定》和《水土保持工程概（估）算编制规定》。

（三）工程部分概算项目划分

工程部分概算项目划分为五部分，包括：建筑工程，机电设备及安装工程，金属结构设备及安装工程，施工临时工程，独立费用。水利基本建设工程项目划分见附录 1。

1. 建筑工程

建筑工程指水利枢纽建筑物、大型泵站、大型拦河闸和其他大型独立建筑物，引水工程的水源工程包含在水利枢纽建筑物中。本部分由挡水工程、泄洪工程、引水工程、发电厂（泵站）工程、升压变电站工程、航运工程、鱼道工程、交通工程、房屋建筑工程和其他建筑工程、供电设施工程和其他建筑工程组成，其中挡水工程等前七项称为主体建筑工程。

引水工程指供水工程、调水工程和灌溉工程（1），包括渠（管）道工程、建筑物工程、交通工程、房屋建筑工程、供电设施工程和其他建筑工程。

河道工程指堤防修建与加固工程、河湖整治工程以及灌溉工程（2），包括河湖整治与堤防工程、灌溉及田间渠（管）道工程、建筑物工程、交通工程、房屋建筑工程、供电设施工程和其他建筑工程。

2. 机电设备及安装工程

机电设备及安装工程指构成枢纽工程固定资产的全部机电设备及安装工程。本部分由发电设备及安装工程、升压变电设备及安装工程和公用设备及安装工程三项组成。大型泵站和大型拦河闸的机电设备及安装工程项目划分参考引水工程及河道工程划分方法。

引水工程及河道工程指构成该工程固定资产的全部机电设备及安装工程。本部分一般由泵站设备及安装工程、水闸设备及安装工程、电站设备及安装工程、供变电设备及安装工程和公用设备及安装工程组成。

3. 金属结构设备及安装工程

金属结构设备及安装工程指构成枢纽工程、引水工程及河道工程固定资产的全部金属结构设备及安装工程。金属结构设备及安装工程一级项目要与建筑工程的一级项目相对应。

金属结构设备及安装工程，主要包括闸门、启闭机、拦污设备、升船机等设备及安装工程，水电站（泵站等）压力钢管制作及安装工程和其他金属结构设备及安装工程。

4. 施工临时工程

施工临时工程指为辅助主体工程施工所必须修建的生产和生活用临时性工程。本部分一般由导流工程、施工交通工程、施工场外供电工程、施工房屋建筑工程和其他施工临时工程五项组成。

5. 独立费用

独立费用由建设管理费、工程建设监理费、联合试运转费、生产准备费、科研勘测设计费和其他六项组成。

（四）三级项目

工程各部分一般划分为三个等级项目，即各部分下设一级项目、二级项目、三级项目，每个上一级项目包含若干个下一级项目。一级项目是具有独立功能的单项工程，二级项目相当于单位工程，三级项目相当于分部、分项工程。以第一部分建筑工程为例，枢纽工程中的泄洪工程是一项具有独立功能的单项工程，属一级项目；构成泄洪工程的溢洪道、泄洪洞、冲砂洞（孔）、放空洞等工程为单位工程，属二级项目；各单位工程中的土石方开挖、回填、混凝土、灌浆、钢筋等为分部分项工程，属三级项目。在进行水利工程概算编制时，主体建筑工程工程量要计算到三级项目，三级项目是进行水利工程概（估）算的基础。施工图预算根据计划统计、成本核算的实际需要进一步划分到四级项目，甚至五级项目。

《工程项目划分》在对工程部分进行项目划分规定时，二级项目、三级项目中仅列出了代表性子目，在编制概（预）算时，应根据工程的设计阶段、设计工作深度和工程的具体情况进行增删调整或再划分。以三级项目为例，项目划分如下：

（1）土方开挖工程，应将土方开挖与砂砾石开挖分列。

（2）石方开挖工程，应将明挖与暗挖、平洞与斜井、竖井分列。

（3）土石方回填工程，应将土方回填与石方回填分列。

（4）砌石工程，应将工程不同部位的干砌石、浆砌石、抛石、铅丝笼块石分列。

（5）混凝土工程，应将工程不同部位、不同标号、不同级配的混凝土分列。

（6）模板工程，应将不同材质、不同规格形状的模板分列。

（7）钻孔工程，应根据使用的钻孔机械和钻孔的用途分列。

（8）灌浆工程，应按不同的灌浆种类分列。

（9）机电、金属结构设备及安装工程，应根据设计提供的设备清单，分项逐一列出。

（10）钢管制作及安装工程，应将不同管径的钢管、叉管分列。

二、费用构成

建设项目费用是指工程项目从筹建到竣工验收、交付使用所需要的费用总和。水利工程一般规模大、项目多、投资大，在编制概预算时，对建设项目费用划分得更细更多。水利工程建设项目费用包括工程部分、移民和环境部分两部分。移民和环境部分的费用包括水库移民征地补偿费、水土保持工程费、环境保护工程费，其费用构成按《水利工程建设征地移民补偿投资概（估）算编制规定》《水利工程环境保护设计概（估）算编制规定》和《水土保持工程概（估）算编制规定》执行。

根据水利部现行规定，工程部分的建设项目费用由工程费（包括建筑及安装工程费和设备费）、独立费用、预备费、建设期融资利息组成。建筑安装工程费由直接费、间接费、利润、材料补差和税金组成。按概预算项目划分，工程费分为四部分：建筑工程费，机电设备及安装工程费，金属结构设备及安装工程费，施工临时工程费。

编制水利工程概预算，要针对每个工程的具体情况，在工程的不同设计阶段，根据设计深度及掌握的资料，按照设计要求编制工程建设项目费用。认真划分费用的组成是编制工程概预算的基础和前提，图1-2是水利工程建设项目费用构成图。

图1-2 水利工程建设项目费用构成图

第四节 水利水电工程造价编制程序

（1）熟悉工程的基本情况。编制工程造价前要熟悉本阶段的设计成果，从而了解工程规模、主要水工建筑物的结构形式和技术数据、工程布置、设备型号、地形地质、施工场地布置、对外交通方式、施工导流、施工进度及主体工程施工方法等。

（2）搜集所需的资料。深入实地进行踏勘，了解工程和工地现场情况、砂砾料与天然建筑材料料场开采运输条件、场内外交通运输条件等情况，搜集人工工资、运杂费、供电价格、设备价格等各项基础资料，并且注意新技术、新工艺、新定额资料的搜集与分析。

（3）编制基础单价。基础单价是编制工程单价时计算人工费、材料费和机械使用费所必需的最基本的价格资料，水利水电工程概预算基础单价有：人工预算单价、材料预算价格和施工机械台时费，水、电、风、砂、石、混凝土、砂浆单价等。

（4）工程项目划分。将水利工程建设项目系统地逐级划分为若干个各级项目和费用项目。工程部分项目划分包括建筑工程、机电设备及安装工程、金属结构设备及安装工程、施工临时工程、独立费用五部分。工程各部分一般划分为三个等级项目，三级项目是进行水利工程造价编制的基础。

（5）计算工程量。

（6）计算工程概算单价。

（7）编制各部分工程概算及总概算。

（8）进行工料机的分析。

复 习 思 考 题

1. 何谓基本建设程序？可划分为哪几个阶段？
2. 试述工程造价的含义。
3. 试述基本建设程序与工程造价的关系。
4. 水利工程项目如何划分？
5. 简述水利工程建设项目费用构成。
6. 简述水利工程造价编制程序。

第二章 工 程 定 额

第一节 概 述

一、定额的概念

在社会生产中，为了生产出合格的产品，就必须消耗一定数量的人力、材料、机具、资金等。由于受各种因素的影响，生产一定量的同类产品，这种消耗量并不相同。消耗越大，产品的成本就越高，在产品价格一定的条件下，企业的盈利就会降低，对社会的贡献也就较低，对国家及企业本身都是不利的，因此降低产品生产过程中的消耗具有十分重要的意义。产品生产过程中的消耗不可能无限降低，在一定的技术组织条件下，必然有一个合理的数额。根据一定时期的生产力水平和产品的质量要求，规定在产品生产中人力、物力或资金消耗的数量标准，这种标准就称为定额。确切地说，定额就是在合理的劳动组织和合理地使用材料和机械的条件下，完成单位合格产品所消耗的资源数量标准。

定额水平是一定时期社会生产力水平的反映，它与操作人员的技术水平、机械化程度及新材料、新工艺、新技术的发展和应用有关，与企业的组织管理水平和全体技术人员的劳动积极性有关。所以定额不是一成不变的，而是随着生产力水平的变化而变化的。一定时期的定额水平，必须坚持平均先进的原则，也就是在一定生产条件下大多数企业、班组和个人，经过努力可以达到或超过的标准。因此，定额必须从实际出发，根据生产条件、质量标准和工人现有的技术水平等经过测算、统计、分析而制定，并随着上述条件的变化而进行补充和修订，以适应生产发展的需要。

二、定额的作用与特性

1. 定额的作用

建筑工程、安装工程定额是建筑安装企业实行科学管理的必备条件。无论是设计、计划、生产、分配、估价、结算等各项工作，都必须以它作为衡量工作的尺度。具体地说，定额主要有以下几方面的作用。

（1）定额是编制计划的基础。无论是国家计划还是企业计划，无论是中长期计划还是短期计划，无论是综合性的技术经济计划还是施工进度计划，都直接或间接地以各种定额为依据来计算人力、物力、财力等各种资源需要量，所以，定额是编制计划的基础。

（2）定额是确定基本建设产品成本的依据，是评比设计方案合理性的尺度。基本建设产品的价格是由其产品生产过程中所消耗的人力、材料、机械台班数量以及其他资源、资金的数量所决定的，而它们的消耗量又是根据定额计算的，因此定额是确定产品成本的依据。同时，同一基本建设产品的不同设计方案的成本，反映了不同设计方案的技术经济水平的高低。因此，定额也是比较和评价设计方案是否经济合理的尺度。

（3）定额是提高企业经济效益的重要工具。定额是一种法定的标准，具有严格的经济监督作用，它要求每一个执行定额的人，都必须严格遵守定额的要求，并在生产过程中尽可能有效地使用人力、物力、资金等资源，使之不超过定额规定的标准，从而提高劳动生产率，降低生产成本。

企业在计算和平衡资源需要量、组织材料供应、编制施工进度计划和作业计划、组织劳动力、签发任务书、考核工料消耗、实行承包责任制等一系列管理工作时，都要以定额作为标准。因此，定额是加强企业管理，提高企业经济效益的工具。

（4）定额是贯彻按劳分配原则的尺度。由于工时消耗定额反映了生产产品与劳动量的关系，可以根据定额来对每个劳动者的工作进行考核，从而确定他所完成的劳动量的多少，并以此来支付他的劳动报酬。多劳多得、少劳少得，体现了社会主义按劳分配的基本原则，这样企业的效益就同个人的物质利益结合起来了。

（5）定额是总结推广先进生产方法的手段。定额是在先进合理的条件下，通过对生产和施工过程的观察、实测、分析综合制定的，它可以准确地反映出生产技术和劳动组织的先进合理程度。因此。我们可以用定额标定的方法，对同一产品在同一操作条件下的不同生产方法进行观察、分析，从而总结比较完善的生产方法，并经过试验、试点，然后在生产过程中予以推广，使生产效率得到提高。

合理制定并认真执行定额，对改善企业经营管理，提高经济效益具有重要的意义。

2. 定额的特性

定额的特性是由定额的性质决定的，社会主义定额的特性有以下五个方面：

（1）定额的法令性。定额是由被授权部门根据当时的实际生产力水平而制定，并经授权部门颁发供有关单位使用。在执行范围内任何单位必须遵照执行，不得任意调整和修改。如需进行调整、修改和补充，必须经授权编制部门批准。因此，定额具有经济法规的性质。

（2）定额的群众性。定额是根据当时的实际生产力水平，在大量测定、综合、分析、研究实际生产中的有关数据和资料的基础上制定出来的，因此它具有广泛的群众性；同时，当定额一旦制定颁发，运用于实际生产中，则成为广大群众共同奋斗的目标。总之，定额的制定和执行都离不开群众，也只有得到群众的充分协助，定额才能定得合理，并能为群众所接受。

（3）定额的相对稳定性。定额水平的高低，是根据一定时期社会生产力水平确定的。当生产条件发生了变化，技术水平提高，原定额已不适应了，在这种情况下，授权部门应根据新的情况制定出新的定额或补充原有的定额。但是，社会的发展有其自身的规律，有一个量变到质变的过程，而且定额的执行也有一个时间过程，所以每一次制定的定额必须是相对稳定的，决不可朝订夕改，否则会伤害群众的积极性。

（4）定额的针对性。一种产品（或者工序）一项定额，而且一般不能互相套用。一项定额，它不仅是该产品（或工序）的资源消耗的数量标准，而且还规定了完成该产品（或工序）的工作内容、质量标准和安全要求。

（5）定额的科学性。制定工程定额要进行"时间研究""动作研究"及工人、材料和机具在现场的配置研究，有时还要考虑机具改革、施工生产工艺等技术方面的问题等。工程定额必须符合建筑施工生产客观规律，这样才能促进生产的发展，从这一方面来说定额是一门科学技术。

三、定额的种类

定额的种类很多，按其性质、用途、内容、管理体制的不同，可以划分为很多的类别。

1. 按生产因素分

(1) 劳动定额。劳动定额也称人工定额或工时定额，是在正常施工技术组织条件下，完成单位合格产品所必需的劳动消耗数量的标准。劳动定额有两种表示形式，即时间定额和产量定额，时间定额和产量定额互为倒数。

(2) 材料消耗定额。材料消耗定额是指在节约与合理使用材料条件下，生产单位合格产品所必须消耗的一定规格的建筑材料、成品、半成品或配件的数量标准。

(3) 机械作业定额。机械作业定额是指施工机械在正常的施工条件下，合理地、均衡地组织劳动和使用机械时，在单位时间内应当完成合格产品的数量，称机械产量定额；或完成单位合格产品所需的时间，称机械时间定额。

(4) 综合定额。综合定额是指在一定的施工组织条件下，完成单位合格产品所需人工、材料、机械台班（时）数量。

(5) 机械台班（时）定额。机械台班（时）定额是指施工过程中使用施工机械一个台班（时）所需机上人工、动力、燃料、折旧、修理、替换配件、安装拆卸以及牌照税、车船使用税、养路税等的定额。

(6) 费用定额。费用定额是指除以上定额以外的其他直接费定额、间接费定额、其他费用定额等。

2. 按建设阶段分

(1) 投资估算指标。投资估算指标是在可行性研究阶段作为技术经济比较或建设投资估算的依据，是由概算定额综合扩大和统计资料分析编制而成的。

(2) 概算定额或概算指标。概算定额或概算指标是编制初步设计概算和修正概算的依据，它规定生产一定计量单位的建筑工程扩大结构构件或扩大分项工程所需的人工、材料和施工机械台班（时）消耗量及其金额，主要用于初步设计阶段预测（概算）工程造价。

(3) 预算定额。预算定额是在施工图设计阶段编制施工图预算或招标阶段编制标底的依据，由施工定额综合扩大而成。

(4) 施工定额。施工定额是指一种工种完成某一计量单位合格产品（如打桩、砌砖、浇筑混凝土等）所需的人工、材料和施工机械台班（时）消耗量的标准，是施工企业内部作为编制施工作业计划、进行工料分析、签发工程任务单和考核预算成本完成情况的依据，主要用于施工阶段施工企业编制施工预算。

3. 按我国现行管理体制和执行范围分

(1) 全国统一定额。全国统一定额是指在工程建设中，各行业、部门普遍使用，在全国范围内统一执行的定额，一般由国家发展和改革委员会或授权某主管部门组织编制颁发，如送电线路工程预算定额、电气工程预算定额、通信设备安装预算定额等。

(2) 全国行业定额。全国行业定额是指在工程建设中，部分专业工程在某一个部门或几个部门使用的专业定额。经国家发展和改革委员会批准，由一个主管部门或几个主管部门组织编制颁发，在主管部部属单位执行，如水利水电建筑工程预算定额、水力发电建筑工程概算定额、公路工程预算定额等。

（3）地方定额。地方定额一般指省、自治区、直辖市根据地方工程特点，在不宜执行国家统一或行业定额情况下组织编制颁发的、在本地区执行的定额。

（4）企业定额。企业定额是指建筑、安装企业在其生产经营过程中，在国家统一定额、行业定额、地方定额的基础上，根据工程特点和自身积累资料，结合本企业具体情况自行编制的定额，供企业内部管理和企业投标报价用。

4. 按费用性质划分

（1）直接费定额。直接费定额是指由直接进行施工所发生的人工、材料、成品、半成品、机械消耗及其他直接费组成，是计算工程单价的基础。

（2）间接费用定额。间接费用定额是指企业为组织和管理施工所发生的各项费用，一般以直接费或人工费作为基础计算。

（3）其他基本建设费用定额。其他基本建设费用定额是指不属于建筑安装工作量的独立费用定额，如科研、勘测、设计费定额，技术装备费定额等。

（4）施工机械台班（时）费用定额。施工机械台班（时）费用定额是指施工过程中所使用的施工机械每运转一个台班（时）所发生的机上人员、动力、燃料消耗数量和折旧、大修理、经常修理、安装拆卸、保管等摊销费用的定额。

第二节 定 额 的 编 制

一、定额的编制原则

（一）水平合理的原则

定额水平应反映社会平均水平，体现社会必要劳动的消耗量，也就是在正常施工条件下，大多数工人和企业能够达到和超过的水平，既不能采用少数先进生产者、先进企业所达到的水平，也不能以落后的生产者和企业的水平为依据。

定额水平要与建设阶段相适应，前期阶段（如可行性研究、初步设计阶段）定额水平宜反映平均水平，还要留有适当的余度；而用于投标报价的定额水平宜具有竞争力，合理反映企业的技术、装备和经营管理水平。

（二）基本准确的原则

定额是对千差万别的个别实践进行概括、抽象出一般的数量标准。因此，定额的"准"是相对的，定额的"不准"是绝对的。我们不能要求定额编得与实际完全一致，只能要求基本准确。定额项目（节目、子目）按影响定额的主要参数划分，粗细应恰当，步距要合理。定额计量单位、调整系数设置应科学。

（三）简明适用的原则

在保证基本准确的前提下，定额项目不宜过细过繁，步距不宜太小、太密，对于影响定额的次要参数可采用调整系数等办法简化定额项目，做到粗而准确，细而不繁，便于使用。

二、定额的编制方法

编制水利工程建设定额以施工定额为基础，施工定额由劳动定额、材料消耗定额和机械使用定额三部分组成。在施工定额基础上，编制预算定额和概算定额。根据施工定额综合编制预算定额时，考虑各种因素的影响，对人工工时和机械台时按施工定额分别乘以1.10和1.07的幅度差系数。由于概算定额比预算定额有更大的综合性和包含了更多的可变因素，因此以预算定额为基础综合扩大编制概算定额时，一般对人工工时和机械台时乘以不大于1.05的扩大系数。编制定额的基本方法有经验估算法、统计分析法、结构计算法和技术测定法。实际应用中常将这几种方法结合使用。

（一）经验估算法

经验估算法又称调查研究法，它是根据定额编制专业人员、工程技术人员和操作工人以往的实际施工及操作经验，对完成某一建筑产品分部工程所需消耗的人力、物力（材料、机械等）的数量进行分析、估计，并最终确定定额标准的方法。这种方法技术简单、工作量小、速度快，但精确性较差，往往缺乏科学的计算依据，对影响定额消耗的各种因素，缺乏具体分析，易受人为因素的影响。

（二）统计分析法

统计分析法是根据施工实际中的人工、材料、机械台班（时）消耗和产品完成数量的统计资料，经科学的分析、整理，剔去其中不合理的部分后，拟定成定额。这种方法简便，只需对过去的统计资料加以分析整理，就可以推算出定额指标。但由于统计资料不可避免地包含着施工生产和经营管理上的不合理因素和缺点，它们会在不同程度上影响定额的水平，降低定额工作的质量。所以，它也只适用于某些次要的定额项目以及某些无法进行技术测定的项目。

（三）结构计算法

结构计算法是一种按照现行设计规范和施工规范要求进行结构计算，确定材料用量、人工及施工机械台班定额的方法，这种方法比较科学，计算工作量大，而且人工和台班（台时）还必须根据实际资料推算而定。

（四）技术测定法

技术测定法是根据现场测定资料制定定额的一种科学方法。其基本方法是：首先对施工过程和工作时间进行科学分析，拟定合理的施工工序，然后在施工实践中对各个工序进行实测、查定，从而确定在合理的生产组织措施下的人工、机械台班（台时）和材料消耗定额。这种方法具有充分的技术依据，合理性及科学性较强，但工作量大、技术复杂，普遍推广应用有一定难度，可是对关键性的定额项目却必须采用这种方法。

三、施工定额的编制

施工定额是直接应用于建筑工程施工管理的定额，是编制施工预算、实行内部经济核算的依据，也是编制预算定额的基础。施工定额由劳动定额、材料消耗定额和施工机械台班（时）定额组成。根据施工定额，可以直接计算出各种不同工程项目的人工、材料和机械合理使用量的数量标准。

在施工过程中，正确使用施工定额，对于调动劳动者的生产积极性，开展劳动竞赛和提高劳动生产率以及推动技术进步，都有积极的促进作用。

（一）施工定额编制的原则和依据

1. 施工定额水平

施工定额水平是指在一定时期内的建筑施工技术水平和条件下，定额规定的完成单位合格产品所消耗的人工、材料和施工机械的标准。定额水平的高低与劳动生产率的高低成正比。劳动生产率高，则完成单位合格产品所需的人工、材料和机械台班（时）就少，说明定额水平就高；反之，消耗大，定额水平就低。

在建筑施工企业中，劳动生产率水平大致可分为三种情况：①代表劳动生产率水平较高的先进企业和先进生产者；②代表劳动生产率较低的落后企业和落后生产者；③介于前两者之间，处于中间状态的企业和生产者。

施工定额是施工企业进行管理、考核和评定各班组及生产者劳动成果的依据，合理的施工定额应有利于调动劳动者的生产积极性，提高劳动效率，增产节约。因此，在确定施工定额水平时，既不能以少数先进企业和先进生产者所达到的水平为依据，也不能以落后企业及其生产者的水平为依据，而应该依据在正常的施工和生产条件下，大多数企业或生产者经过努力可以达到或超过，少数企业或生产者经过努力可以接近的水平，即平均先进水平。这个水平略高于企业和生产者的平均水平，低于先进企业的水平。实践证明，如果施工定额水平过高，大多数企业和生产者经过努力仍无法达到，则会挫伤生产和管理者的积极性；定额水平定得过低，企业和生产者不经努力也会达到和超额完成，则起不到鼓励和调动生产者积极性的作用。平均先进的定额水平，可望也可及，既有利于鼓励先进，又可以激励落后者积极赶上，有利于推动生产力向更高的水平发展。

定额水平有一定的时限性，随着生产力水平的发展，定额水平必须作相应的修订，使其保持平均先进的性质。但是，定额水平作为生产力发展水平的标准，又必须具有相对稳定性。定额水平如果频繁调整，会挫伤生产者的劳动积极性，在确定定额水平时，应注意妥善处理好这个问题。

2. 施工定额的编制原则

（1）确定施工定额水平要遵循平均先进的原则。在确定施工定额时，要注意处理以下五个方面的关系：

1）要正确处理数量与质量的关系。要使平均先进的定额水平，不仅表现为数量，还包括质量，要在生产合格产品的前提下规定必要的劳动消耗标准。

2）合理确定劳动组织。劳动组织对完成施工任务和定额影响很大，它包含劳动组合的人数和技术等级两个因素。人员过多，会造成工作面过小和窝工浪费，影响完成定额水平；人员过少又会延误工期，影响工程进度。人员技术等级过低，低等级组工人做高等级活，不易达到定额，也保证不了工程（产品）质量；人员技术等级过高，浪费技术力量，增加产品的人工成本。因此，在确定定额水平时，要按照工作对象的技术复杂程度和工艺要求，合理地配备劳动组织，使劳动组织的技术等级同工作对象的技术等级相适应，在保证工程质量的前提下，以较少的劳动消耗，生产较多的产品。

3）明确劳动手段和劳动对象。任何生产过程都是生产者借助劳动手段作用于劳动对象，不同的劳动手段（机具、设备）和不同的劳动对象（材料、构件），对劳动者的效率有不同的影响。确定平均先进的定额水平，必须针对具体的劳动手段与劳动对象。因此，在确定定额时，必须明确规定达到定额时使用的机具、设备和操作方法，明确规定原材料和构件的规格、型号、等级、品种质量要求等。

4）正确对待先进技术和先进经验。现阶段生产技术发展很不平衡，新的技术和先进经验不断涌现，其中有些新技术新经验虽已成熟，但只限于少数企业和生产者使用，没有形成社会生产力水平。因此，编制定额时应区别对待，对于尚不成熟的先进技术和经验，不能作为确定定额水平的依据；对于成熟的先进技术和经验，但由于种种原因没有得到推广应用，可在保留原有定额项目水平的基础上，同时编制出新的定额项目。一方面照顾现有的实际情况，另一方面也起到了鼓励先进的作用。对于那些已经得到普遍推广使用的先进技术和经验，应作为确定定额水平的依据，把已经提高了的并得到普及的社会生产力水平确定下来。

5）全面比较，协调一致。既要做到挖掘企业的潜力，又要考虑在现有技术条件下，能够达到的程度，使地区之间和企业之间的水平相对平衡，尤其要注意工种之间的定额水平，要协调一致，避免出现苦乐不均的现象。

（2）定额结构形式要结合实际、简明扼要。

1）定额项目划分要合理。要适应生产（施工）管理的要求，满足基层和工人班组签发施工任务书、考核劳动效率和结算工资及奖励的需要，并要便于编制生产（施工）作业计划。项目要齐全配套，要把那些已经成熟和推广应用的新技术、新工艺、新材料编入定额；对于缺漏项目要注意积累资料，组织测定，尽快补充到定额项目中。对于那些已过时，在实际工作中已不采用的结构材料、技术，则应删除。

2）定额步距大小要适当。步距是指定额中两个相邻定额项目或定额子目的水平差距，定额步距大，项目就少，定额水平的精确度就低；定额步距小，精确度高，但编制定额的工作量大，定额的项目使用也不方便。为了既简明实用，又比较精确，一般来说，对于主要工种、主要项目、常用的项目，步距要小些；对于次要工种、工程量不大或不常用的项目，步距可适当大些。对于手工操作为主的定额，步距可适当小些；对于机械操作的定额，步距可略大一些。

3）定额的文字要通俗易懂，内容要标准化、规范化，计算方法要简便，容易为群众掌握运用。

（3）定额的编制要专业和实际相结合。编制施工定额是一项专业性很强的技术经济工作，而且又是一项政策性很强的工作，需要有专门的技术机构和专业人员进行大量的组织、技术测定、分析和资料整理、拟定定额方案和协调等工作。同时，广大生产者是生产力的创造者和定额的执行者，他们对施工生产过程中的情况最为清楚，对定额的执行情况和问题也最了解。因此，在编制定额的过程中必须深入调查研究，广泛征求群众意见，充分发扬他们的民主权利，取得他们的配合和支持，这是确保定额质量的有效方法。

3. 施工定额的编制依据

（1）国家的经济政策和劳动制度，如建筑安装工人技术等级标准、工资标准、工资奖励制度、工作日时制度、劳动保护制度等。

（2）有关规范、规程、标准、制度，如现行国家建筑安装工程施工验收规范、技术安全操作规程和有关标准图；全国建筑安装工程统一劳动定额及有关专业部劳动定额；全国建筑安装工程设计预算定额及有关专业部预算定额。

（3）技术测定和统计资料。技术测定和统计资料主要指现场技术测定数据及工时消耗的单项和综合统计资料。技术测定数据和统计分析资料必须准确可靠。

（二）劳 动 定 额

劳动定额是在一定的施工组织和施工条件下，为完成单位合格产品所必需的劳动消耗标准。劳动定额是人工的消耗定额，因此又称为人工定额。劳动定额按其表现形式不同又分为时间定额和产量定额。

1. 时 间 定 额

时间定额也称为工时定额，是指在合理的劳动组织与一定的生产技术条件下，某种专业、某种技术等级的工人班组或个人，为完成单位合格产品所必须消耗的工作时间。定额时间包括准备时间与结束时间、基本生产时间、辅助生产时间、不可避免的中断时间及工人必需的休息时间。

时间定额的单位一般以"工日""工时"表示。一个工日表示一个人工作一个工作班，每个工日工作时间按现行制度为每个人 8h。其计算公式为

$$单位产品时间定额（工日或工时）= \frac{1}{每工日或工时产量} \tag{2-1}$$

2. 产 量 定 额

产量定额是指在合理的劳动组织与一定的生产技术条件下，某种专业、某种技术等级的工人班组或个人，在单位时间内完成的合格产品数量。其计算公式为

$$每工日或工时产量 = \frac{1}{单位产品时间定额（工日或工时）} \tag{2-2}$$

时间定额和产量定额互为倒数，使用过程中两种形式可以任意选择。在一般情况下，生产过程中需要较长时间才能完成一件产品，以采用工时定额较为方便；如果需要时间不长，或者在单位时间内产量很多的，则以产量定额较为方便。一般定额中常常采用工时定额。

劳动定额是根据国家的经济政策、劳动制度和有关技术文件及资料制定的。制定劳动定额常用经验估计法、统计分析法、比例类推法和技术测定法。

（三）材料消耗定额

材料消耗定额是指在既节约又合理地使用材料的条件下，生产单位合格产品所必须消耗的材料数量，它包括合格产品上的净用量以及在生产合格产品过程中的合理的损耗量。前者是指用于合格产品上的实际数量；后者指材料从现场仓库里领出，到完成合格产品的过程中的合理损耗量，包括场内搬运的合理损耗、加工制作的合理损耗、施工操作的合理损耗等。基本建设中建筑材料的费用约占建筑安装费用的 60%，因此节约而合理地使用材料具有重要意义。

建筑工程使用的材料可分为直接性消耗材料和周转性消耗材料。材料消耗定额的编制方法有观察法、试验法、统计法和计算法。

1. 直接性消耗材料

根据工程需要直接构成实体的消耗材料，为直接性消耗材料，包括不可避免的合理损

耗材料。单位合格产品中某种材料的消耗量等于该材料的净耗量和损耗量之和。

$$材料消耗量＝净耗量＋损耗量 \qquad (2-3)$$

$$损耗率＝\frac{损耗量}{消耗量}×100\% \qquad (2-4)$$

材料的损耗量是指在合理和节约使用材料情况下的不可避免的损耗量，其多少常用损耗率来表示。之所以用损耗率这种形式表示材料损耗定额，主要是因为净耗量需要根据结构图和建筑产品图来计算或根据试验确定，而往往在制定材料消耗定额时，有关图纸和试验结果还没有做出来。而且就是同样产品，其规格型号也各异，不可能在编制定额时把所有的不同规格的产品都编制材料损耗定额，否则这个定额就太繁琐了。用损耗率这种形式表示，则简单省事，在使用时只要根据图纸计算出净耗量，应用式（2－3）、式（2－4）就可以算出单位合格产品中某种材料的消耗量。计算公式如下：

$$材料消耗量＝\frac{净耗量}{1－损耗率} \qquad (2-5)$$

材料消耗定额是编制物资供应计划的依据，是加强企业管理和经济核算的重要工具，是企业确定材料需要量和储备量的依据，是施工队向工人班组签发领料的依据，是减少材料积压、浪费，促进合理使用材料的重要手段。

2. 周转性消耗材料

前面介绍的是直接消耗在工程实体上的各种建筑材料、成品、半成品，还有一些材料是施工作业用料，也称为施工手段用料，如脚手架、模板等。这些材料在施工中并不是一次消耗完，而是随着使用次数的增加逐渐消耗，并不断得到补充，多次周转。这些材料称为周转性材料。

周转性材料的消耗量，应按多次使用、分次摊销的方法进行计算。周转性材料每一次在单位产品上的消耗量，称为周转性材料摊销量。周转性材料摊销量与周转次数有直接关系。

（1）现浇混凝土结构模板摊销量的计算。

$$摊销量＝周转使用量－周转回收量 \qquad (2-6)$$

$$周转使用量＝\frac{一次使用量＋一次使用量×（周转次数－1）×损耗率}{周转次数} \qquad (2-7)$$

$$周转回收量＝一次使用量×\frac{1－损耗率}{周转次数} \qquad (2-8)$$

式中　一次使用量——周转材料为完成产品每一次生产时所需要的材料数量；

损耗率——周转材料使用一次后因损坏而不能复用的数量占一次使用量的比例；

周转次数——新的周转材料从第一次使用起，到材料不能再使用时的次数。

周转次数的确定是制定周转性材料消耗定额的关键。影响周转次数的因素有：材料性质（如木质材料在 6 次左右，而金属材料可达 100 次以上），工程结构、形状、规格，操作技术，施工进度，材料的保管维修等。确定材料的周转次数，必须经过长期现场观测，获得大量的统计资料，按平均合理的水平确定。

（2）预制混凝土构件模板摊销量的计算。在水利工程定额中，预制混凝土构件模板摊销量的计算方法与现浇混凝土结构模板摊销量的计算方法基本相同。但在工业民用建筑定额中，其计算方法与现浇混凝土结构模板摊销量的计算方法不同，预制混凝土构件的模板摊销量是按多次使用平均摊销的计算方法，不计算每次周转损耗率，摊销量直接按下式计算：

$$摊销量 = \frac{一次使用量}{周转次数} \tag{2-9}$$

（四）机械台班使用定额

机械台班使用定额是施工机械生产效率的反映。在合理使用机械和合理的施工组织条件下，完成单位合格产品所必须消耗的机械台班的数量标准，称为机械台班使用定额，也称为机械台班消耗定额。

机械台班消耗定额的数量单位，一般用"台班""台时"或"机组班"表示。一个台班是指一台机械工作一个工作班，即按现行工作制工作 8h。一个台时是指一台机械工作1h。一个机组班表示一组机械工作一个工作班。

机械台班使用定额与劳动消耗定额的表示方法相同，有时间和产量两种定额。

1. 机械时间定额

机械时间定额就是在正常的施工条件和劳动组织条件下，使用某种规定的机械，完成单位合格产品所必须消耗的台班数量，用下式计算：

$$机械时间定额（台班或台时） = \frac{1}{机械台班或台时产量定额} \tag{2-10}$$

2. 机械产量定额

机械产量定额就是在正常的施工条件和劳动组织条件下，某种机械在一个台班或台时内必须完成单位合格产品的数量。所以，机械时间定额和机械产量定额互为倒数。

四、预算定额的编制

预算定额是确定一定计量单位的分项工程或构件的人工、材料和机械台班消耗量的数量标准。全国统一预算定额由国家发展和改革委员会或其授权单位组织编制、审批并颁发执行。专业预算定额由专业部委组织编制、审批并颁发执行。地方定额由地方业务主管部门会同同级发展和改革委员会组织编制、审批并颁发执行。

预算定额是编制施工图预算的依据。建设单位按预算定额的规定，为建设工程提供必要的人力、物力和资金供应；施工单位则在预算定额范围内，通过施工活动，保证按期完成施工任务。

（一）预算定额编制的原则和依据

1. 预算定额的编制原则

（1）按社会必要劳动时间确定预算定额水平。在市场经济条件下，预算定额作为确定建设产品价格的工具，应遵照价值规律的要求，按产品生产过程中所消耗的必要劳动时间确定定额水平，注意反映大多数企业的水平，在现实的中等生产条件、平均劳动熟练程度和平均劳动强度下，完成单位的工程基本要素所需要的劳动时间是确定预算定额的主要依据。

（2）简明适用、严谨准确。定额项目的划分要做到简明扼要、使用方便，同时要求结构严谨，层次清楚，各种指标要尽量固定，减少换算，少留"活口"，避免执行中的争议。

2. 预算定额的编制依据

（1）现行施工定额。现行预算定额应该在现行施工定额的基础上进行编制，只有参考现行施工定额，才能保证二者的协调性和可比性。

（2）现行的设计规范、施工及验收规范、质量评定标准和安全操作规程。这些文件是确定设计标准和设计质量、施工方法和施工质量、保证安全施工的法规，确定预算定额，必须考虑这些法规的要求和规定。

（3）有关科学实验、测定、统计和经验分析资料，新技术、新结构、新材料、新工艺和先进经验等资料。

（4）现行的预算定额、过去颁发的预算定额和有关单位颁发的预算定额及其编制的基础材料。

（5）常用的施工方法和施工机具性能资料、现行的工资标准、材料市场价格与预算价格。

（二）预算定额与施工定额的关系

预算定额是以施工定额为基础的。但是，预算定额不能简单地套用施工定额，必须考虑到它比施工定额包含了更多的可变因素，需要保留一个合理的幅度差。此外，确定两种定额水平的原则是不相同的。预算定额是社会平均水平，而施工定额是平均先进水平。因此，确定预算定额时，水平要相对低一些，一般预算定额水平要低于施工定额 5%～7%。

预算定额比施工定额包含了更多的可变因素，这些因素有以下三种：

（1）确定劳动消耗指标时考虑的因素，包括：①工序搭接的停歇时间；②机械的临时维修、小修、移动等所发生的不可避免的停工损失；③工程检查所需的时间；④细小的难以测定的不可避免工序和零星用工所需的时间等。

（2）确定机械台班消耗指标需要考虑的因素，包括：①机械在与手工操作的工作配合中不可避免的停歇时间；②在工作班内机械变换位置所引起的难以避免的停歇时间和配套机械相互影响的损失时间；③机械临时性维修和小修引起的停歇时间；④机械的偶然性停歇，如临时停水、停电、工作不饱和等所引起的间歇；⑤工程质量检查影响机械工作损失的时间。

（3）确定材料消耗指标时，考虑由于材料质量不符合标准或材料数量不足，对材料耗用量和加工费用的影响。这些不是由施工企业的原因造成的。

（三）预算定额的编制步骤和方法

1. 编制预算定额的步骤

（1）组织编制小组，拟定编制大纲，就定额的水平、项目划分、表示形式等进行统一研究，并对参加人员、完成时间和编制进度作出安排。

（2）调查熟悉基础资料，按确定的项目和图纸逐项计算工程量，并在此基础上，对有关规范、资料进行深入分析和测算，编制初稿。

（3）全面审查，组织有关基本建设部门讨论，听取基层单位和职工的意见，并通过新旧预算定额的对比，测算定额水平，对定额进行必要的修正，报送领导机关审批。

2. 编制预算定额的方法

（1）划分定额项目，确定工作内容及施工方法。预算定额项目应在施工定额的基础上进一步综合。通常应根据建筑的不同部位、不同构件，将庞大的建筑物分解为各种不同的、较为简单的、可以用适当计量单位计算工程量的基本构造要素。做到项目齐全、粗细适度、简明实用。同时，根据项目的划分，确定预算定额的名称、工作内容及施工方法，并使施工和预算定额协调一致，以便于相互比较。

（2）选择计量单位。为了准确计算每个定额项目中的消耗指标，并有利于简化工程量计算，必须根据结构构件或分项工程的特征及变化规律来确定定额项目的计量单位。若物体有一定厚度，而长度和宽度不定时，采用面积单位，如层面、地面等；若物体的长、宽、高均不一定时，则采用体积单位，如土方、砖石、混凝土工程等；若物体断面形状、大小固定，则采用长度单位，如管道、钢筋等。

（3）计算工程量。选择有代表性的图纸和已确定的定额项目计量单位，计算分项工程的工程量。

（4）确定人工、材料、机械台班的消耗指标。预算定额中的人工、材料、机械台班消耗指标，是以施工定额中的人工、材料、机械台班消耗指标为基础，并考虑预算定额中所包括的其他因素，采用理论计算与现场测试相结合、编制定额人员与现场工作人员相结合的方法确定的。

（四）预算定额项目消耗指标的确定

1. 人工消耗指标的确定

预算定额中，人工消耗指标包括完成该分项工程必需的各种用工量，而各种用工量根据对多个典型工程测算后综合取定的工程量数据和国家颁发的《全国建筑安装工程统一劳动定额》计算求得。预算定额中，人工消耗指标是由基本用工和其他用工两部分组成的。

（1）基本用工。基本用工是指为完成某个分项工程所需的主要用工量。例如，砌筑各种墙体工程中的砌砖、调制砂浆以及运砖和运砂浆的用工量。此外，还包括属于预算定额项目工作内容范围内的一些基本用工量，例如在墙体中的门窗洞、预留抗震柱孔等工作内容。

（2）其他用工。即辅助基本用工消耗的工日或工时，按其工作内容分为三类：①人工幅度差用工，是指在劳动定额中未包括的、而在一般正常施工情况下又不可避免的一些工时消耗，例如，施工过程中各种工种的工序搭接、交叉配合所需的停歇时间，工程检查及隐蔽工程验收而影响工人的操作时间，场内工作操作地点的转移所消耗的时间及少量的零星用工等；②超运距用工，是指超过劳动定额所规定的材料、半成品运距的用工数量；③辅助用工，是指材料需要在现场加工的用工数量，如筛砂子等需要增加的用工数量。

2. 材料消耗指标的确定

材料消耗指标是指在正常施工条件下，用合理使用材料的方法，完成单位合格产品所必须消耗的各种材料、成品、半成品的数量标准。

（1）材料消耗指标的组成。预算中的材料用量由材料的净用量和材料的损耗量组成。预算定额内的材料，按其使用性质、用途和用量大小划分为主要材料、次要材料和周转性材料。

（2）材料消耗指标的确定。材料消耗指标在编制预算定额方案中已经确定的有关因素（如工程项目划分、工程内容范围、计量单位和工程量的计算）的基础上，可采用观测法、试验法、统计法和计算法确定。首先确定出材料的净用量，然后确定材料的损耗率，计算出材料的消耗量，并结合测定的资料，采用加权平均的方法计算出材料的消耗指标。

3. 机械台班消耗量的确定

（1）编制依据。预算定额中的机械台班消耗指标是以台时为单位计算的，有的按台班计算，一台机械工作 8h 为一个台班，其中：①以手工操作为主的工人班组所配备的施工机械（如砂浆、混凝土搅拌机，垂直运输的塔式起重机）为小组配合使用，因此应以小组产量计算机械台班量或台时量；②机械施工过程（如机械化土石方工程、打桩工程、机械化运输及吊装工程所用的大型机械及其他专用机械）应在劳动定额中的台班定额或台时定额的基础上另加机械幅度差。

（2）机械幅度差。机械幅度差是指在劳动定额中机械台班或台时耗用量中未包括的，而机械在合理的施工组织条件下所必需的停歇时间。这些因素会影响机械的生产效率，因此应另外增加一定的机械幅度差的因素，其内容包括：①施工机械转移工作面及配套机械互相影响损失的时间；②在正常施工情况下，机械施工中不可避免的工序间歇时间；③工程质量检查影响机械的操作时间；④临时水、电线路在施工中移动位置所发生的机械停歇时间；⑤施工中工作面不饱满和工程结尾时工作量不多而影响机械的操作时间等。

机械幅度差系数，从本质上讲就是机械的时间利用系数，一般根据测定和统计资料取定。在确定补充机械台班费时，大型机械可参考以下幅度差系数：土方机械为 1.25，打桩机械为 1.33，吊装机械为 1.30，其他分项工程机械，如木作、蛙式打夯机、水磨石机等专用机械，均为 1.10。

（3）预算定额中机械台班消耗指标的计算方法。具体有以下三种指标：

1）操作小组配合机械台班消耗指标。操作小组和机械配合的情况很多，如起重机、混凝土搅拌机等。对于这种机械，计算台班消耗指标时以综合取定的小组产量计算，不另计机械幅度差。即

$$机械台班消耗指标 = \frac{分项定额的计算单位值}{小组总产量} \qquad (2-11)$$

2）按机械台班产量计算机械台班消耗量。大型机械施工的土石方、打桩、构件吊装、运输等项目机械台班消耗量按劳动定额中规定的各分项工程的机械台班产量计算，再加上机械幅度差。即

$$大型机械台班消耗量 = \frac{工序工程量}{机械台班产量定额} \times (1 + 机械幅度差) \qquad (2-12)$$

式中，机械幅度差一般为 20%～40%。

3）打夯、钢筋加工、木作、水磨石等各种专用机械台班消耗指标。专用机械台班消耗指标，有的直接将值计入预算定额中，也有的以机械费表示，不列入台班数量。其计算公式为

$$台班产量 = 机械配备人数 \times 每工产量 \qquad (2-13)$$

$$台班消耗量 = \frac{计量单位值}{台班产量} \times (1 + 机械幅度差) \qquad (2-14)$$

五、概算定额的编制

建筑工程概算定额也叫扩大结构定额，它规定了完成一定计量单位的扩大结构构件或扩大分项工程的人工、材料和机械台班的数量标准。

概算定额是以预算定额为基础，根据通用图和标准图等资料，经过适当综合扩大编制而成的。定额的计量单位为体积（m^3）、面积（m^2）、长度（m），或以每座小型独立构筑物计算，定额内容包括人工工日或工时、机械台班或台时、主要材料耗用量。

（一）概算定额的内容和编制依据

1. 概算定额的内容

概算定额一般由目录、总说明、工程量计算规则、分部工程说明或章节说明、有关附录或附表等组成。

在总说明中主要阐明编制依据、使用范围、定额的作用及有关统一规定等。在分部工程说明中主要阐明有关工程量计算规则及本分部工程的有关规定等。在概算定额表中，分节定额的表头部分分列有本节定额的工作内容及计量单位，表格中列有定额项目的人工、材料和机械台班消耗量指标。

2. 概算定额的编制依据

（1）现行的设计标准及规范、施工验收规范。

（2）现行的工程预算定额和施工定额。

（3）经过批准的标准设计和有代表性的设计图纸等。

（4）人工工资标准、材料预算价格和机械台班费用等。

（5）有关的工程概算、施工图预算、工程结算和工程决算等经济资料。

3. 概算定额的作用

（1）概算定额是编制初步设计、技术设计的设计概算和修正设计概算的依据。

（2）概算定额是编制机械和材料需用计划的依据。

（3）概算定额是进行设计方案经济比较的依据。

（4）概算定额是编制建设工程招标标底、投标报价、评定标价以及进行工程结算的依据。

（5）概算定额是编制投资估算指标的基础。

（二）概算定额的编制步骤和编制方法

1. 概算定额的编制步骤

概算定额的编制步骤一般分为三个阶段，即编制概算定额准备阶段、编制概算定额初审阶段和审查定稿阶段。

（1）编制概算定额准备阶段。确定编制定额的机构和人员组成，进行调查研究，了解现行的概算定额执行情况和存在的问题，明确编制目的，并制定概算定额的编制方案和划分概算定额的项目。

（2）编制概算定额初审阶段。根据所制定的编制方案和定额项目，在收集资料和整理分析各种测算资料的基础上，选定有代表性的工程图纸计算出工程量，套用预算定额中的人工、材料和机械消耗量，再加权平均得出概算项目的人工、材料、机械的消耗指标，并计算出概算项目的基价。

（3）审查定稿阶段。对概算定额和预算定额水平进行测算，以保证两者在水平上的一致性。如预算定额水平不一致或幅度差不合理，则需要对概算定额做必要的修改，经定稿批准后，颁布执行。

2. 概算定额的编制方法

概算定额的编制原则、编制方法与预算定额基本相似，由于在可行性研究阶段及初步设计阶段，设计资料尚不如施工图设计阶段详细和准确，设计深度也有限，要求概算定额具有比预算定额更大的综合性，所包含的可变因素更多。因此，概算定额与预算定额之间允许有 5% 以内的幅度差。在水利工程中，从预算定额过渡到概算定额，一般采用的扩大系数为 1.03。

第三节　定　额　的　使　用

一、专业对口的原则

水利水电工程除水工建筑物和水利水电设备外，一般还有房屋建筑、公路、铁路、输电线路、通信线路等永久性设施。水工建筑物和水利水电设备安装应采用水利、电力主管部门颁发的定额。其他永久性工程应分别采用所属主管部门颁发的定额，如铁路工程应采用铁道部颁发的铁路工程定额，公路工程采用交通部颁发的公路工程定额。

二、设计阶段对口的原则

可研阶段编制投资估算应采用估算指标；初设阶段编制概算应采用概算定额；施工图设计阶段编制施工图预算应采用预算定额。如因本阶段定额缺项，须采用下一阶段定额时，应按规定乘以过渡系数。按现行规定，采用概算定额编制投资估算时，应乘以 1.10 的过渡系数，采用预算定额编制概算应乘以 1.03 的过渡系数。

三、工程定额与费用定额配套使用

在计算各类永久性设施工程时，采用的工程定额除应执行专业对口的原则外，其费用定额也应遵照专业对口的原则，与工程定额相适应。如采用公路工程定额计算永久性公路投资时，应相应采用交通部颁发的费用定额。对于实行招标承包制工程，编制工程标底时，应按照主管部门批准颁发的综合定额和扩大指标，以及相应的间接费定额的规定执行。施工企业投标、报价可根据条件适当浮动。

复 习 思 考 题

1. 定额的含义及其作用是什么？定额的特性是什么？

2. 定额按生产因素、按建设阶段、按我国现行管理体制和执行范围、按费用性质如何进行分类？

3. 简述定额的编制原则及编制方法。

4. 简述劳动定额的编制过程。

第三章 水利工程基础单价

在编制水利工程概预算投资前，需要根据施工组织、国家（或地区）概预算编制规定及工程具体特点等计算的人工预算单价、材料预算价格、施工用电、水、风预算价格、施工机械使用费、砂石料单价及混凝土材料价格，是编制工程单价的基本依据，我们将其统称为基础单价。基础单价编制的准确程度，将直接影响工程概预算编制的质量。

第一节 人 工 预 算 单 价

人工预算单价是指生产工人在单位时间（工时）的费用，是计算各种生产工人人工费时所采用的人工费单价，是计算建筑安装工程单价和施工机械费中人工费的基础价格。它反映了社会生产工人的工资水平和企业内不同劳动者群体平均劳动报酬水平。影响人工预算单价的主要因素包括社会平均工资水平、生活消费指数、劳动力市场供需情况、人工预算单价的组成内容和政府推行的社会保障和福利政策等。

一、人工预算单价的组成

根据现行《水利工程设计概（估）算编制规定》（水总〔2014〕429 号）和水利部水利企业工资制度改革办法，水利工程企业的工人按技术等级不同分为工长、高级工、中级工和初级工 4 级。各级工的人工预算单价均由基本工资、辅助工资组成。

1. 基本工资

由岗位工资、年应工作天数内非作业天数的工资组成。

（1）岗位工资指按照职工所在岗位各项劳动要素测评结果确定的工资。

（2）生产工人年应工作天数内非作业天数的工资，包括职工开会学习、培训期间的工资，调动工作、探亲、休假期间的工资，因气候影响的停工工资，女工哺乳期间的工资，病假在六个月以内的工资以及产、婚、丧假期的工资。

2. 辅助工资

辅助工资指在基本工资之外，以其他形式支付给职工的工资性收入，包括根据国家有关规定属于工资性质的各种津贴，主要包括地区津贴、施工津贴、夜餐津贴、节日加班津贴等。

二、人工预算单价计算

根据 2014 年水利部颁布的《水利工程设计概（估）算编制规定》，人工预算单价可按表 3-1 标准计算。

表 3 - 1 人工预算单价计算标准 单位：元/工时

类别与等级	一般地区	一类区	二类区	三类区	四类区	五类区 西藏二类	六类区 西藏三类	西藏四类
枢 纽 工 程								
工长	11.55	11.80	11.98	12.26	12.76	13.61	14.63	15.40
高级工	10.67	10.92	11.09	11.38	11.88	12.73	13.74	14.51
中级工	8.90	9.15	9.33	9.62	10.12	10.96	11.98	12.75
初级工	6.13	6.38	6.55	6.84	7.34	8.19	9.21	9.98
引 水 工 程								
工长	9.27	9.47	9.61	9.84	10.24	10.92	11.73	12.11
高级工	8.57	8.77	8.91	9.14	9.54	10.21	11.03	11.40
中级工	6.62	6.82	6.96	7.19	7.59	8.26	9.08	9.45
初级工	4.64	4.84	4.98	5.21	5.61	6.29	7.10	7.47
河 道 工 程								
工长	8.02	8.19	8.31	8.52	8.86	9.46	10.17	10.49
高级工	7.40	7.57	7.70	7.90	8.25	8.84	9.55	9.88
中级工	6.16	6.33	6.46	6.66	7.01	7.60	8.31	8.63
初级工	4.26	4.43	4.55	4.76	5.10	5.70	6.41	6.73

注　1. 艰苦边远地区划分执行人事部、财政部《关于印发〈完善艰苦边远地区津贴制度实施方案〉的通知》（国人部发〔2006〕61号）及各省（自治区、直辖市）关于艰苦边远地区津贴制度实施意见。一至六类区的类别划分参见附录3，执行时应根据最新文件进行调整。一般地区指附录3之外的地区。

2. 西藏地区的类别执行西藏特殊津贴制度相关文件规定，其二至四类划分的具体内容见附录4。

3. 跨地区建设项目的人工预算单价可按主要建筑物所在地确定，也可按工程规模或投资比例进行综合确定。

第二节　材料预算价格

　　在工程建设过程中，直接为生产某建筑安装工程而耗用的原材料、半成品、成品、零件等统称为材料。水利工程建设中，材料用量大，材料费是构成建筑安装工程投资的主要组成部分，在建安工程投资中所占比重一般在30%以上，有的甚至达到60%。而材料预算价格则是编制建筑安装工程单价材料费的基础单价。所以，正确计算材料预算价格对于提高工程概预算质量、正确合理地控制工程造价具有重要意义。在编制过程中，必须坚持实事求是的原则，进行深入细致的调查研究工作。

一、材料的分类

1. 按对投资影响划分

材料按对投资影响可划分为主要材料和次要材料。

（1）主要材料。主要材料为在工程施工过程中用量较多（或用量虽小但价格昂贵）、占工程总投资比例较大的材料。水利工程中常用的主要材料有水泥、钢材、木材、油料、火工产品、砂石料、电缆及母线、粉煤灰、沥青等。

（2）次要材料。次要材料为在工程施工过程中用量较少、占工程总投资比例较小的材料。

水利建筑安装工程中所用到的材料品种繁多，规格各异，在编制材料的预算价格时没必要也不可能逐一详细计算。对主要材料预算价格应逐一详细计算，而对次要材料，用简化的方法进行计算。

一项工程所用到的某种材料有很多品种、规格，其价格也不尽相同，为了简化计算，我们往往选取其中几种规格、型号的材料价格来代表该种材料的预算价格，我们将其称为该材料代表规格。

钢材包括钢筋、钢板及型钢。根据设计所需要的规格品种的市场价计算。如果设计提供规格品种有困难时，钢筋代表规格可以热轧光圆钢筋 HPB300ϕ16～18mm、热轧带肋钢筋 HRB400ϕ20～25mm 按设计比例计算。钢板及型钢的代表规格、型号和比例，按设计要求确定。

汽油代表规格为 70 号，柴油代表规格根据工程所在气温区确定，其中Ⅰ类气温区 0 号比例占 75%～100%，−10～−20 号比例占 0～25%；Ⅱ类气温区 0 号比例占 55%～65%，−10～−20 号比例占 35%～45%；Ⅲ类气温区 0 号比例占 40%～55%，−10～−20 号比例占 45%～60%。Ⅰ类气温区包括广东、广西、云南、贵州、四川、江苏、湖南、浙江、湖北、安徽；Ⅱ类气温区包括河南、河北、山西、山东、陕西、甘肃、宁夏、内蒙古；Ⅲ类气温区包括青海、新疆、西藏、辽宁、吉林、黑龙江。

2. 按材料性质划分

材料按性质可划分消耗性材料、周转性使用材料和装置性材料。

(1) 消耗性材料。消耗性材料指一次性消耗完毕，不可再用的材料，如炸药、电焊条、氧气、油料等。

(2) 周转性使用材料。周转性使用材料指在工程施工过程中，能多次使用，反复周转的工具性材料、配件和用具等，如模板、支撑件等。

(3) 装置性材料。装置性材料是指相对于消耗性材料而言，在安装工程中构成了工程主体的那部分（不属于设备）材料，如管道、轨道、母线、电缆等。

3. 按供应方式划分

材料按供应方式可划分外购材料和自产材料。

(1) 外购材料。外购材料指直接在市场上（或生产厂家）购买的材料，水利工程中使用的材料大部分为外购材料。

(2) 自产材料。自产材料指施工企业在施工过程中自己生产的材料，如大型水利工程的砂石料用量较大，在条件允许的情况下，施工企业往往自己建立砂石料生产系统。

二、主要材料预算价格

主要材料的预算价格指材料由供货地点到达工地分仓库或相当于施工分仓库的堆料场的价格。主要材料预算价格的组成一般包括材料原价、包装费、运杂费、运输保险费、采购及保管费五部分。

材料预算价格＝（材料原价＋包装费＋运杂费）×（1＋采购及保管费率）＋运输保险费

$$(3-1)$$

为编制的材料预算价格符合工程实际，通常需要了解工程所在区域建筑材料市场价格、供应状况、对外交通条件以及已建工程的实际经验、资料和有关法规，根据节约资金的原则，合理选择材料的供货商、供货地点、供货比例以及合理的运输方式等。

（一）材料原价

材料原价是指材料供应地点的交货价格。按工程所在地区就近大的物资供应公司、材料交易中心的市场成交价、设计选定的生产厂家的出厂价或工程所在地建设工程造价管理部门公布的价格信息计算（有些地区的信息价格已经包含了一定运距内的运输费用）。

同一材料因产地、供应商不同，会有不同的供应价，应按产地的市场价和供货比例，采用加权平均的方法计算。

（二）包装费

包装费是指为便于材料的运输或为保护材料而进行包装所发生的费用，包括厂家所进行的包装以及在运输过程中所进行的捆扎、支撑等费用。凡由生产厂家负责包装并已将包装费计入材料原价的，在计算材料的预算价格时，不再计算包装费。包装费和包装品的价值，因材料品种和厂家处理包装品的方式不同而异，应根据具体情况分别进行计算。有回收价值的包装品，应在材料预算价格中扣除包装品的回收价值（注：包装费一般都包含在材料原价中）。

（三）运杂费

运杂费是指材料由产地或交货地点运往工地分仓库或相当于工地分仓库（材料堆放场）所发生的全部费用，包括各种运输工具的运输费、装卸费、调车费及其他费用。在编制材料预算价格时，应按施工组织设计中所选定的材料来源和运输方式、运输工具、运输距离以及厂家和交通部门规定的取费标准，计算材料的运杂费。

从工地的材料总库运到分仓库所发生的场内运杂费应计入材料预算价格；而从工地分仓库到各施工点的运杂费用已计入定额内，在材料预算价格中不予计算。

1. 铁路运杂费

委托国有铁路部门运输的材料，在国有线路上行驶时，其运杂费一律按铁道部最新的《铁路货物运价规则》及有关规定计算；属于地方营运的铁路，执行地方的规定。

施工单位自备机车车辆在自营专用线上行驶的运杂费，按列车台（时）班费和台班（时）货运量以及运行维护人员开支摊销费计算。其运杂费计算公式为

$$每吨运费 = \frac{机车台班费 + 车辆台班费之和}{每列火车设计载重量 \times 装载系数 \times 列车每班行驶次数} \quad (3-2)$$
$$+ 每吨装卸费 + 现场管理人员开支的摊销费$$

整车与零担的比例指火车运输中整车和零担货物的比例，又称"整零比"。铁路运输要考虑整零比。铁路运输中整车比零担的运价便宜，故材料运输时，应以整车为主，其整零比视工程规模大小而定。工程规模大、材料用量多，整零比就高。一般情况下，水泥、木材、炸药、汽油和柴油按整车计算，钢材可考虑部分零担。其比例：大型工程按10%～20%选取，中型工程按20%～30%选取。计算时，按整车和零担所占的百分率加权平均计算其运价。

火车整车运输货物，只有当货物重量超过车辆标重时，按其实际重量计费，其余一律按车辆标记载重量装载计费。但在实际运输过程中经常出现不能满载的情况，在计算运杂

费时，用装载系数来表示。

$$火车装载系数＝实际运输重量÷车辆标记重量 \qquad (3-3)$$

$$货物实际运价＝规定运价÷装载系数×毛重系数 \qquad (3-4)$$

运输部门不是按材料的实际重量，而是按材料运输重量（即毛重）计算运费的，故计算运费时要考虑材料的毛重系数。

$$毛重系数＝\frac{毛重}{净重}＝\frac{材料实际重量＋包装品重量}{材料实际重量} \qquad (3-5)$$

毛重系数大于或等于1。一般情况下，水泥、钢材、木材及油罐车运输的油料毛重系数为1；炸药毛重系数为1.17；油桶运输油料时，汽油毛重系数为1.15，柴油毛重系数为1.14。

【例3-1】 火车货车车厢标记重量为60t，装载1550箱炸药，每箱炸药净重28kg，箱重0.7kg。计算该货物的装载系数和毛重系数。若铁路运费为25元/t，则每吨实际运费是多少？

解：
$$装载系数＝实际运输重量÷运输车辆标记重量$$
$$＝[1550×(28+0.7)]÷60000＝0.74$$

$$毛重系数＝(材料实际重量＋包装品重量)÷材料实际重量$$
$$＝(28+0.7)÷28＝1.03$$

$$每吨实际运费＝规定运价÷装载系数×毛重系数$$
$$＝25÷0.74×1.03＝34.80(元/t)$$

2. 公路运杂费

公路运杂费按工程所在地交通部门的《汽车运价规则实施细则》计算。汽车运输轻泡货物时，按实际载量计价。汽车运输货物时，一般不考虑装载系数，货物计费重量按实际运输重量计算。对质量不足333kg/m³的轻浮货物，整车运输时，其装车长、宽、高不得超过规定限度，以车辆标重计费；零担运输时，以货物包装最长、最宽、最高部分计算其体积，每立方米折算为333kg进行计价。

3. 水路运杂费

水路运输包括内河运输和海洋运输，其运杂费按航运部门现行有关规定计算。

特殊材料或部件的运输，要考虑特殊措施费、改造路面和桥梁的费用等。

（四）运输保险费

运输保险费是指向保险公司交纳的材料保险费，其计算公式为

$$运输保险费＝材料原价×材料运输保险费率 \qquad (3-6)$$

材料运输保险费率依据保险公司的有关规定取值。

（五）采购及保管费

采购及保管费是指材料在采购、供应和保管过程中所发生的各项费用，其主要包括材料采购、供应和保管部门工作人员的基本工资、辅助工资、职工福利费、劳动保护费、养老保险费、失业保险费、医疗保险费、工伤保险费、生育保险费、住房公积金、教育经费、办公费、差旅交通费及工具用具使用费、仓库、转运站等设施的检修费、固定资产折旧费、技术安全措施费和材料检修费，以及材料在运输、保管过程中发生的损耗等。其计

算公式为

$$采购及保管费＝（材料原价＋包装费＋运杂费）×采购及保管费率 \qquad (3-7)$$

根据 2014 年水利部颁布的《水利工程设计概（估）算编制规定》，材料采购保管费率按表 3-2 计取。

表 3-2 采购及保管费率表

序号	材料名称	费率/%
1	水泥、碎（砾）石、砂、块石	3
2	钢材	2
3	油料	2
4	其他材料	2.5

三、次要材料预算价格

次要材料一般品种繁多，投资比例较小，通常不必逐一详细计算其预算价格。一般执行工程所在地区就近城市建设工程造价管理部门发布的建设工程材料价格信息，加至工地的运杂费、采购保管费进行计算（概估算阶段运杂费率可取 5% 左右，预算阶段可根据施工组织设计据实测算其费率）。

四、材料调差价

为了避免材料市场价格起伏变化，造成间接费、利润的相应变化，对主要材料规定了统一的价格，按此价格进入工程单价，计取有关费用，故称为取费价格，也称为基价。

部分偏远地区因材料运输距离较远，预算价格较高，应限价进入工程单价；外购砂石、块石、料石等的预算价格如超过 70 元/m³ 的，按 70 元/m³ 取费。这种只规定上限的基价，称为限价。目前规定的限价还有：水泥 300 元/t，钢筋 3000 元/t，汽油 3600 元/t，柴油 3500 元/t，炸药 6000 元/t，商品混凝土 200 元/m³。

按市场计算出的材料预算价格与限价之差称为调差价。在计算工程单价时，凡遇到外购砂石、块石、料石等的工程单价，其材料预算价格如超过限价，应按限价进入工程单价，余额以补差形式计算税金后列入相应部分之后。

【例 3-2】 某水利枢纽工程所用钢筋从一大型钢厂供应，火车整车运输。HPB300 钢筋占 40%，出厂价为 3550 元/t，HRB400 钢筋占 60%，出厂价为 3700 元/t。从钢厂到转运站采用火车运输，运距 350km。从转运站到总仓库采用汽车运输，运距 8km。从总仓库到分仓库采用汽车运输，运距 3km。从分仓库到施工现场采用汽车运输，运距 1km。已知火车的钢筋整车运价号为 4，运价率见表 3-3，铁路建设基金 0.035 元/(t·km)，上站费 1.9 元/t，装载系数 0.9，整车卸车费 1.17 元/t；汽车运价 0.6 元/(t·km)，转运站费 5 元/吨，汽车装车费 2.5 元/t，卸车费 1.9 元/t。运输保险费率 0.8%，毛重系数为 1。计算钢筋预算价格（注：采购及保管费率为 2%）。

解：（1）材料原价。

$$材料原价＝3550×40\%＋3700×60\%＝3640.00（元/t）$$

表 3-3　　铁路货物运价率表摘录

类别	运价号	基价 1		基价 2	
		单位	水平	单位	水平
整车	3	元/t	7.40	元/(t·km)	0.0405
	4	元/t	9.30	元/(t·km)	0.0454

（2）运杂费。

铁路运杂费＝1.9＋[9.3＋(0.035＋0.0454)×350]÷0.9＋1.17＝44.67(元/t)

公路运杂费＝5＋(2.5＋1.9)×2＋0.6×(8＋3)＝20.40(元/t)

运杂费＝(44.67＋20.40)×1＝65.07(元/t)

（3）运输保险费。

运输保险费＝3640.00×8‰＝29.12(元/t)

（4）钢筋预算价格。

钢筋预算价格＝(原价＋运杂费)×(1＋采购及保管费率)＋运输保险费

＝(3640.00＋65.07)×(1＋2%)＋29.12

＝3808.29(元/t)

第三节　施工用电、水、风价格

在水利工程施工过程中，电、水、风的耗用量非常大，电、水、风的预算价格直接影响到建筑安装工程投资的高低。因此，需要根据施工组织设计中确定的电、水、风供应的布置形式、供应方式、设备配置情况等资料分别计算电、水、风预算价格。

施工用电、水、风价格是编制水利工程投资的主要基础单价，其价格组成由基本单价、损耗摊销费、设施维修摊销费三部分组成。

一、施工用电价格

（一）用电的分类

1. 按用电电源分类

按用电电源分外购电和自发电两种形式。

（1）外购电。由国家、地方电网、其他企业供电和租赁列车发电站供电的租赁电称为外购电，其中国家电网供电电价低廉，电源可靠，是施工时的主要电源。

（2）自发电。由施工单位自建发电厂或柴油发电厂供电称为自发电，自发电一般为柴油发电机组供电，成本较高，一般作为施工单位的备用电源或高峰用电时使用。

2. 按用电用途分类

根据其用途可分为生活用电和生产用电两部分。

（1）生活用电。生活用电系指生活、文化、福利建筑的室内外照明和其他生活用电，这部分费用在间接费内计列或由职工负担，不在施工用电电价计算范围内。

（2）生产用电。生产用电指施工机械用电、施工照明用电和其他生产用电，该项费用直接计入工程成本中。水利工程中的电价计算仅指生产用电。

（二）电价组成

施工用电价格由基本电价、电能损耗摊销费和供电设施维修摊销费组成。

1. 基本电价

外购电的基本电价，是指供电部门按国家或地方规定收取的单位供电价格，包括电网电价、电力建设基金及各种规定的加价（如三峡工程建设基金、燃料附加费等加价）。

自发电的基本电价指发电厂单位的发电成本。

2. 电能损耗摊销费

外购电的电能损耗摊销费指从企业与供电部门的产权分界处起，到现场各施工点最后一级降压变压器低压侧止，所有输配电线路和变配电设备上所发生的电能损耗摊销费。它包括高压输电线路损耗、场内变配电设备及配电线路损耗两部分。高压输电线路损耗指高压电网到施工主变压器高压侧之间的高压输电线路损耗，变配电设备及配电线路损耗指由施工主变压器高压侧至现场各施工点最后一级降压变压器低压侧之间的配电线路损耗和变配电设备上的电能损耗。

自发电的电能损耗摊销费是指从施工单位自建发电厂的出线侧起，至现场各施工点最后一级降压变压器低压侧止，所有输配电线路和变配电设备上所发生的电能损耗摊销费。

从最后一级降压变压器低压侧至施工现场用电点间的电能损耗费用，已包括在各用电施工设备工器具的台时耗电定额之内，计算电价时不再考虑。

3. 供电设施维修摊销费

供电设施维修摊铺费主要指变配电的基本折旧费、大修理费、安装和拆除费、运行维护费以及输电线路的维护费摊销到施工期间每度用电（包括生产和生活用电）的费用。

为供电建造的发电厂房、架设的线路、变电站等费用，均应按现行规定分别列入临时工程部分的相应项目内，不直接计入电价成本。

为施工用电所架设的施工场外供电线路，如电压等级在枢纽工程 35kV、引水及河道工程 10kV 及以上时，场外供电线路、变电站等设备及土建费用，应列入施工临时工程中的施工场外供电工程项目内，不直接计入电价成本。

（三）电价计算

施工用电价格根据施工组织设计确定的供电方式以及不同电源的电量所占比例，按国家或工程所在省、自治区、直辖市规定的电网电价和规定的加价进行计算。

当自发电采用自设水泵供冷却水时：

$$R_z = \frac{C_c + C_b}{\sum P_c K (1-K_1)(1-K_2)} + C_w \qquad (3-8)$$

当自发电采用循环冷却水泵冷却水时：

$$R_z = \frac{C_c}{\sum P_c K (1-K_1)(1-K_2)} + C_w + C_l \qquad (3-9)$$

外购电电价计算：

$$R_w = \frac{C_g}{(1-K_3)(1-K_2)} + C_w \qquad (3-10)$$

式中　R_z——自发电电价，元/（kW·h）；

R_w——外购电电价，元/(kW·h)；

C_c——柴油发电机组（台）时总费用，元；

C_b——水泵组（台）时总费用，元；

C_g——外购电基本电价，元/(kW·h)；

C_w——供电设施维修摊销费，初设可取 0.04～0.05 元/(kW·h)；

$\sum P_c$——柴油发电机额定容量之和，kW；

K——发动机出力系数（即能量利用系数），一般取 0.8～0.85；

K_1——厂用电率，取 3%～5%；

K_2——变配电设备及配电线路损耗率，取 4%～7%；

K_3——高压输电线路损耗率，取 3%～5%；

C_l——单位循环冷却水费，取 0.05～0.07 元/(kW·h)。

【例 3-3】 某水利工程电网供电占 96%，自备柴油发电机组（450kW 机组 2 台）供电占 4%。该电网电价及附加费见表 3-4。

表 3-4　　　　　　　　　　　　　　电网电价及附加费

项目名称	单位	单价
大宗工业用电	元/(kW·h)	0.401
非工业用电	元/(kW·h)	0.453
省电力建设基金	元/(kW·h)	0.067
三峡工程建设基金	元/(kW·h)	0.009
燃料附加费	元/(kW·h)	0.048
市电网建设附加费	元/(kW·h)	0.020

已知：自备柴油发电机组能量利用系数 K_1 取 0.85，厂用电率取 5%，变配电设备及配电线路损耗率取 7%，高压输电线路损耗率取 5%，循环冷却水摊销费 0.06 元/(kW·h)，供电设施维修摊销费为 0.05 元/(kW·h)，柴油发电机组台时费 312.8 元/台时。根据以上已知条件，计算施工用电综合电价。

解： 外购电基本电价＝0.453＋0.067＋0.009＋0.048＋0.02＝0.597[元/(kW·h)]

外购电电价＝0.597÷[(1-5%)×(1-7%)]＋0.05＝0.726[元/(kW·h)]

自发电电价＝(312.8×2)÷[(450×2)×0.85×(1-5%)×(1-7%)]＋0.05＋0.06
　　　　　＝1.036[元/(kW·h)]

综合电价＝外购电电价×外购电比例＋自发电电价×自发电比例
　　　　＝0.726×96%＋1.036×4%
　　　　＝0.74[元/(kW·h)]

二、施工用水价格

（一）用水的分类

水利工程施工用水分生产用水和生活用水两部分。

（1）生产用水。生产用水是指直接进入工程成本的施工用水，包括钻孔灌浆用水、砂石料筛洗用水、混凝土拌制养护用水、施工机械用水、房屋建筑用水、修配及机械加工用水等。生产用水要符合生产工艺的要求，保证工程用水的水压、水质和水量。

（2）生活用水。生活用水主要指职工、家属的饮用水和洗涤用水，以及生活区的公共事业用水等。生活用水要符合卫生条件的要求。

水利工程施工用水水价，仅指生产用水水价。生活用水用其他直接费开支或由职工自行负担，不在水价计算范围之内。如果生产、生活用水由同一系统供水，凡因生活用水所增加的费用（如净化药品费等），均不应计入生产用水的单价之内。如果生产用水分区设置供水系统，需按各系统供水量的比例加权计算综合水价。

（二）水价组成

施工用水价格由基本水价、供水损耗摊销费和供水设施维修摊销费组成。

1. 基本水价

基本水价是根据施工组织设计确定的高峰用水量所配备的供水系统设备，按台时产量分析计算的单位水量的价格。该价格是构成水价的基本部分，其高低与生产用水的工艺要求及施工布置有关，如扬程高、水泵出水量小、水质需作沉淀处理时，水价就高；反之则低。

2. 供水损耗摊销费

供水损耗是指施工用水在储存、输送、处理过程中的水量损失。

储水池、供水管路的施工质量，以及运行中维修管理的好坏，对水量损耗率大小的影响较大。供水范围大、扬程高、采用两级以上泵站供水系统的损耗率较大，反之损耗率较小。

3. 供水设施维修摊销费

供水设施维修摊销费是指摊入单位水价的水池、供水管道等供水设施的维修费用。水池、供水管道等供水设施的建安费已计入施工临时工程中的其他临时工程内，不能直接摊入水价成本。

（三）水价计算

施工用水价格，根据施工组织设计所配置的供水系统设备组（台）时总费用和组（台）时总有效供水量计算。

$$R_s = \frac{C_b}{\sum P_b K (1 - K_1)} + C_w \qquad (3-11)$$

式中　R_s——施工用水水价，元/m³；

　　　C_b——水泵组（台）时总费用，元；

　　$\sum P_b$——水泵额定流量之和，m³/[组（台）时]；

　　　K——水泵出力系数（即能量利用系数），取 0.75～0.85；

　　　K_1——供水损耗率，取 6%～10%；

　　　C_w——供水设施维修摊销费，取 0.04～0.05 元/m³。

（四）水价计算时应注意的问题

（1）关于水量验证。水量验证的目的是使设计选用的水泵出水量既要满足设计需水量，同时又不浪费，使系统设计合理经济。计算水泵的台时总出水量，宜根据施工组织设计配备的水泵型号、系统的实际扬程和水泵性能曲线确定。对施工组织设计提出的台时用水量，也应按上述方法进行验证，设计所配备水泵的净出水总量应略大于设计总用水量。如出水量小于用水量，或出水量远多于用水量，则应反馈给施工组织设计，对出水量或水泵型号、数量作适当调整。

（2）供水系统为一级供水，台时总出水量按全部工作水泵的总出水量计。

（3）供水系统为多级供水，且供水全部通过最后一级水泵，台时总出水量按最后一级的出水量计，而台时总费用应包括所有各级工作水泵的台时费。

（4）施工用水为多级提水并中间有分流时，要逐级计算水价。

（5）在生产、生活采用同一多级水泵供水系统时，如最后一级全部供生活用水，则最后一级水泵的台时费不应计算在台时总费用内，但台时总出水量应包括最后一级出水量。

（6）在计算台时总出水量和总费用时，在总出水量中如不包括备用水泵的出水量，则台时费中也不应包括备用水泵的台时费；反之，如计入备用水泵的出水量，则台时总费用中也应计入备用水泵的台时费。水价计算时，一般不计备用水泵的台时费及出水量。

（7）施工用水有循环用水时，水价要根据施工组织设计的供水工艺流程计算。

【例 3－4】　某水利工程施工用水分左右岸两个取水点，左岸设三级供水，右岸设两级供水，各级泵站出水口处均设有调节水池，供水系统主要技术指标见表 3－5。试计算施工用水综合水价。

表 3－5　　　　　　　　　　　　供水系统主要技术指标

位　　置		电机功率 /kW	台数 /台	水泵额定流量 /(m³/h)	设计用水量 /(m³/组时)	台时费 /(元/台时)	备注
左岸	一级泵站	230	3	1315	0	155.88	另备用 1 台
	二级泵站	165	3	1196	2250	118.23	另备用 1 台
	三级泵站	125	1	155	100	112.93	另备用 1 台
	小计				2350		
右岸	一级泵站	65	2	160	150	55.75	另备用 1 台
	二级泵站	47	1	85	55	49.72	另备用 1 台
	小计				205		

解：（1）进行水量验证。

水泵出力系数 K 取 0.80；供水损耗率取 10％；供水设施维修摊销费取 0.04 元/m³。

实际组时净供水量＝水泵额定容量之和×水泵出力系数 K×（1－供水损耗率）

各级泵站实际组时净供水量计算结果见表 3－6，从表 3－6 可以看出，各级泵站实际组时净供水量均大于设计用水量，满足用水要求。

（2）施工用水分级水价。

计算各级泵站设计组时用水量占总用水量百分比，计算结果见表 3－6。

各级泵站水价＝上级泵站供水单价＋组时总费用÷组时净供水量＋供水设施维修摊销费

左岸一级泵站供水水价＝3×155.88÷2840.4＝0.165（元/m³）

左岸二级泵站供水水价＝0.165＋（3×118.23÷2583.36）＝0.302（元/m³）

表 3-6 水 价 计 算 过 程 表

位　置		电机功率/kW	台数/台	水泵额定流量/(m³/h)	实际净供水量/(m³/组时)	设计用水量/(m³/组时)	设计用水量比例/%	分级水价/(元/m³)
左岸	一级泵站	230	3	1315	2840.40	0	0	0.165
	二级泵站	165	3	1196	2583.36	2250	88	0.302
	三级泵站	125	1	155	111.60	100	4	1.314
	小计					2350	92	
右岸	一级泵站	65	2	160	230.40	150	6	0.484
	二级泵站	47	1	85	61.20	55	2	1.296
	小计					205	8	

左岸三级泵站供水水价＝0.302＋(1×112.93÷111.6)＝1.314(元/m³)

右岸一级泵站供水水价＝2×55.75÷230.4＝0.484(元/m³)

右岸二级泵站供水水价＝0.484＋(1×49.72÷61.2)＝1.296(元/m³)

（3）施工用水综合单价。

施工用水综合单价＝(0.165×0%＋0.302×88%＋1.314×4%＋0.484×6%

＋1.296×2%)＋0.04＝0.41(元/m³)

三、施工用风价格

水利工程施工用风指用于石方爆破钻孔、混凝土工程、基础处理、金属结构和机电设备安装等工程施工时，施工机械（如风钻、潜孔钻、凿岩台车、混凝土喷射机等）所需的压缩空气，一般由自建供风系统供给。风价是计算各种风动机械台时费的基础价格。

压缩空气可由固定式空压机或移动式空压机供给。在大中型工程中，一般采用多台固定式空压机组成供风系统，并以移动式空压机为辅助。对于工程量小、布局分散的工程，宜采用移动式空压机供风，此时可将其与用风的施工机械配套，以空压机台时费乘以台时使用量直接计入工程单价，不再单独计算风价，相应风动机械台时费中二类费用不再计算台时耗风费用。

为保证风压和减少管道损耗，水利工程施工工地一般采用分区布置供风系统，如左坝区、右坝区、厂房区等。各区供风系统，因布置形式和机械组成不一定相同，因而各区的风价也不一定相同，此种情况下应采用加权平均的方法计算综合风价。

（一）风价的组成

施工用风价格由基本风价、供风损耗摊销费和供风设施维修摊销费组成。

（1）基本风价。基本风价指根据施工组织设计供风系统所配置的空压机设备，按台时总费用除以台时总供风量计算的单位风量价格。风价计算时，一般不考虑备用空压机。

（2）供风损耗摊销费。供风损耗摊销费指由压气站至用风现场的固定供风管道在送风过程中所发生的风量损耗的摊销费用，其大小与管道铺设好坏、管道长短有关。供风管道短的，损耗小，反之损耗大。风动机械本身的用风及移动的供风损耗已包括在机械台时耗风定额内，不在风价中计算。

（3）供风设施维修摊销费。供风设施维修摊销费指摊入风价的供风设施的维护修理费用。

（二）风价的计算

施工用风价格，根据冷却水的不同供给方式，可按以下公式计算：

（1）采用专用水泵供给冷却水时：

$$R_f = \frac{C_j + C_b}{\sum P \times 60K(1 - K_1)} + C_w \qquad (3-12)$$

（2）采用循环冷却水、不用水泵时：

$$R_f = \frac{C_j}{\sum P \times 60K(1 - K_1)} + C_w + C_l \qquad (3-13)$$

式中　R_f——施工用风价格，元/m^3；

　　　C_j——空压机组（台）时总费用，元；

　　　C_b——水泵组（台）时总费用，元；

　　　C_l——单位循环冷却水费，取 0.007 元/m^3；

　　　$\sum P$——空压机额定容量之和，m^3/min；

　　　K——空压机出力系数（即能量利用系数），一般取 0.70～0.85；

　　　K_1——供风损耗率，取 6%～10%；

　　　C_w——供风设施维修摊销费，取 0.004～0.005 元/m^3。

【例 3-5】 某水库大坝施工用风，共设置左坝区和右坝区两个压气系统。左坝区配置 45m^3/min 的固定式空压机 1 台，台时预算价格 133.5 元/台时，20m^3/min 的固定式空压机 6 台，台时预算价格 77.02 元/台时；右坝区配置 9m^3/min 的移动式空压机 4 台，台时预算价格 48.13 元/台时。冷却用水泵 7kW 的 3 台，台时预算价格 17.11 元/台时。其他资料：空气压缩机能量利用系数 0.80，风量损耗率 10%，供风设施维修摊销费 0.004 元/m^3，试计算施工用风风价。

解： 台时总费用＝133.5×1＋77.02×6＋48.13×4＋17.11×3＝839.47（元）

台时总供风量＝(45×1＋20×6＋9×4)×60×0.8＝9648.00（m^3）

施工用风价格＝839.47÷[9648.00×(1－10%)]＋0.004＝0.10（元/m^3）

第四节　施工机械使用费

施工机械台时费是指一台施工机械正常工作 1h 所支出和分摊的各项费用之和，包括消耗在建筑安装工程项目上的机械磨损、维修和动力燃料费用等。施工机械使用费以台时为计量单位。台时费是计算建筑安装工程单价中机械使用费的基础单价。随着水利工程机械化施工程度的提高，施工机械使用费在工程投资中所占比例越来越大，目前已达到 20%～30%，因此准确计算台时费非常重要。

一、施工机械台时费的组成及计算

施工机械台时费由一类费用和二类费用组成。

（一）一类费用

根据 2014 年水利部颁布的《水利工程设计概（估）算编制规定》，施工机械使用费应根据《水利工程施工机械台时费定额》及有关规定计算。对于定额缺项的施工机械，可补充编制台时费定额。

一类费用大小主要取决于机械的价格和年工作制度，由折旧费、修理费及替换设备费（含大修理费、经常性修理费）、安装拆卸费组成。

1. 折旧费

折旧费指施工机械在规定的机械使用期内收回施工机械原始价值的台时折旧摊销费用。

2. 修理费及替换设备费

修理费指机械使用过程中，为了使机械保持正常状态而进行修理所需的费用（即大修理费，其时间间隔较长）和机械正常运行及日常保养所需的润滑油料、擦拭用品的费用（经常性修理费），以及机械保管所需的费用。

替换设备费包括机械需用的蓄电池、变压器、启动器、电线、电缆、电器开关、仪表、轮胎、传动皮带、输送皮带、钢丝绳、胶皮管等替换设备和为了保证机械正常运转所需的随机用的工具和附具的摊销费用。

机械保管费指机械保管部门保管机械所需的费用，包括机械在规定年工作台时以外的保养、维护所需的人工、材料和用品费用。

3. 安装拆卸费

安装拆卸费指机械进出施工现场进行安装、拆卸、试运转及场内转移及辅助设施的摊销费用，其主要内容有：

（1）安装前的准备，如设备开箱、检查清扫、润滑及电气设备烘干等所需费用。

（2）设备自场内仓库至安装拆卸地点的往返运输费用和现场范围内的运转费用。

（3）设备进、出入工地的安装、调试以及拆除后的整理、清扫和润滑等费用。

（4）一般的设备基础开挖、混凝土浇筑和固定锚桩等费用。若因地形条件和施工布置需要进行大量土石方开挖及混凝土浇筑等，应列入临时工程项目。

（5）为设备的安装拆卸所搭设的平台、脚手架、地锚和缆风索等临时设施和施工现场清理等的费用。

由于部分大型和特大型施工机械的单机一次安装拆卸费用较大，如果将其放在台时费中逐步摊销，则要长期占用流动资金，影响资金的周转使用。因此，现行施工机械台时费定额中，将下列六种类型的大型机械安装拆卸费用，列入施工临时工程中的"其他施工临时工程"项内。这六种机械是：①斗容为 $3m^3$ 及以上挖掘机、轮斗挖掘机；②混凝土搅拌站、混凝土搅拌楼；③胎带机；④塔带机；⑤缆索起重机、简易缆索起重机、20t 及以上塔式起重机，门座式起重机；⑥针梁模板台车、钢模台车、滑模台车。除上述六种机械外，凡台时费定额中列有安装拆除费的施工机械，其安装拆除费均应计入台时费，不要在临时工程中单独列项。

在《台时费定额》备注栏内注有"※"的大型机械，表示该项定额未列安装拆卸费，其费用在"其他施工临时工程"中计算。

（二）二类费用

二类费用在施工机械台时费定额中以实物量式表示，是指机上人员人工费和机械所消耗的燃料动力费，其数量定额一般不允许调整，但是因工程所在地的人工预算价、材料市场价格各异，所以此项费用一般随工程地点不同而变化，曾称可变费用，其组成如下：

（1）机上人员人工费。机上人员人工费指支付直接操纵施工机械的机上人员预算工资所需的费用。机下辅助人员预算工资一般列入工程人工费，不包括在内。

$$机上人员人工费 = 定额人工数量 \times 中级工人工预算单价 \qquad (3-14)$$

（2）燃料动力费。燃料动力费指施工机械运转时所耗用的各种动力、燃料及各种消耗性材料，包括风、水、电、汽油、柴油、煤及木柴等所需的费用。其中，电量消耗包括机械本身的消耗和最后一级变压器低压侧到施工地点之间的线路损耗；风、水的消耗包括机械本身的消耗和移动支管的损耗。

$$燃料动力费 = \sum(燃料、动力、消耗性材料定额消耗量 \times 相应单价) \qquad (3-15)$$
$$二类费用 = 机上人员人工费 + 燃料动力费 \qquad (3-16)$$

（三）三类费用

三类费用是指施工机械每台时所摊销的牌照税、车船使用税、养路费、保险费等。按各省、自治区、直辖市现行规定收费标准计算，计算方法见式（3-17）、式（3-18）。不领取牌照、不缴纳养路费的非车船类施工机械不计算。一般情况下不需支付第三类费用。

$$R_c = \frac{P_c H_z}{T_a} \qquad (3-17)$$

$$R_l = \frac{P_l H_z \times 12}{T_a} \qquad (3-18)$$

式中 R_c——车船使用税，元/台时；

$\quad\quad R_l$——养路费，元/台时；

$\quad\quad P_c$——车船使用税标准，元/（年·t）；

$\quad\quad P_l$——养路费标准，元/（年·t）；

$\quad\quad H_z$——吨位，t；

$\quad\quad T_a$——年工作台时，台时/年。

一类、二类费用之和即为施工机械台时费。

【例3-6】 某地区2012年修筑一土石坝工程，试计算该工程使用的2m³斗容电动单斗挖掘机台时费，水利工程施工机械台时费定额摘录见表3-7。已知中级工单价4元/工时，电价0.7元/（kW·h）。假定物价上涨指数为5%。

表3-7   水利工程施工机械台时费定额摘录

项　　　目		单位	单斗挖掘机				
			油　动		电　动		
			斗容/m³				
			0.5	1.0	2.0	3.0	4.0
（一）	折旧费	元	21.97	28.77	41.56	68.28	175.15
	修理费及替换设备费	元	20.47	29.63	43.57	55.67	84.67
	安装拆卸费	元	1.48	2.42	3.08		
	小计	元	43.92	60.82	88.21	123.95	259.82

续表

项 目		单位	单斗挖掘机				
			油 动		电 动		
			斗容/m³				
			0.5	1.0	2.0	3.0	4.0
（二）	人工	工时	2.7	2.7	2.7	2.7	2.7
	汽油	kg					
	柴油	kg	10.7	14.2			
	电	kW·h			100.6	128.1	166.8
	风	m³					
	水	m³					
	煤	kg					
	备注					※	※
	编号		1001	1002	1003	1004	1005

解： 2m³ 斗容电动单斗挖掘机台时费见表 3-8。

表 3-8 施工机械台时费

定额编号			1003	
机械名称			2m³ 电动单斗挖掘机	
项目	单位	单价/元	定额	合计/元
（一）				158.41
折旧费	元		41.56	
修理费及替换设备费	元		43.57	
安装拆卸费	元		3.08	
（二）				81.22
人工	工时	4.00	2.7	10.80
电	kW·h	0.70	100.6	70.42
总计				239.63

二、补充施工机械台时费的编制

当施工组织设计选取的施工机械在《台时费定额》中缺项，或者规格、型号不符时，必须编制补充施工机械台时费，其水平要与同类机械相当。编制时可采用施工机械台时费定额编制方法、直线内插法、占折旧费比例法进行编制。

（一）按施工机械台时费定额编制方法编制

1. 折旧费

折旧费指机械在寿命期内回收原值的台时折旧摊销费用。《水利工程施工机械台时费定额》的折旧费按平均年限法确定。

$$折旧费 = \frac{机械预算价格 \times (1 - 机械残值率)}{机械经济寿命台时} \tag{3-19}$$

$$机械残值率＝\frac{机械残值－机械清理费}{机械预算价格}\times100\% \qquad (3-20)$$

$$机械经济寿命台时＝经济使用年限\times年工作台时 \qquad (3-21)$$

国产机械预算价格为设备出厂价与运杂费之和。其中运杂费一般按出厂价的5%计算。

进口机械预算价格为到岸价、关税、增值税、银行手续费、进出口公司手续费、商检费、港口杂费、运杂费用之和，按国家现行规定和有关资料计算。

公路运输机械预算价格在机械预算价格的基础上，需增加车辆购置附加费。按现行规定，国产车取出厂价的10%，进口车取到岸价、关税、增值税之和的15%。

机械残值率指机械报废后回收的价值，扣除机械清理费后占机械预算价格的百分率，通常选取2%～5%。

机械经济寿命台时指机械开始运转至经济寿命终止的运转总台时；经济使用年限为机械从使用到经济寿命终止的平均年限；年工作台时为机械在经济寿命使用期内平均每年运行的台时数。

2. 修理费及替换设备费

修理费及替换设备费指机械使用过程中，为了使机械保持正常功能而进行修理所需费用，日常保养所需的润滑油料费，擦拭用品费，机械保管费以及替换设备，随机使用的工具附具等所需的台时摊销费用。其具体包括以下项目：

（1）大修理费。大修理费指机械按照规定的大修理间隔期，为使机械保持正常功能而进行大修理所需的摊销费用。计算公式如下：

$$台时大修理费＝一次大修理费用\times大修理次数\div经济寿命台时 \qquad (3-22)$$

$$大修理次数＝经济寿命台时\div大修理间隔台时－1 \qquad (3-23)$$

式中，一次大修理费用指机械进行一次全面修理所消耗的全部费用，主要是人工费、材料、配件、机械使用费、管理费、场内往返运输费等费用。

大修理次数指机械在使用期内，必须进行大修理的平均次数。

（2）经常修理费。经常修理费指机械中修及各级定期保养的费用。

$$经常修理费＝\frac{一次中修费\times中修次数＋\sum各级保养一次费用\times各级保养次数}{大修理间隔台时}$$

$$(3-24)$$

（3）润滑材料及擦拭材料费。润滑材料及擦拭材料费指机械进行正常材料运转及日常保养所需的润滑油料、擦拭用品费。按各润滑材料及擦拭材料台时用量与相应单价乘积之和计算。

（4）保管费。保管费指机械保管部门保管机械所需的费用，包括机械在规定年工作台时以外的保养、维护所需的人工、材料和用品费用。

$$台时保管费＝（机械预算价格\div机械年工作台时）\times保管费率 \qquad (3-25)$$

保管费率的高低与机械预算价格有直接的关系。机械预算价格低，保管费率高；机械预算价格高，保管费率低。保管费率一般在0.15%～1.5%范围内。

（5）替换设备费。替换设备费指机械正常运转时耗用的设备用品及随机使用的工具附件等的摊销费用，其包括机上需用的轮胎、启动机、电线、电缆、蓄电池、电气开关、仪表、传动皮带、钢丝绳、胶皮管、碎石机颚板等。

$$替换设备费 = \sum \left(\frac{某替换设备费一次用量 \times 替换设备单价}{替换设备的寿命台时} \right) \qquad (3-26)$$

3. 安装拆卸费

安装拆卸费指机械进出工地的安装、拆卸、试运转和场内转移及辅助设施的摊销费用。部分大型施工机械的安装拆卸费不在台时费中计列，其费用已列入"其他施工临时工程"项内。

$$安装拆卸费 = \frac{一次安装拆卸费 \times 每年平均安装拆卸次数}{年工作台时} \qquad (3-27)$$

对于同类型的新机械可利用已有的资料按下式计算：

$$安装拆卸费 = 折旧费 \times 安装拆卸费率 \qquad (3-28)$$

4. 机上人工

机上人工指直接操纵施工机械的司机、司炉及其他操作人员。机械人工数量，按机械性能、操作需要和三班制作业等特点确定。一般配备原则为：

（1）一般中小型机械，原则上配一人。

（2）大型机械，一般二人。

（3）特大型机械，根据实际需要配备。

（4）一人可照看多台同时运行的机械（如水泵等），每台可配少于一人。

（5）为适应三班作业需要，部分机械可配备大于一人小于二人。

（6）操作简单的机械，如风钻、振捣器等，及本身无动力的机械，如羊足碾等，在建筑工程定额中已计列操作工人，台时费定额中不列机上人员。编制补充机械台时定额时，可参照同类机械确定机上人工工时数。

$$台时机上人工费 = 机上人工工时数 \times 人工预算单价 \qquad (3-29)$$

5. 动力燃料费

$$台时动力燃料费 = \sum(动力燃料消耗量 \times 相应单价) \qquad (3-30)$$

$$Q = Ntk \qquad (3-31)$$

式中　Q——台时电力耗用量，kW·h；

N——电动机额定功率，kW；

t——设备工作小时数量，取 1h；

k——电动机综合利用系数。

$$Q = NTGk \qquad (3-32)$$

式中　Q——内燃机械台时油料消耗量或蒸气机械台时水（煤）消耗量，kg；

N——发动机额定功率，kW；

T——设备工作小时数量，取 1h；

G——额定单位耗油量或额定单位耗水（煤）量，kg/(kW·h)；

k——发动机或蒸汽机综合利用系数。

$$Q = Vtk \qquad (3-33)$$

式中　Q——台时压缩空气消耗量，m^3；

　　　V——额定压缩空气消耗量，m^3/min；

　　　t——设备工作小时数量，取 $60min$；

　　　k——风动机械综合利用系数。

【例 3-7】　试计算 QTZ40C 塔式起重机台时费。基础资料如下：①出厂价 40.7 万元，运杂费率 5%；②设备使用年限 19 年，年工作台时 2000 个，耐用总台时 38000 个，残值率 4%；③大修理次数 2 次，一次大修理费占设备预算价格的 4%；④台时经常性修理费占台时大修理费的 231%；⑤台时替换设备费占台时大修理费的 88%；⑥安装拆卸及辅助设施费，由于建筑塔机的特点，按规定单独计算，不列入台时费；⑦年保管费占设备预算价格的 0.25%；⑧动力、燃料费，电动机容量 54.5kW（其中主机容量 30kW），时间利用系数 0.4，能量利用系数 0.5，电动机效率 0.88，低压线路损耗系数 0.95；⑨机上人工 2 个，预算工资 6.65 元/工时，电价 0.5 元/（kW·h）。

解：（1）一类费用。

设备预算价 $= 407000 \times (1+5\%) = 427350$（元）

基本折旧费 $= 427350 \times (1-4\%) \div 38000 = 10.8$（元/台时）

大修理费 $= 427350 \times 4\% \times 2 \div 38000 = 0.90$（元/台时）

经常性修理费 $= 0.90 \times 231\% = 2.08$（元/台时）

替换设备及工具、附具费 $= 0.90 \times 88\% = 0.79$（元/台时）

保管费 $= 427350 \times 0.25\% \div 2000 = 0.53$（元/台时）

一类费用 $= 10.8 + 0.90 + 2.08 + 0.79 + 0.53 = 15.10$（元/台时）

（2）二类费用。

机上人工工资 $= 6.65 \times 2 = 13.30$（元/台时）

耗电费 $= 54.5 \times 0.4 \times 0.5 \times 0.5 \div (0.88 \times 0.95) = 6.52$（元/台时）

二类费用 $= 13.30 + 6.52 = 19.82$（元/台时）

台时费 $=$ 一类费用 $+$ 二类费用 $= 15.10 + 19.82 = 34.92$（元/台时）

（二）按直线内插法编制

当所求设备的容量、吨位、动力等设备特征指标在《水利工程施工机械台时费定额》范围之内时，一般采用"直线内插法"编制补充台时费。直线内插法是编制补充台时费最简易、最实用的方法。

（三）按占折旧费比例法编制

当所求设备的容量、吨位、动力等设备特征指标在《水利工程施工机械台时费定额》范围之外时，常采用"占折旧费比例法"编制补充台时费。

所谓"占折旧费比例法"，就是借助已有设备定额资料来推算所求设备的台时费定额指标，即利用定额中某类似设备的设备修理及替换设备费、安装拆卸费与其折旧费的比例后，再乘以 0.8~0.95 系数（设备容量、吨位或动力接近定额的取大值，反之取小值），推算同类型所求设备的台时费第一类费用，并根据有关动力消耗参数确定第二类费用指标，计算出所求设备的台时费定额指标。

第五节 混凝土、砂浆材料单价

混凝土及砂浆材料单价指按混凝土及砂浆设计强度等级、级配及施工配合比配制 1m³ 混凝土、砂浆所需的水泥、砂、石、水、掺和料及外加剂等各种材料的费用之和，不包括拌制、运输、浇筑等工序的人工费、材料费、机械使用费，也不包含搅拌损耗外的施工操作损耗及超填量等。

混凝土、砂浆材料费用在混凝土工程造价中占有较大比重，在编制混凝土工程单价时，应根据设计选定的混凝土及砂浆的强度等级、级配和水泥强度等级确定出各组成材料的用量，进而计算出混凝土、砂浆材料单价。

一、混凝土材料单价计算

（一）选定水泥品种与强度等级

水泥品种与强度等级应依据设计选定。当初步设计深度不够时，可按下列原则选择水泥品种：拦河坝等大体积水工混凝土，一般可选用强度等级为 32.5 或 42.5 的水泥；对水位变化区外部混凝土，宜选用普通硅酸盐大坝水泥和普通硅酸盐水泥；对大体积建筑物内部混凝土、位于水下的混凝土和基础混凝土，宜选用矿渣硅酸盐大坝水泥、矿渣硅酸盐水泥和粉煤灰硅酸盐水泥。

（二）确定混凝土强度等级和级配

混凝土强度等级和级配应根据水工建筑物各结构部位的运用条件、设计要求和施工条件确定。在资料不足的情况下，可参照表 3-9 选定。

表 3-9　　　　　　　　　　混凝土强度等级与级配参考表

工　程　类　别		不同强度等级不同级配混凝土所占比例/%			
		C20~C25 二级配	C20 三级配	C15 三级配	C10 四级配
大体积混凝土坝		8	32		60
轻型混凝土坝		8	92		
水闸		6	50	44	
溢洪道		6	69	25	
进水塔		30	70		
进水口		20	60	20	
隧洞衬砌	混凝土泵浇筑	80	20		
	其他方法浇筑	30	70		
竖井衬砌	混凝土泵浇筑	100			
	其他方法浇筑	30	70		
明渠混凝土			75	25	
地面厂房		35	35	30	
河床式电站厂房		50	25	25	
地下厂房		50	50		

工程类别	不同强度等级不同级配混凝土所占比例/%			
	C20～C25 二级配	C20 三级配	C15 三级配	C10 四级配
扬水站	30	35	35	
大型船闸	10	90		
中、小型船闸	30	70		

（三）确定混凝土各材料用量

初设阶段编制设计概算时，掺粉煤灰混凝土、碾压混凝土的各种材料用量，应按各工程的混凝土级配及施工配合比试验资料计算。初设阶段的纯混凝土、掺外加剂混凝土，或者可行性研究阶段的掺粉煤灰混凝土、碾压混凝土、纯混凝土、掺外加剂混凝土等，若无试验资料，可参照概算定额附录混凝土配合比表选取。

（四）计算混凝土材料单价

$$混凝土材料单价＝\sum（某材料用量×某材料预算价格） \tag{3-34}$$

（五）计算混凝土材料单价需注意的问题

（1）水泥混凝土强度等级的调整。除碾压混凝土材料配合比参考表外，水泥混凝土强度等级均以 28d 龄期用标准试验方法测得的具有 95％保证率的抗压强度标准值确定。如设计龄期超过 28d，按表 3-10 系数换算。计算结果如介于两种强度等级之间，应选用高一级的强度等级。

表 3-10 **不同龄期水泥混凝土强度等级折合系数**

设计龄期/d	28	60	90	180
强度等级折合系数	1	0.83	0.77	0.71

《水利建筑工程概算定额》混凝土配合比中材料用量，已考虑了混凝土的强度保证率及强度的离差系数对混凝土材料用量的影响，其值已反映在该定额配合比表的"预算量"中，因此，可直接按设计提供的设计标号来选择。

（2）骨料种类、粒度换算系数。混凝土配合比表系卵石、粗砂混凝土，如改用碎石或中、细砂，按表 3-11 系数换算。

表 3-11 **骨料种类、粒度换算系数表**

项目	水泥	砂	石子	水
卵石换为碎石	1.10	1.10	1.06	1.00
粗砂换为中砂	1.07	0.98	0.98	1.07
粗砂换为细砂	1.10	0.96	0.97	1.10
粗砂换为特细砂	1.16	0.90	0.95	1.16

注 水泥按重量计，砂、石子、水按体积计；若实际采用碎石及中细砂时，则总的换算系数应为各单项换算系数的乘积。

（3）混凝土细骨料的划分标准。细度模数 3.19～3.85（或平均粒径 1.2～2.5mm）为粗砂；细度模数 2.5～3.19（或平均粒径 0.6～1.2mm）为中砂；细度模数 1.78～2.5

（或平均粒径 $0.3\sim0.6mm$）为细砂；细度模数 $0.9\sim1.78$（或平均粒径 $0.15\sim0.3mm$）为特细砂。

（4）埋块石混凝土。埋块石混凝土，应按配合比表的材料用量，扣除埋块石实体的数量计算：

$$埋块石混凝土材料量＝配合表列材料用量×（1－埋块石率\%）$$

"块石"在浇筑定额中的计量单位以码方计，相应块石开采、运输单价的计量单位亦以码方计。$1m^3$ 块石实体方＝$1.67m^3$ 码方。

因埋块石增加的人工数量见表 3－12。

表 3－12　　　　　　　　　　　因埋块石增加的人工数量

埋块石率/%	5	10	15	20
每 $100m^3$ 埋块石混凝土增加人工工时	24.0	32.0	42.4	56.8

注　不包括块石运输及影响浇筑的工时。

（5）有抗渗抗冻要求时水灰比的选择。混凝土配合比材料用量应同时考虑设计上要求的混凝土强度指标、抗渗指标和抗冻指标。当有抗渗、抗冻要求时，按表 3－13 选用水灰比。

表 3－13　　　　　　　　　　　水 灰 比 等 级 选 用

抗渗等级	一般水灰比	抗冻等级	一般水灰比
W4	$0.60\sim0.65$	F50	<0.58
W6	$0.55\sim0.60$	F100	<0.55
W8	$0.50\sim0.55$	F150	<0.52
W12	<0.50	F200	<0.50
		F300	<0.45

（6）混凝土配合比表中材料用量的损耗。除碾压混凝土材料配合比参考表外，混凝土配合比表的预算量包括场内运输及操作损耗在内，不包括搅拌后（熟料）的运输和浇筑损耗，搅拌后的运输和浇筑损耗已根据不同浇筑部位计入定额内。

（7）水泥用量调整。水泥用量按机械拌和拟定，若系人工拌和，水泥用量增加 5%。

（8）水泥强度等级与用量换算。当工程采用水泥的强度等级与配合比表中不同时，应对配合表中的水泥用量进行调整，调整系数见表 3－14。

表 3－14　　　　　　　　　　　水泥强度等级换算系数参考表

原强度等级 ＼ 代换强度等级	32.5	42.5	52.5
32.5	1.00	0.86	0.76
42.5	1.16	1.00	0.88
52.5	1.31	1.13	1.00

（9）当采用商品混凝土时，其材料单价应按基价 200 元/m^3 计入工程单价参加取费，预算价格与基价的差额以材料补差形式进行计算，列入单价表中并计取税金。

二、砂浆材料单价计算

砂浆材料单价的计算方法同混凝土材料的计算方法，应根据工程试验提供的资料确定砂浆的各组成材料及相应的用量，进而计算出砂浆材料单价。若无试验资料，可参照《水利建筑工程概算定额》附录砂浆材料配合比表中各组成材料的预算量，进而计算出砂浆材料单价。

【例3-8】　某混凝土大坝工程，设计选定的纯混凝土强度等级与级配为：C20 二级配占 65％，C15 三级配占 35％。C20 混凝土采用强度等级 32.5 的普通水泥，C15 混凝土采用强度等级为 32.5 的矿渣水泥。已知混凝土各组成材料的预算价格分别为：32.5 普通水泥 320 元/t，32.5 矿渣水泥 340 元/t，粗砂 45 元/m³，卵石 60 元/m³，水 0.50 元/m³。试计算混凝土材料概算单价。

解：（1）参考《概算定额》附录纯混凝土材料配合比表，查得上述各种强度等级与级配的混凝土各组成材料预算量，列入表 3-15。

（2）计算各种强度等级与级配的混凝土材料单价，并按所占比例加权平均计算其综合单价，见表 3-15。

表 3-15　　　　　　　　　　混凝土材料单价计算表

混凝土强度等级	级配	材料预算量				材料费/元				混凝土材料单价/(元/m³)
		水泥/kg	粗砂/m³	卵石/m³	水/m³	水泥	粗砂	卵石	水	
C20	二	289	0.49	0.81	0.15	92.48	22.05	48.60	0.08	163.21
C15	三	201	0.42	0.96	0.125	68.34	18.90	57.60	0.06	144.90
混凝土材料综合单价＝163.21×0.65＋144.90×0.35＝156.80 元/m³										

第六节　砂石料单价

砂石料是水利工程中混凝土、砌石和反滤层等结构物的主要建筑材料，是砂砾料、砂、碎石、砾石、骨料等的统称。砂石料一般可分为天然砂石料和人工砂石料两种。天然砂石料有河砂、山砂、海砂以及河卵石、山卵石和海卵石等，是岩石风化和水流冲刷而形成的；人工砂石料是对岩石采用爆破等方式，经机械设备的破碎、筛洗、碾磨加工而成的碎石和人工砂（又称机制砂）。由于砂石料使用量很大，大中型工程一般由施工单位自行采备，形成机械化砂石料加工工厂进行生产。水利工程中砂石料单价的高低对工程投资有较大的影响，所以在编制自采砂石料单价时，必须深入现场调查，认真收集地质勘探、试验、设计资料，掌握其生产条件、生产流程，编制详细的施工组织设计，正确选用定额进行计算，保证砂石料单价的可靠性。

小型工程砂石料一般就近在市场上采购，其价格计算同主要材料预算价格计算方法。

砂石料单价指从覆盖层清除、毛料开采、运输、堆存、筛分、冲洗、破碎、成品料运输、堆存、弃料处理等全部工艺流程累计发生的费用，工艺流程中每个单价包括直接工程费、间接费、利润及税金。

2002 年《水利建筑工程概算定额》及 2002 年《水利建筑工程预算定额》砂石备料工程定额中已经考虑了砂石料在开采、加工、运输、堆存时发生的损耗，砂石料单价计算时，不另计其他任何系数和损耗。

一、砂石料生产的工艺流程

1. 覆盖层清除

天然砂石料场表面层的杂草、树木、腐殖土或风化及半风化岩石等覆盖物，在毛料开采前必须清理干净。该工序单价应根据施工组织设计确定的施工方式，依照一般土石方工程定额计算费用，然后摊入砂石料成品单价中，在概预算中不允许单独列项计算。

2. 毛料开采运输

毛料开采运输指毛料从料场开采、运输到毛料暂存处的整个过程。该项费用工序计算应根据施工组织设计确定的施工方法，选用概预算定额计算。

3. 预筛分

预筛分指将毛料隔离超径石的过程。

4. 超径石破碎

超径石破碎指将预筛分隔离的超径石进行一次或两次破碎，加工成需要粒径的碎石半成品的过程。

5. 毛料的破碎、筛分、冲洗加工

天然砂石料的破碎、筛分、冲洗加工包括预筛分、超径石破碎、筛洗、中间破碎、二次筛分、堆存及废料清除等工序。

人工砂石料的加工包括破碎（一般分粗碎、中碎、细碎）、筛分（一般分预筛、初筛、复筛）清洗等过程。

编制破碎筛洗加工单价时，应根据施工组织设计确定的施工机械、施工方法，套用概预算定额进行计算。

6. 中间破碎

中间破碎指由于生产和级配平衡的需要，将一部分多余的大粒径骨料破碎加工的过程。

7. 成品骨料的运输

经过筛洗加工后的成品料，运至混凝土生产系统的储料场堆存。运输方式根据施工组织设计确定，运输单价采用概预算相应的子目计算。

以上各工序应根据施工组织设计确定其取舍和组合。

二、砂石料单价计算方法

骨料单价计算方法有两种：一是系统单价法，二是工序单价法。

1. 系统单价法

系统单价法是指以原料开采运输到骨料运至搅拌楼（场）骨料仓（堆）上的整个砂石料生产系统为计算单元，用系统单位时间的生产总费用除以系统单位时间的骨料产量求得的骨料单价。系统生产总费用包括人工费、机械使用费和材料费。其中，人工费可按施工组织设计确定的劳动组合计算的人工工时数量，乘相应的人工预算单价求得。机械使用费按施工组织设计确定的机械组合所需机械型号、数量分别乘相应的机械台时费计算，材料

费可参考定额数量计算。系统骨料产量应考虑施工不同时期（初期、中期、末期）的生产不均匀性因素，经分析计算后确定。

系统单价法避免了影响计算成果准确的损耗和体积变化这两个复杂问题，计算原理相对科学，但对施工组织设计深度要求较高，在选定系统设备、型号、数量及确定单位时间的骨料产量时有一定程度的任意性。

2. 工序单价法

工序单价法按现行相应定额计算各个工序单价，再累计计算成品骨料单价。该方法概念明确，易于结合工程实际，目前被水利行业广泛采用。

工序单价法是按骨料的生产流程，分解成若干个工序；然后以工序为计算单元计算工序单价。

砂石骨料综合单价为开采加工单价、覆盖层清除摊销费与弃料处理摊销费之和。砂石料各工序单价均计入直接工程费、间接费、利润及税金。

三、砂石料单价计算需注意的问题

(1) 砂石料的规格及标准。

砂石料：是砂砾料、砂、碎石、砾石、骨料等的统称。

骨料：指经过加工分级后可用于拌制混凝土的砂、碎石和砾石的统称。

砂砾料：指未经过加工的天然砂砾石料。

砾石：指天然砂砾料经过加工分级后粒径大于 5mm 的卵石。

碎石原料：指未经破碎、加工的岩石开采料。

碎石：指经过破碎、加工分级后粒径大于 5mm 的骨料。

砂：指粒径小于或等于 5mm 的骨料。

块石：指厚度大于 20cm 且长、宽各为厚度 2～3 倍的石块。

片石：指厚度大于 15cm 且长、宽各为厚度 3 倍以上的石块。

毛条石：指一般长度大于 60cm 的长条形四棱方正的石料。

料石：指毛条石经过修边打荒加工，外露面方正，各相邻面正交，表面凹凸不超过 10mm 的石料。

(2) 覆盖层清除摊销率。覆盖层清除摊销率指覆盖层的清除量占成品砂石料的百分比。根据覆盖层清除单价和覆盖层清除摊销率将覆盖层清除费用摊入到成品骨料单价中。

$$覆盖层清除摊销率＝覆盖层清除量÷成品骨料量×100\% \qquad (3-35)$$

(3) 弃料处理摊销率。砂石料加工过程中，有部分废弃的砂石料，包括级配弃料、超径弃料及施工损耗。其中施工损耗在定额中已考虑，不再单独计入弃料处理摊销费。弃料处理摊销率为超径弃料与级配弃料之和占成品骨料总量的百分比。

根据弃料处理单价和弃料处理摊销率将弃料处理单价摊入到成品骨料单价中。弃料如用于其他工程项目，应按可利用量的比例从砂石骨料单价中扣除。

$$弃料处理摊销率＝弃料处理量÷成品骨料量×100\% \qquad (3-36)$$

(4) 工序单价调整系数。在计算砂石骨料单价时，毛料开采运输工序单价应乘以调整系数。该系数可根据筛洗定额中砂砾料的采运量与筛洗成品料的比例大小来确定。调整系数为砂砾料的采运量（t）与设计成品骨料总量（t）的比值。

（5）砂、碎石（砾石）、块石、料石等预算价格较高时，应按基价 70 元/m³ 计入工程单价参加取费，预算价格与基价的差额以材料补差形式进行计算，列入单价表中并计取税金。

【例 3-9】 某水利枢纽工程，混凝土所需骨料拟从天然砂砾料场开采，料场覆盖层清除量为 $10 \times 10^4 \text{m}^3$（自然方），设计需用成品骨料 $160 \times 10^4 \text{m}^3$（成品方），超径石 $7 \times 10^4 \text{m}^3$（堆方）作弃料，并运至弃渣场。试根据下列已知条件计算骨料单价。已知：①工序单价，覆盖层清除为 6.50 元/t，毛料开采运输为 4.32 元/t，预筛分为 1.01 元/t，筛洗为 4.85 元/t，其中筛洗 100t 成品料所需的砂砾料采运量为 110t，成品骨料运输为砂 5.10 元/t，石子 4.69 元/t，超径石弃料运输为 4.02 元/t；②砂石骨料的密度，砂的密度按 1.55t/m³，粗骨料的密度按 1.65t/m³ 计。

解： 覆盖层清除摊销费＝6.50×（10÷160×100%）＝0.41（元/t）

砂的开采加工单价＝4.32×110÷100＋1.01＋4.85＋5.10＝15.71（元/t）

粗骨料的开采加工单价＝4.32×110÷100＋1.01＋4.85＋4.69＝15.30（元/t）

超径石弃料处理摊销费＝（4.32×110÷100＋1.01＋4.02）×7÷160＝0.43（元/t）

砂的综合单价＝0.41＋15.71＋0.43＝16.55（元/t）

粗骨料的综合单价＝0.41＋15.30＋0.43＝16.14（元/t）

折算后：砂的综合单价＝16.55×1.55＝25.65（元/m³）

粗骨料的综合单价＝16.14×1.65＝26.63（元/m³）

复 习 思 考 题

1. 简述材料预算价格的组成及计算过程。
2. 简述施工机械台时费的组成及计算过程。
3. 简述施工用电、风、水的组成及计算过程。
4. 简述混凝土及砂浆材料单价计算过程。

第四章 水利建筑工程概算

第一节 概　　述

一、建筑及安装工程费用构成及计算标准

建筑及安装工程费由直接费、间接费、利润、材料补差和税金组成。

（一）直接费

直接费指建筑安装工程施工过程中直接消耗在工程项目上的活劳动和物化劳动，由基本直接费、其他直接费组成。基本直接费包括人工费、材料费、施工机械使用费。其他直接费包括冬雨季施工增加费、夜间施工增加费、特殊地区施工增加费、临时设施费、安全生产措施费和其他。

1. 基本直接费

（1）人工费。人工费指直接从事建筑安装工程施工的生产工人开支的各项费用，内容包括：

1）基本工资。基本工资由岗位工资和年应工作天数内非作业天数的工资组成。

岗位工资指按照职工所在岗位各项劳动要素测评结果确定的工资。

生产工人年应工作天数以内非作业天数的工资，包括职工开会学习、培训期间的工资，调动工作、探亲、休假期间的工资，因气候影响的停工工资，女工哺乳期间的工资，病假在六个月以内的工资及产、婚、丧假期的工资。

2）辅助工资。辅助工资指在基本工资之外，以其他形式支付给职工的工资性收入，包括：根据国家有关规定属于工资性质的各种津贴，主要包括地区津贴、施工津贴、夜餐津贴、节日加班津贴等。

（2）材料费。材料费指用于建筑安装工程项目上的消耗性材料、装置性材料和周转性材料摊销费，包括定额工作内容规定应计入的未计价材料和计价材料。

材料预算价格一般包括材料原价、运杂费、运输保险费和材料采购及保管费四项。

1）材料原价。材料原价指材料指定交货地点的价格。

2）运杂费。运杂费指材料从指定交货地点至工地分仓库或相当于工地分仓库（材料堆放场）所发生的全部费用，包括运输费、装卸费、调车费及其他杂费。

3）运输保险费。运输保险费指材料在运输途中的保险费。

4）材料采购及保管费。材料采购及保管费指材料在采购、供应和保管过程中所发生的各项费用。材料采购及保管费主要包括材料的采购、供应和保管部门工作人员的基本工资、辅助工资、职工福利费、劳动保护费、养老保险费、失业保险费、医疗保险费、工伤保险费、生育保险费、住房公积金、教育经费、办公费、差旅交通费及工具用具使用费；仓库、转运站等设施的检修费、固定资产折旧费、技术安全措施费和材料检验费；材料在

运输、保管过程中发生的损耗等。

（3）施工机械使用费。施工机械使用费指消耗在建筑安装工程项目上的机械磨损、维修和动力燃料费用等，包括折旧费、修理及替换设备费、安装拆卸费、机上人工费和动力燃料费等。

1）折旧费。折旧费指施工机械在规定使用年限内回收原值的台时折旧摊销费用。

2）修理及替换设备费。修理费指施工机械使用过程中，为了使机械保持正常功能而进行修理所需的摊销费用和机械正常运转及日常保养所需的润滑油料、擦拭用品的费用，以及保管机械所需的费用。替换设备费指施工机械正常运转时所耗用的替换设备及随机使用的工具附具等摊销费用。

3）安装拆卸费。安装拆卸费指施工机械进出工地的安装、拆卸、试运转和场内转移及辅助设施的摊销费用。部分大型施工机械的安装拆卸不在其施工机械使用费中计列，包含在其他施工临时工程中。

4）机上人工费。机上人工费指施工机械使用时机上操作人员人工费用。

5）动力燃料费用。动力燃料费用指施工机械正常运转时所耗用的风、水、电、油和煤等费用。

2. 其他直接费

（1）冬雨季施工增加费。冬雨季施工增加费指在冬雨季施工期间为保证工程质量和安全生产所需增加的费用，包括增加施工工序，增设防雨、保温、排水等设施增耗的动力、燃料、材料以及因人工、机械效率降低而增加的费用。

计算方法：根据不同地区，按基本直接费的百分率计算。

西南、中南、华东区	0.5%～1.0%
华北区	1.0%～2.0%
西北、东北区	2.0%～4.0%
西藏自治区	2.0%～4.0%

西南、中南、华东区中，按规定不计冬季施工增加费的地区取小值，计算冬季施工增加费的地区可取大值；华北区中，内蒙古等较严寒地区可取大值，其他地区取中值或小值；西北、东北区中，陕西、甘肃等省取小值，其他地区可取中值或大值。各地区包括的省（自治区、直辖市）如下：

1）华北地区：北京、天津、河北、山西、内蒙古等5个省（自治区、直辖市）。

2）东北地区：辽宁、吉林、黑龙江等3个省。

3）华东地区：上海、江苏、浙江、安徽、福建、江西、山东等7个省（直辖市）。

4）中南地区：河南、湖北、湖南、广东、广西、海南等6个省（自治区）。

5）西南地区：重庆、四川、贵州、云南等4个省（直辖市）。

6）西北地区：陕西、甘肃、青海、宁夏、新疆等5个省（自治区）。

（2）夜间施工增加费。夜间施工增加费指施工场地和公用施工道路的照明费用。照明线路工程费用包括在"临时设施费"中；施工附属企业系统、加工厂、车间的照明，列入相应的产品中，均不包括在本项费用之内。

计算方法：按基本直接费的百分率计算。

1）枢纽工程：建筑工程0.5％，安装工程0.7％。

2）引水工程：建筑工程0.3％，安装工程0.6％。

3）河道工程：建筑工程0.3％，安装工程0.5％。

（3）特殊地区施工增加费。特殊地区施工增加费指在高海拔、沙漠地区和原始森林等特殊地区施工而增加的费用，其中高海拔地区的高程增加费，按规定直接进入定额；其他特殊增加费（如酷热、风沙），应按工程所在地区规定的标准计算，地方没有规定的不得计算此项费用。

（4）临时设施费。临时设施费指施工企业为进行建筑安装工程施工所必需的但又未被划入施工临时工程的临时建筑物、构筑物和各种临时设施的建设、维修、拆除、摊销等，如：供风、供水（支线）、供电（场内）、照明、供热系统及通信支线，土石料场，简易砂石料加工系统，小型混凝土拌和浇筑系统，木工、钢筋、机修等辅助加工厂，混凝土预制构件厂，场内施工排水，场地平整、道路养护及其他小型临时设施等。

计算方法：按基本直接费的百分率计算。

1）枢纽工程：建筑及安装工程3.0％。

2）引水工程：建筑及安装工程1.8％～2.8％。若工程自采加工人工砂石料，费率取上限；若工程自采加工天然砂石料，费率取中值；若工程采用外购砂石料，费率取下限。

3）河道工程：建筑及安装工程1.5％～1.7％。灌溉田间工程取下值，其他工程取中值。

（5）安全生产措施费。安全生产措施费指为保证施工现场安全作业环境及安装施工、文明施工所需要，在工程设计已考虑的安全支护措施之外发生的安全生产、文明施工相关费用。

计算方法：按基本直接费的百分率计算。

1）枢纽工程：建筑及安装工程2.0％。

2）引水工程：建筑及安装工程1.4％～1.8％。一般取下限标准，隧洞、渡槽等大型建筑物较多的引水工程、施工条件复杂的引水工程取上限标准。

3）河道工程：建筑及安装工程1.2％。

（6）其他。其他包括施工工具用具使用费、检验试验费，工程定位复测及施工控制网测设，工程点交、竣工场地清理，工程项目及设备仪表移交生产前的维护费，工程验收检测费等。

1）施工工具用具使用费。施工工具用具使用费指施工生产所需，但不属于固定资产的生产工具，检验、试验用具等的购置、摊销和维护费。

2）检验试验费。检验试验费指对建筑材料、构件和建筑安装物进行一般鉴定、检查所发生的费用，包括自设实验室所耗用的材料和化学药品费用，以及技术革新和研究试验费，不包括新结构、新材料的试验费和建设单位要求对具有出厂合格证明的材料进行试验、对构件进行破坏性试验，以及其他特殊要求检验试验的费用。

3）工程项目及设备仪表移交生产前的维护费。工程项目及设备仪表移交生产前的维护费指竣工验收前对已完工程及设备进行保护所需费用。

4）工程验收检测费。工程验收检测费指工程各级验收阶段为检测工程质量发生的检测费用。

计算方法：按基本直接费的百分率计算。

1) 枢纽工程：建筑工程1.0%，安装工程1.5%。

2) 引水工程：建筑工程0.6%，安装工程1.1%。

3) 河道工程：建筑工程0.5%，安装工程1.0%。

特别说明：

1) 砂石备料工程其他直接费费率取0.5%。

2) 掘进机施工隧洞工程其他直接费取费费率执行以下规定：土石方类工程、钻孔灌浆及锚固类工程，其他直接费费率为2%～3%；掘进机由建设单位采购、设备费单独列项时，台时费中不计折旧费，土石方类工程、钻孔灌浆及锚固工程其他直接费费率为4%～5%。敞开式掘进机费率取低值，其他掘进机取高值。

（二）间接费

1. 费用构成

间接费指施工企业为建筑安装工程施工而进行组织与经营管理所发生的各项费用，它构成产品成本，由企业管理费和规费组成。

（1）企业管理费。企业管理费指施工企业为组织施工生产和经营管理活动所发生的费用。内容包括：

1) 管理人员工资。管理人员工资指管理人员的基本工资、辅助工资。

2) 差旅交通费。措施工企业管理人员因公出差、工作调动的差旅费、误餐补助费，职工探亲路费，劳动力招募费，职工离退休、退职一次性路费，工伤人员就医路费，工地转移费，交通工具运行费及牌照费等。

3) 办公费。办公费指企业办公用文具、印刷、邮电、书报、会议、水电、燃煤（气）等费用。

4) 固定资产使用费。固定资产使用费指企业属于固定资产的房屋、设备、仪器等的折旧、大修理、维修费或租赁费等。

5) 工具用具使用费。工具用具使用费指企业管理使用不属于固定资产的工具、用具、家具、交通工具和检验、试验、测绘、消防用具等的购置、维修和摊销费。

6) 职工福利费。职工福利费指企业按照国家规定支出的职工福利费，以及由企业支付离退休职工的易地安家补助费、职工退休金、六个月以上的病假人员工资、按规定支付给离休干部的各项经费。职工发生工伤时企业依技术法在工伤保险基金之外支付的费用，其他在社会保险基金之外依法由企业支付给职工的费用。

7) 劳动保护费。劳动保护费指企业按照国家有关部门规定标准发放的一般劳动防护用品的购置及修理费、保健费、防暑降温费、高空作业及进洞津贴、技术安全措施以及洗澡用水、饮用水的燃料费等。

8) 工会经费。工会经费指企业按职工工资总额计提的工会经费。

9) 职工教育经费。职工教育经费指企业为职工学习先进技术和提高文化水平按职工工资总额计提的费用。

10) 保险费。保险费指企业财产保险、管理用车辆等保险费用，高空、井下、洞内、水上、水下作业等特殊工种安全保险费、危险作业意外伤害保险费等。

11）财务费用。财务费用指施工企业为筹集资金而发生的各项费用，包括企业经营期间发生的短期融资利息净支出、汇兑净损失、金融机构手续费，企业筹集资金发生的其他财务费用，以及投标和承包工程发生的保函手续费等。

12）税金。税金指企业按规定交纳的房产税、管理用车辆使用税、印花税等。

13）其他。其他企业管理费包括技术转让费、企业定额测定费、施工企业进退场费、施工企业承担的施工辅助工程设计费、投标报价费、工程图纸资料费及工程摄影费、技术开发费、业务招待费、绿化费、公证费、法律顾问费、审计费、咨询费等。

（2）规费。规费指政府和有关部门规定必须缴纳的费用，包括社会保险费和住房公积金。

1）社会保险费：①养老保险费，指企业按照规定标准为职工缴纳的基本养老保险费；②失业保险费，指企业按照规定为职工缴纳的失业保险费；③医疗保险费，指企业按照规定为职工缴纳的基本医疗保险费；④工伤保险费，指企业按照规定为职工缴纳的工伤保险费；⑤生育保险费，指企业按照规定为职工缴纳的生育保险费。

2）住房公积金。住房公积金指企业按照规定为职工缴纳的住房公积金。

2. 计算标准

根据工程性质不同间接费标准划分为枢纽工程、引水工程及河道工程三部分标准，费率标准见表4-1。

表4-1 **枢纽工程、引水工程及河道工程间接费率表**

序号	工程类别	计算基础	间接费费率/%		
			枢纽工程	引水工程	河道工程
一	建筑工程				
1	土方工程	直接费	7	4～5	3～4
2	石方工程	直接费	11	9～10	7～8
3	砂石备料工程（自采）	直接费	4	4	4
4	模板工程	直接费	8	6～7	5～6
5	混凝土浇筑工程	直接费	8	7～8	6～7
6	钢筋制安工程	直接费	5	4	4
7	钻孔灌浆工程	直接费	9	8～9	8
8	锚固工程	直接费	9	8～9	8
9	疏浚工程	直接费	6	6	5～6
10	掘进机施工隧洞工程（1）	直接费	3	3	3
11	掘进机施工隧洞工程（2）	直接费	5	5	5
12	其他工程	直接费	9	7～8	6
二	机电、金属结构设备及安装工程	人工费	75	70	70

引水工程：一般取下限标准，隧洞、渡槽等大型建筑物较多的引水工程、施工条件复杂的引水工程取上限标准。

河道工程：灌溉田间工程取下限，其他工程取上限。

工程类别划分说明：

(1) 土方工程。土方工程包括土方开挖与填筑等。

(2) 石方工程。石方工程包括石方开挖与填筑、砌石、抛石工程等。

(3) 砂石备料工程。砂石备料工程包括天然砂砾料和人工砂石料的开采加工。

(4) 模板工程。模板工程包括现浇各种混凝土时制作及安装的各类模板工程。

(5) 混凝土浇筑工程。混凝土浇筑工程包括现浇和预制各种混凝土、伸缩缝、止水、防水层、温控措施等。

(6) 钢筋制安工程。钢筋制安工程包括钢筋制作与安装工程等。

(7) 钻孔灌浆工程。钻孔灌浆工程包括各种类型的钻孔灌浆、防渗墙、灌注桩工程。

(8) 锚固工程。锚固工程包括喷混凝土（浆）、锚杆、预应力锚索（筋）工程等。

(9) 疏浚工程。疏浚工程指用挖泥船、水力冲挖机组等机械疏浚江河、湖泊的工程。

(10) 掘进机施工隧洞工程（1）。掘进机施工隧洞工程（1）包括掘进机施工土石方类工程、钻孔灌浆及锚固类工程等。

(11) 掘进机施工隧洞工程（2）。掘进机施工隧洞工程（2）指掘进机设备单独列项采购并且在台时费中不计折旧费的土石方类工程、钻孔灌浆及锚固类工程等。

(12) 其他工程。其他工程指除表 4-1 中所列 11 类工程以外的其他工程。

（三）利润

利润指按规定应计入建筑安装工程费用中的利润，通常按直接费和间接费之和的 7% 计算。

（四）材料补差

材料补差指根据主要材料消耗量、主要材料预算价格与材料基价之间的差值，计算的主要材料补差金额。材料基价是指计入基本直接费的主要材料的限制价格。

（五）税金

税金指国家对施工企业承担建筑、安装工程作业收入所征收的营业税、城市维护建设税和教育费附加。

为了计算简便，在编制概算时，可按下列公式和税率计算：

$$税金＝（直接费＋间接费＋材料补差＋利润）×税率 \tag{4-1}$$

若安装工程中含未计价装置性材料费，则计算税金时应计入未计价装置性材料费。

税率标准：

建设项目在市区的：3.48%；

建设项目在县城镇的：3.41%；

建设项目在市区或县城镇以外的：3.28%。

国家对税率标准调整时，可以相应调整计算标准。

二、建筑工程概算编制步骤

1. 收集基本资料、熟悉设计图纸

(1) 熟悉设计图纸，将工程项目内容、工程部位搞清楚，了解设计意图。

(2) 深入工程现场了解工程现场情况，收集与工程概算有关的基础或基本资料。

（3）对施工组织设计（包括施工导流等主要施工技术措施）进行充分研究，了解施工方法、措施、运输距离、机械设备、劳动力配备等情况，以便正确合理编制工程单价及工程概算。

2. 划分工程项目

建筑工程概算项目划分参考本书第一章第三节有关《工程项目划分》的内容。《工程项目划分》第三级项目中，仅列有代表性的项目。编制概算时可根据工程的具体情况对三级项目进行必要的再划分，形成四级项目，甚至五级项目。

3. 编制建筑工程概算单价

建筑工程概算单价应根据工程的具体情况和拟定的施工方案，采用国家和地方颁发的现行定额及费用标准进行编制。

4. 计算工程量

工程量是以物理计量单位来表示的各个分项工程的结构构件、材料等的数量。它是编制工程概算的基本条件之一。工程量计算的准确与否，直接影响工程概算投资大小。因此，工程量计算应严格执行《水利水电工程设计工程量计算规定》。

5. 编制工程概算

建筑工程概算是按照水利部水总〔2014〕429 号文《水利工程设计概（估）算编制规定》中规定，采用工程量乘以单价的方法逐项计算工程费用，并按工程项目划分逐级向上合并汇总而得。

6. 工料分析

工料分析即工时、材料用量分析计算，它是编制施工组织设计的主要依据之一，也是施工单位编制投标报价和施工计划的依据。

工时、材料用量是按照完成单位工程量所需的人工、材料用量乘以相应工程总量而计算出来的。

第二节 建筑工程概算单价

一、概述

1. 建筑工程概算单价计算程序

建筑工程概算单价是编制建筑工程概算的基础。工程单价是指完成单位工程量（如 $1m^3$、$100m^3$、$1t$ 等）所耗用的直接费、间接费、利润、材料补差和税金五部分费用的总和。

建筑工程概算单价由直接费、间接费、利润、材料补差和税金五部分组成。其中直接费由基本直接费（包括人工费、材料费、施工机械使用费）、其他直接费（包括冬雨季施工增加费、夜间施工增加费、特殊地区施工增加费、其他）组成；间接费由企业管理费和规费组成。建筑工程概算单价计算程序见表 4-2。

2. 正确选用定额

相对于工民建而言，水利水电工程概算编制的最大特点是"定额死，因素活"。同一个工程项目既可以采用人工施工，亦可以采用先进的机械化施工，而不同的施工方法，其

表 4-2　　　　　　　　　　　　　建筑工程概算单价计算程序表

序号	项目	计 算 方 法
一	直接费	（一）+（二）
（一）	基本直接费	1+2+3
1	人工费	∑定额劳动量（工时）×人工预算单价（元/工时）
2	材料费	∑定额材料用量×材料预算单价
3	施工机械使用费	∑定额机械使用量（台时）×施工机械台时费（元/台时）
（二）	其他直接费	（一）×其他直接费率之和
二	间接费	[一]×间接费率
三	利润	[一+二]×利润率
四	材料补差	（材料预算价格-材料基价）×材料消耗量
五	税金	[一+二+三+四]×税率
	单价合计	一+二+三+四+五

工程单价相差很大。因此，概算编制者要根据合理的施工组织设计确定施工因素，以便正确选用定额，同时要对定额的总说明、章说明、节说明及附录内容认真阅读掌握，熟悉各定额子目的适用范围、工作内容以及有关的定额系数的使用方法。当遇到定额项目缺项时，可参考相近行业的有关定额，进行补充，但费用标准仍执行水利部现行取费标准，对选定的定额子目内容，不能随意变更或删除。

二、建筑工程概算单价

（一）水利建筑工程概算定额

水利建筑工程概算定额是编制建筑工程概算单价的主要依据之一，包括土方开挖工程、石方开挖工程、土石填筑工程、混凝土工程、模板工程、砂石备料工程、钻孔灌浆及锚固工程、疏浚工程、其他工程。

在应用水利建筑工程概算定额编制工程概算单价时需注意以下问题：

（1）定额适用于海拔高程小于或等于 2000m 地区的工程项目。海拔高程大于 2000m 的地区，根据水利枢纽工程所在地的海拔高程及规定的调整系数计算。海拔高程应以拦河坝或水闸顶部的海拔高程为准。没有拦河坝或水闸的，以厂房顶部海拔高程为准。一个工程项目只采用一个调整系数，具体见表 4-3。

表 4-3　　　　　　　　　　　　　高原地区定额调整系数

项目	海 拔 高 程 /m					
	2000～2500	2500～3000	3000～3500	3500～4000	4000～4500	4500～5000
人工	1.10	1.15	1.20	1.25	1.30	1.35
机械	1.25	1.35	1.45	1.55	1.65	1.75

（2）定额的"工作内容"仅扼要说明其主要施工过程及工序。次要的施工过程、施工工序和必要的辅助工作所需的人工、材料、机械也已包括在定额内。

（3）定额中的材料是指完成该定额子目工作内容所需的全部材料耗用量，包括主要材料、其他材料和零星材料。

主要材料以实物量形式在定额中列项。

定额中未列示品种规格的材料，根据设计选定的品种规格计算，但定额数量不得调整。已列示品种规格的，使用时不得变动。

凡一种材料名称之后，同时并列几种不同型号规格的，如石方开挖工程定额导线中的火线和电线，表示这种材料只能选用其中一种型号规格的定额进行计价。

凡一种材料分几种型号规格与材料名称同时并列的，如石方开挖工程定额中同时并列的导火线和导电线，则表示这些名称相同而型号规格不同的材料都应同时计价。

其他材料费和零星材料费是指完成该定额工作内容所需，但未在定额中列量的全部其他或零星材料费用，如工作面内的脚手架、排架、操作平台等的摊销费，地下工程的照明费，石方开挖工程的钻杆、空心钢，混凝土工程的养护用材料以及其他用量少的材料等。

（4）定额中的机械列项方法与材料列项方法相同。其他机械费指完成该定额工作内容所需，但未在定额中列量的次要辅助机械的使用费，如疏浚工程中的油驳等辅助生产船舶等。

（5）定额中其他材料费、零星材料费、其他机械费均以费率形式表示，其他材料费以主要材料费之和为计算基数，零星材料费以人工费、机械费之和为计算基数，其他机械费以主要机械费之和为计算基数。

（6）定额表头用数字表示的适用范围。只用一个数字表示的，仅适用于该数字本身。当需要选用的定额介于两子目之间时，可用插入法计算。数字用上下限表示的，如 2000～2500，适用于大于 2000、小于或等于 2500 的数字范围。

（7）挖掘机定额均按液压挖掘机拟定。

（8）汽车运输定额适用于水利工程施工路况 10km 以内的场内运输。运距超过 10km 时，超过部分按增运 1km 台时数乘 0.75 系数计算。

（二）土方开挖工程单价

1. 土方开挖工程施工

土方工程按施工方法可分为人力施工、半机械化施工和机械化施工三种。其中，人力施工和半机械化施工适用于工程量较少的土方工程或地方水利水电工程。

土方挖装常用机械有：单斗挖掘机、推土机、铲运机、自卸汽车、铁路机车、带式输送机、拖拉机和卷扬机等。

土方开挖、运输单价是指从场地清理到将土运输到指定地点所需的各项费用。

影响土方开挖运输工效的主要因素有：土的类别、运土距离、施工方法、施工条件等，因此，正确确定这些参数是编制工程单价的关键。

土的类别分为 4 级。一般情况下，土的级别越高，开挖的难度越大，工效越低，相应单价越高。

开挖形状有沟槽、柱坑等，其断面越小，深度越深时，对施工工效的影响就越大。施工条件不同，开挖的工效也就不同，如水下开挖施工难度大于水上开挖施工难度。

运输距离越长，所需时间也就越长。合理的运输距离应为挖土区的平面中心位置至弃土区（堆土区）的中心位置之间的距离。

2. 使用定额应注意的问题

（1）土方工程项目类别见表 4-4。

表 4-4   土 方 工 程 项 目 类 别

分类	适 用 条 件
一般土方	适用于一般明挖土方工程和上口宽度超过 16m 的渠道及上口面积大于 80m² 柱坑土方工程
渠道土方	适用于上口宽度小于或等于 16m 的梯形断面、长方形、底边需要修整的渠道土方工程
沟槽土方	适用于上口宽度小于或等于 4m 的矩形断面或边坡陡于 1∶0.5 的梯形断面，长度大于宽度 3 倍的长方形，只修底不修边坡的土方工程，如截水墙、齿墙等各类墙基和电缆沟等
柱坑土方	适用于上口面积大于或等于 80m²、长度小于宽度 3 倍、深度小于上口短边长度或直径、四侧垂直或边坡陡于 1∶0.5、不修边坡只修底的坑挖工程，如集水坑、柱坑、机座等工程
平洞土方	适用于水平夹角小于或等于 6°、断面积大于 2.5m² 的洞挖工程
斜井土方	适用于水平夹角为 6°～75°、断面积大于 2.5m² 的洞挖工程
竖井土方	适用于水平夹角大于 75°、断面积大于 2.5m²、深度大于上口短边长度或直径的洞挖工程，如抽水井、闸门井、交通井、通风井等

（2）定额计算单位有自然方、松方、实方三种类型，工序主要包括土方开挖、运输等。自然方指未经扰动的自然状态的土方，松方指自然方经人工或机械开挖而松动过的土方。除注明外，均按自然方计算。

（3）挖掘机及装载机挖装土自卸汽车运输定额，根据不同运距，定额的选用及计算方法如下。

1）运距小于 5km，且又是整数运距时，直接按表中定额子目选用。遇到 0.6km、1.5km、3.4km、4.3km 时，按下列公式计算其定额值。

$$定额值（运距 0.6km）= 1km 值 -（2km 值 - 1km 值）\times（1-0.6）$$

运距 1.5km、3.4km、4.3km，采用插入法计算即可。

2）运距 5～10km 时：

$$定额值 = 5km 值 +（运距 - 5）\times 增运 1km 值$$

3）运距大于 10km 时：

$$定额值 = 5km 值 + 5 \times 增运 1km 值 +（运距 - 10）\times 增运 1km 值 \times 0.75$$

（4）推土机的推土距离和铲运机的铲运距离是指取土中心到卸土中心的平均距离。推土机推松土时，定额乘以系数 0.8。

（5）挖掘机、装载机挖装土料自卸汽车运输定额，需按自然方拟订。如挖装松土时，其中人工及挖装机械乘以系数 0.85。

（6）挖掘机或装载机挖土（含渠道土方）汽车运输已包括卸料场配备的推土机定额在内。

（7）人工装土，机动翻斗车、手扶拖拉机、中型拖拉机、自卸汽车、载重汽车运输各节若要考虑挖土，挖土按人工挖一般土方计算。

（8）挖掘机、轮斗挖掘机或装载机挖装土（含渠道土方）自卸汽车运输各节，适用于 Ⅲ 类土。Ⅰ、Ⅱ、Ⅳ 类土按系数进行调整。

（9）土方开挖工程，除定额规定的工作内容外，还包括挖小排水沟、修坡、清除场地草皮杂物、交通指挥、安全设施及取土场和卸土场的小路修筑与维护等工作。

（10）砂砾（卵）石开挖、运输按Ⅳ类土定额计算。

（11）人工挖平洞、斜井土方及运输定额中轴流通风机台时数量，是按一个工作面200m长拟定的，如超过200m，按定额乘以相应的调整系数（表4-5）。

表4-5　　　　　　　　　　　　　　　　轴流通风机定额调整系数

工作面长度/m	调整系数	工作面长度/m	调整系数	工作面长度/m	调整系数
200	1.00	500	1.80	800	2.50
300	1.33	600	2.00	900	2.78
400	1.50	700	2.28	1000	3.00

（12）管道沟土方开挖时若采用液压反铲挖掘机挖渠道，土方自卸汽车运输定额，每100m³减少下列工时：Ⅰ～Ⅱ类土减少13.1工时，Ⅲ类土减少14.4工时，Ⅳ类土减少15.7工时。

3. 计算方法

工程单价计算按照不同施工工序，既可采用综合定额计算法，也可采用综合单价计算法。

所谓综合定额计算法就是先将选定的挖、运不同定额子目进行综合，得到一个挖、运综合定额，而后根据综合定额进行单价计算。综合单价计算法，就是按照不同的施工工序选取不同的定额子目，然后计算出不同工序的分项单价，最后将各工序单价进行综合。

可根据工程的具体情况灵活使用两种计算方法，对于某道工序重复较多时，可采用综合单价法，这样可以避免每次计算该道工序单价的重复性。如挖土定额相同，只是运输定额不同。这样就可以计算一个挖土单价，与不同的运输单价组合，而得到不同的挖、运单价。采用综合定额计算单价优点比较突出，由于其人工、材料、机械使用数量都是综合用量，这对以后进行工料分析计算带来很大方便。

【例4-1】　某引水工程开挖一条直径2.40m、长300m的圆形隧洞，洞轴线水平夹角为7°，Ⅲ类土，含水率20%。采用人工挖土单工作面掘进，洞内运输采用人工装土，5t卷扬机牵引0.6m³ V型斗车运至洞口卸车；洞外采用2m³装载机装土，12t自卸汽车运输2km弃土。

已知人工、材料、机械台时单价及有关费率（表4-6），试计算土方开挖工程概算单价。

表4-6　　　　　　　　　　　　　人工、材料、机械台时单价、费率汇总表

序号	项目名称	单位	单价/元	序号	项目名称	单位	单价/元
1	工长	工时	9.27	7	推土机59kW	台时	96.55
2	初级工	工时	4.64	8	自卸汽车12t	台时	152.10
3	卷扬机5t	台时	29.00	9	其他直接费	%	2
4	V型斗车0.6m³	台时	0.54	10	间接费	%	5
5	轴流通风机7.5kW	台时	8.50	11	利润	%	7
6	装载机2m³	台时	201.53	12	税金	%	3.28

解： 判断工程项目类别：因洞轴线水平夹角为 $7°>6°$，断面积 $3.14×1.2^2=4.5m^2>2.5m^2$，故应为斜井土方开挖。

根据上述已知条件选用定额：[10407]+[10408]+[10749] 调，见表 4 - 7。

表 4 - 7　　　　　　　　　　　　　**斜井土方开挖单价分析表**

定额编号：[10407]+[10408]+[10749]

施工方法：人工挖装Ⅲ类土，5t卷扬机牵 0.6m³ V 型斗车运 150m 至洞口卸车，转用 2m³ 装载机装土，12t 自卸汽车运 2km 弃土。装载机：汽车装运松土，人工及挖装机械×0.85 系数；一个工作面长 300m，轴流通风机定额×1.33 系数

编号	名称及规格	单位	数量	单价/元	合价/元
一	直接费				6429.68
（一）	基本直接费				6303.61
1	人工费				3277.19
	工长	工时	13.4	9.27	124.22
	初级工	工时	679.52	4.64	3152.97
2	材料费				88.31
	零星材料费	%	1（3）		88.31
3	机械费				2938.11
	卷扬机 5t	台时	36.9	29	1070.10
	V 型斗车 0.6m³	台时	73.9	0.54	39.91
	轴流通风机 7.5kW	台时	63.60	8.50	540.61
	装载机 2m³	台时	0.833	201.53	167.87
	推土机 59kW	台时	0.49	96.55	47.31
	自卸汽车 12t	台时	7.05	152.10	1072.31
（二）	其他直接费	%	2	6303.61	126.07
二	间接费	%	5	6429.68	321.48
三	利润	%	7	6751.16	472.58
四	材料补差				
五	税金	%	3.28	7223.74	236.94
合计					7460.68

（三）石方工程单价

1.石方工程施工

（1）钻孔机械。石方开挖的钻孔机械通常分为凿岩机和穿孔机两大类。

1）凿岩机：按照工作动力分为风动凿岩机、液压凿岩机、电动凿岩机、内燃凿岩机和凿岩台车等，适用于钻凿小孔径炮孔。

风动凿岩机有：手持式风钻、气腿式风钻、向上式风钻、导轨式风钻等。

液压凿岩机有：液压导轨式凿岩机等。

电动凿岩机有：手持式电动凿岩机、气腿式电动凿岩机等。

内燃凿岩机有：手持式内燃凿岩机等。

凿岩台车有：轮胎式凿岩台车、履带式凿岩台车等。

2）穿孔机：按照破碎岩石的方式分为潜孔钻、冲击钻、牙轮钻和回转钻四种，适用于钻凿较大孔径炮孔。

潜孔钻有：80 型、100 型、150 型等。

回转钻机（履带式）有：KZ120、YCZ－76 等。

牙轮钻机（履带式）有：KHY－200、KY－250C 等。

（2）石方运输机械。

1）挖掘装载机械：①挖掘机，水利工程开挖爆破石渣或软岩开挖常用单斗正铲挖掘机，有些施工项目也使用反铲、拉铲或抓斗挖掘机；②装载机，装载机是应用较广泛的一种挖装机械，与挖掘机比较，它不仅能挖、装，而且能作集渣、推运、平整、起重和牵引等多种作业，具有生产效率高、适用性强、行动灵活等优点。

2）运输机械：石方开挖施工中，运输机械主要是使用自卸汽车，使用最多的是矿山型自卸汽车，应选择越野性能好，爬坡能力强，变速快，重心低，转弯半径小，性能稳定的车型。V 型斗车、电瓶车、手扶拖拉机、架子车等，多用于洞径较小的地下工程开挖。

3）辅助机械：石方运输中，多用推土机作为辅助机械，用于集结石渣，便于挖装运输。

（3）石方开挖施工方法。石方开挖施工方法按施工条件分为明挖石方和暗挖石方两大类；按施工方法可分为人工打孔、钻孔爆破及掘进机开挖三种。

1）人工打孔：该法耗工费时，适用于有特殊要求的开挖部位。

2）钻孔爆破（简称钻爆法）：钻爆法是一种传统的石方开挖方法，在水利工程应用十分广泛。开挖方法有浅孔爆破法、深孔爆破法、洞室爆破法和控制爆破法（定向、光面、预裂、静态爆破等）。

3）掘进机开挖：掘进机是一种新型的开挖专用设备，与传统的钻孔爆破法的区别是掘进机改钻孔爆破为对岩石进行纯机械的切割或挤压破碎，并使掘进与出渣、支护等作业能平行连续地进行，施工安全、工效较高。目前该法已在隧洞开挖中使用。

水利工程石方量大、开挖集中，且要求岩基完整，一般采用分层开挖，预留保护层，浅孔爆破，尽可能在开挖边界进行预裂爆破。

（4）石方运输方案的选择。石渣运输分人力运输（即人力挑抬、双胶轮车、轻轨斗车等）和机械运输（汽车、电瓶机车运输等）。石渣运输又分露天运输和洞内运输。人力运输适用于工作面狭小、运距短、施工强度低的工程或工程部分；自卸汽车运输的适应性较大，故一般工程都可采用，电瓶机车适应洞井而内燃机车适于较长距离的运输。

石方运输应根据施工工期、运输数量、运距远近等因素，选择既能满足施工强度要求，又能做到费用最省的最优方案。一般情况，人力运输（挑抬、轻轨斗车、胶轮车等）适用于工作面狭小、运输距离短、施工强度低的工程或工程部位；自卸汽车运输的适应性较强。

2．使用定额应注意的问题

（1）石方工程项目类别见表 4－8。

表 4-8 石方工程项目类别

分类		适用条件
明挖	一般石方开挖	适用于一般明挖石方和底宽超过7m的沟槽石方、上口面积大于160m²的坑挖石方，以及倾角（与水平面成的角度）小于或等于20°并垂直于设计开挖面的平均厚度大于5m的坡面石方开挖。如岸边开敞式溢洪道、渠道进水口、护坦、海漫等石方开挖工程
	一般坡面石方开挖	是指设计倾角大于20°、垂直于设计面的平均厚度小于或等于5m的石方开挖工程
	沟槽石方开挖	是指底宽小于或等于7m、两侧呈垂直或有边坡的条形石方开挖工程。如渠道、截水槽、排水沟、地槽等
	坡面沟槽石方开挖	是指槽底轴线与水平夹角大于20°的沟槽石方开挖
	坑石方开挖	是指上口面积小于或等于160m²、深度小于或等于上口短边长度或直径的石方开挖工程，如机座、集水坑、墩柱基础开挖等
	基础石方开挖	适用于不同开挖深度的基础石方开挖工程，如混凝土坝、水闸、厂房、溢流堰、消力池等基础石方开挖工程
	基础坡面石方开挖	是指设计倾角大于20°垂直于设计面的平均厚度小于或等于5m的坡面基础石方开挖工程，如建造在岩基上的水闸等两岸边坡石方开挖
暗挖	平洞	指水平夹角小于或等于6°的洞挖工程
	斜井	适用于水平夹角为6°～75°的洞挖工程
	竖井	竖井石方是指水平夹角大于75°、上口面积大于5m²、深度大于上口短边长度或直径的洞挖工程，如调压井、闸门井等
	地下厂房石方开挖	指地下厂房或窑洞式厂房石方开挖工程

（2）石方开挖定额工作内容。石方开挖定额均包括钻孔、爆破、撬移、解小、翻渣、清面、修整断面、安全处理、挖排水沟坑等，并按各部位的不同要求，根据规范规定，考虑了保护层开挖等措施。使用定额时均不作调整。定额计量单位按自然方计算。

（3）斜井石方开挖定额。斜井石方开挖定额适用于水平夹角为45°～75°的井挖工程，水平夹角为6°～45°的斜井，按斜井石方开挖定额乘0.9系数计算。

（4）定额中材料"合金钻头""钻头"。"合金钻头"系指风钻（手持式、气腿式）所用的钻头；"钻头"系指液压履带钻或液压凿岩台车所用的钻头。

（5）炸药的代表规格。石方开挖的炸药有：露天硝铵炸药、铵油炸药、岩石铵沥蜡炸药、胶质硝化甘油炸药、高威力硝铵炸药、浆状炸药、水胶炸药、乳胶炸药等。定额中的炸药代表型号规格：一般石方开挖，按2号岩石铵梯炸药选用；边坡、槽、坑、基础石方开挖按2号岩石铵梯炸药和4号抗水岩石铵梯炸药各半选用；平洞、斜井、竖井、地下厂房石方开挖按4号抗水岩石铵梯炸药选用。

（6）轴流通风机台时量定额调整系数。洞井石方开挖定额中轴流通风机台时量系按一个工作面长度400m拟定。如工作面长度超过400m时，应按表4-9系数调整通风机台时定额量。

（7）岩石级别定额调整系数。定额子目岩石级别为Ⅴ～ⅩⅣ，当岩石级别高于ⅩⅣ级时，按ⅩⅢ～ⅩⅣ级岩石开挖定额，乘表4-10系数进行调整。

表 4 - 9　　　　　　　　　　　　通 风 机 调 整 系 数 表

工作面长度/m	系数	工作面长度/m	系数	工作面长度/m	系数
400	1.00	1000	1.80	1600	2.50
500	1.20	1100	1.91	1700	2.65
600	1.33	1200	2.00	1800	2.78
700	1.43	1300	2.15	1900	2.90
800	1.50	1400	2.29	2000	3.00
900	1.67	1500	2.40		

表 4 - 10　　　　　　　　　　　　岩石级别定额调整系数

项　目	系　数		
	人工	材料	机械
风钻为主各节定额	1.30	1.10	1.40
潜孔钻为主各节定额	1.20	1.10	1.30
液压钻、多臂钻为主各节定额	1.15	1.10	1.15

（8）工程量计算。概算定额石方开挖各节定额中，均包括了允许的超挖量和合理的施工附加量耗用的人工、材料、机械，使用概算定额时，不得在工程量计算中另行计取超挖量和施工附加量。

（9）其他材料费。石方开挖定额中的其他材料费，包括脚手架、排架、操作平台、棚架、漏斗等的搭拆摊销费，冲击器、钻杆、空心钢的摊销费，炮泥、燃香、火柴等次要材料费，主要材料之和为计算基数。

（10）概算定额中机械配备的原则。

1）挖装运输定额中是按挖掘机等汽车考虑的。

2）定额中汽车吨位的利用率 84%～88%。

3）定额中的推土机是作为辅助机械，基本按两台挖掘机或装载机配一台推土机考虑。

4）机下人员的配备是用于拉电缆、清理现场交通及其他辅助工作。

（11）石渣运输。在概算定额石方开挖各节定额子目中，均列有"石渣运输"项目。该项目的数量，已包括完成每一定额单位有效实体所需增加的超挖量，施工附加量的数量。编制概算单价时，按定额石渣运输量乘石方运输单价（仅计算直接费），计算石方工程综合单价。

挖掘机或装载机装石渣汽车运输定额，其露天与洞内定额的区分，按挖掘机或装载机装车地点确定。

水平运输距离是指从取料中心至卸料中心的全距离，例如坝基开挖的面积很大，应以坝基面积的中心点至弃渣场的中心点的距离作为水平运输距离。

石渣运输距离计算：一般机械运输石渣时坡度已考虑在内，洞内运距按工作面长度的一半计算，一个工程有几个弃渣场，而运输距离又不一样时，可按弃渣量比例算出加权平均运距，也可按各渣场运距及弃渣量分别计算。

（12）洞内运输与洞外运输。运输定额，一般都有"露天"和"洞内"两部分内容。

当有洞内外连续运输时，应分别套用定额。洞内运输部分，套用"洞内"运输定额的"基本运距"（装运卸）及"增运"子目；洞外运输部分，套用"露天"定额的"增运"子目（仅有运输工序）。当洞内、洞外为非连续运输（如洞内为胶轮车，洞外为自卸汽车）时，则洞外运输部分应套用"露天"定额的"基本运距"及"增运"子目。

3. 计算方法

（1）石方开挖工程单价。《概算定额》石方开挖各节子目中，均已计入了允许的超挖量和合理的施工附加量所消耗的人工、材料和机械的数量及费用，编制概算单价时不得另计超挖和施工附加工程量所需的费用。

（2）石方运输工程单价。在概（估）算中，石方运输费用不单独表示，而是在开挖费用中体现。反映在概算定额中，则是石方开挖各节定额子目中均列有"石渣运输"项目。该项目的数量，已包括完成每一定额单位有效实体所需增加的超挖量、施工附加量及施工损耗的数量。为统一表现形式，编制概（估）算单价时，一般应根据施工组织设计选定的运输方式，按定额规定的每 $1m^3$ 石渣运输定额中的人工、机械数量直接计入石方开挖概（估）算单价；也可按石渣运输量乘以每 $1m^3$ 石渣运输费用（仅计算直接费）计算开挖综合单价。

挖掘机或装载机装石渣汽车运输各节定额，露天与洞内的区分，按挖掘机或装载机装车地点确定。洞内运距按工作面长度的一半计算，当一个工程有几个弃渣场时，可按弃渣量比例计算加权平均运距。

编制石方运输单价，当有洞内外连续运输时，应分别套用不同的定额子目。洞内运输部分，套用"洞内"运输定额的"基本运距"及"增运"子目；洞外运输部分，套用"露天"定额的"增运"子目，并且仅选用运输机械的台时使用量。洞内和洞外为非连续运输（如洞内为斗车，洞外为自卸汽车）时，洞外运输部分应套用"露天"定额的"基本运距"及"增运"子目。

（3）石方开挖工程综合单价。石方开挖综合单价是指包含石渣运输费用的开挖单价。在编制石方工程综合单价时，应根据施工组织设计确定的施工方法，运输距离、建筑物施工部位的岩石级别，设计开挖断面等正确套用定额。综合单价计算有两种形式：

1）补充综合定额法。根据施工组织设计确定的施工因素，选用相应的石方开挖定额子目和石渣运输定额子目。其中，运输定额内的人工、机械等消耗量乘以相应的调整系数计算石方工程综合单价。

2）分项工序单价法。根据施工组织设计确定的施工因素，选用相应的石方开挖定额子目和石渣运输定额子目。首先，计算石渣运输分项工序的单价（直接费），然后按选好的石方开挖定额项目中计算石方工程综合单价。

《概算定额》石方开挖定额各节子目中均列有"石渣运输"项目，该项目的数量，已包括完成定额单位所需增加的超挖量和施工附加量。编制概算单价时，将石方运输直接费代人开挖定额中，便可计算石方开挖工程综合单价。《预算定额》石方开挖定额中没有列出石渣运输量，应分别计算开挖与出渣单价，并考虑允许的超挖量及合理的施工附加量的费用分摊，再合并计算开挖综合预算单价。

【例 4-2】 某引水工程的圆形平洞石方开挖（Ⅻ级岩石）分四个工作面进行，各工作面长度及石渣洞外运距如图 4-1 所示。假定平洞设计衬砌后内径为 6.0m（洞挖直径 7m），平均超挖 16cm，隧洞总长 $L=6000$m。平洞石方采用三臂液压凿岩台车开挖，洞内外均采用 2m³ 挖掘机装 12t 自卸汽车运石渣。已知人工、材料、机械台时费及有关费率见表 4-11。试计算：平洞石方开挖概算工程单价？

图 4-1 某引水工程的圆形平洞石方开挖工作面图

解：（1）计算通风机定额综合调整系数。

1）计算各工作面长度。

A 段：工作面长度 800m

B 段：工作面长度（300＋1000）＝1300m

C 段：工作面长度（300＋1600）＝1900m

D 段：工作面长度 1800m

2）计算各段工程量比例。

A 段：800÷5200＝15.4%

B 段：1000÷5200＝19.2%

C 段：1600÷5200＝30.8%

D 段：1800÷5200＝34.6%

3）计算隧洞工作面综合长度。

800m×15.4%＋1300m×19.2%＋1900m×30.8%＋1800m×34.6%＝1580.8（m）

4）通风机定额综合调整系数。在计算平洞石方开挖单价时，应对定额中的通风机台时定额量乘以调整系数。查通风机调整系数表 6-9 可知，工作面长 1500m 及 1600m 时，通风机调整系数分别为 2.40 和 2.50，用内插法求得通风机械台时定额量调整系数为

2.4＋（2.5－2.4）÷（1600－1500）×（1580.8－1500）＝2.48

（2）洞内、洞外综合运距。求出各开挖段的洞内、洞外运距：

A 段：由西向东开挖，洞内运距为 800÷2＝400m，洞外运距为 2000m。

B 段：由东向西开挖，洞内运距为 300＋1000÷2＝800m，洞外运距为 600m。

C 段：由西向东开挖，洞内运距为 300＋1600÷2＝1100m，洞外运距为 600m。

D 段：由东向西开挖，洞内运距为 1800÷2＝900m，洞外运距为 1000m。

洞内运距：400m×15.4%＋800m×19.2%＋1100m×30.8%＋900m×34.6%＝865m，取 900m。

洞外运距：2000m×15.4%＋600m×19.2%＋600m×30.8%＋1000m×34.6%＝954m，取 1000m。

故该平洞石方开挖的石渣运输综合运距为洞内 900m、洞外增运 1000m。

（3）平洞石方开挖概算工程单价。

1）计算洞挖石渣运输单价。洞内运输 900m，选用定额［20474］及［20475］内插计算；洞外运输 1000m，选用定额［20473］计算，求得石渣运输单价（直接费）为 23.00 元/m³。计算过程见表 4-11。

2）计算平洞石方开挖概算工程单价。设计开挖断面积为 38.47m²，据此及已知条件选用定额［20243］及［20247］内插计算，结果为 167.45 元/m³。计算过程见表 4-12。

表 4-11 　　　　　　　　　　　**石渣运输单价分析表**

定额编号：［20474］+［20475］+［20473］　　　　　　　　　　　　　　　单位：100m³

施工方法：2m³ 挖掘机装石渣 12t 自卸汽车洞内运 900m，洞外运 1km

编号	名称及规格	单位	数量	单价/元	合价/元
一	直接费				
（一）	基本直接费				2310.40
1	人工费				59.86
	初级工	工时	12.9	4.64	59.86
2	材料费				45.30
	零星材料费	%	2	2265.10	45.30
3	机械费				2205.23
	挖掘机 2m³	台时	1.94	163.69	317.56
	推土机 88kW	台时	0.97	158.49	153.74
	自卸汽车 12t	台时	11.40	152.10	1733.94

表 4-12 　　　　　　　　　　　**平洞石方开挖单价分析表**

定额编号：［20243］+［20247］　　　　　　　　　　　　　　　　　　　　单位：100m³

施工方法：设计开挖断面积为 38.47m²，三臂液压凿岩台车开挖Ⅻ级岩石，2m³ 挖掘机装石渣 12t 自卸汽车洞内运 900m，洞外运 1km，工作面长 1580.8m，轴流通风机定额乘 2.48 调整系数

编号	名称及规格	单位	数量	单价/元	合价/元
一	直接费				10734.65
（一）	基本直接费				10524.17
1	人工费				1857.01
	工长	工时	10.17	9.27	94.28
	中级工	工时	109.74	6.62	726.48
	初级工	工时	223.33	4.64	1036.25
2	材料费				2055.92
	钻头 D45mm	个	0.69	350.00	241.50

续表

编号	名称及规格	单位	数量	单价/元	合价/元
	钻头 $D102mm$	个	0.01	1500.00	15.00
	炸药	kg	164.53	6.00	987.18
	非电毫秒雷管	个	127.22	1.30	165.39
	导爆管	m	857.06	0.23	197.12
	其他材料费	%	28	1606.19	449.73
3	机械费				3934.64
	凿岩台车 三臂	台时	2.29	728.36	1667.94
	平台车	台时	1.53	170.92	261.51
	轴流通风机 37kW	台时	57.36	32.96	1890.59
	其他机械费	%	3	3820.04	114.60
4	石渣运输	m³	115.87	23.10	2676.60
（二）	其他直接费	%	2	10524.17	210.48
二	间接费	%	10	10734.65	1073.47
三	利润	%	7	11808.12	826.57
四	材料补差				
五	税金	%	3.28	12634.69	414.42
合计					13049.11

（四）土石填筑工程单价

1. 土石填筑工程分类

土石填筑工程因其能就地取材，施工技术简单，造价低而被广泛应用。按其施工方法的不同，土石填筑工程可分为砌石工程、土方填筑工程、堆石坝填筑工程和堆抛石工程四大类。

（1）堆砌石工程。堆砌石工程包括坝体堆石、砌石、抛石等。其中砌石工程又分为干砌石、浆砌石、铺筑砂垫层等，其主要工作内容包括选石、修石、冲洗、拌制砂浆、砌筑、勾缝。砌石工程广泛应用于水利工程中的护坡、护底、挡土墙、桥墩等部位，尤其是地方水利工程，应用最为广泛。

（2）土方填筑工程。土方填筑由土料开采运输、压实两大工序组成。

土料开采运输费包括料场覆盖层清除摊销费、土料开采运输、土料处理费用。土料料场上的杂树、杂草、不合格的表土等都必须予以清除，清除所需的人工、机械、材料等费用，应按相应比例摊入土料单价中。当土料的含水量不符合规定标准时，应采取挖排水沟、扩大取土面积、分层取土等措施，如仍不能满足设计要求，则应采取降低含水量（翻晒、分区集中堆存等）或加水处理措施。

压实机械有羊足碾、气胎碾、平碾、振动碾等。

2. 使用定额应注意的问题

（1）石料的规格及标准见表 4-13。

表 4 - 13　　　　　　　　　　　　　　　石料的规格及标准表

分类	规格及标准
片石	每块体积为 0.01~0.05m³，厚度大于 15cm，无一定规则形状的石块
块石	厚度大于 20cm，长宽各为厚度的 2~3 倍，上、下两面平行且大致平整，无尖角、薄边的石块
卵石	小边直径（或厚度）不小于 20cm 的椭圆形或扁平形的天然河卵石，薄边及圆球形不宜采用
毛条石	一般为人力开采锲裂而得的长方形毛坯料，长约为 60~120cm，宽高约为 30~40cm，相邻面基本垂直，不扭不翘，六面大致平整，表面凹凸不得大于 3cm
粗料石	由毛条石修凿而成，四棱上线，八角见方，六面修整基本平直，表面凹凸不超过 1cm
细料石	要求同粗料石，表面凹凸不超过 0.5cm
堆石料	指山场岩石经过爆破后，无一定规格，无一定大小的任意石料
碎石	指经过破碎加工分级后，粒径大于 5mm 的石块
砂砾料	指天然砂卵（砾）石混合料
反滤料、过渡料	指土石坝或一般堆砌石工程的防渗体与坝壳（土料、砂砾料或堆石料）之间的过渡区石料。由粒径级配均有一定要求的砂、砾石（碎石）等组成

（2）材料定额中砂石料计量单位。砂、碎石、堆石料为堆方，块石、卵石为码方，条石、料石为清料方。

（3）土石坝物料压实定额调整系数。现行概算定额土石坝物料压实定额子目是按填筑土石坝拟定的，如为非土石堤、坝的一般土料、砂石料压实，其人工、机械定额乘以 0.8 调整系数；该节土料压实定额的土料运输量（自然方）126m³ 是按填筑土坝拟定的，如为一般土料压实（如船闸边墙背水面回填土等），其土料运输量（自然方）为 118m³。

（4）反滤料材料组成比例。反滤料压实定额中的砂及碎（卵）石数量和组成比例，可按设计资料进行调整。过渡料如无级配要求时，可采用砂砾石定额子目。如有级配要求，需经筛分处理时，则应采用反滤料定额子目。

（5）土石方开挖料的上坝途径。关于土石方开挖料的上坝途径，有自料场直接运输上坝、自成品供料场运输上坝两种，按施工组织设计方案采用相应定额子目。

自料场直接运输上坝：利用开挖料直接运至填筑工作面，在开挖处计算开挖和运输费，在填筑处只计算碾压费。但要注意，不得在开挖和填筑单价中重计或漏计。

自成品供料场运输上坝：即考虑开挖和填筑在施工进度安排上的时差，或因其他原因不能直接运至填筑工作面，即开挖料卸至某堆料场，填筑时再从堆料场取土，需经过二次倒运，在进行单价分析时，开挖处计算至堆料场的挖、运费，填筑处计算二次倒运的挖、运、压费。

（6）坝面施工干扰系数。本章定额未编列土石坝物料的运输定额。编制概算时，可根据定额所列物料运输数量采用本定额相关章节子目计算物料运输上坝费用，并乘以坝面施工干扰系数 1.02。

自料场直接运输上坝的物料运输，采用土方开挖工程、石方开挖工程定额相应子目，计量单位为自然方。其中砂砾料运输按Ⅳ类土定额计算。

自成品供料场运输上坝采用砂石备料工程定额，计量单位为成品堆方。其中反滤料运输采用骨料运输定额。

3. 计算方法

(1) 砌石单价的编制。砌石工程单价编制的步骤如下：

1) 计算砌石备料单价。石料备料单价，按现行概算定额的砂石备料子目及本章前述砂石料单价的计算方法计算。

计算石料备料单价时，应注意自然方、堆方、码方的体积换算，如为外购块石、条石或料石时，按主要材料预算价格计算方法计算。施工组织设计时，应尽量考虑从石方开挖的石渣中检集块石的可能性，以节约石料开采费用，其利用数量应根据开挖石渣的多少和岩石的质量情况合理确定。

2) 计算胶结材料单价。如为浆砌石或细石混凝土砌石，则需根据设计确定胶结材料（如水泥砂浆、细石混凝土等）的强度等级，计算胶结材料的单价。干砌石不需使用胶结材料，不需计算胶结材料单价。

3) 计算砌石单价。根据设计确定的砌体形式和施工方法，套用相应定额计算砌石单价。砌石定额中的石料数量，均已考虑了施工操作损耗和体积变化（码方、清料方与实方间的体积变化）因素。

(2) 编制砌石工程概（估）算单价应注意的问题。

1) 砌石定额的计量单位，均以砌体方计算。

2) 砌体工程量应按设计几何轮廓尺寸计算，施工规范允许的超填量、施工附加量、操作损耗已包含在定额中。

3) 石料自料场至施工现场堆放点的运输费用，应包括在石料单价内。施工现场堆放点至工作面的场内运输已包括在砌石工程定额内。编制砌石工程概（估）算单价时，不得重复计算石料运输费用。

4) 浆砌石定额中均已计入了一般要求的勾缝，对于防渗要求高的部位，如设计要求开槽勾缝，应增加开槽勾缝所需的费用。

5) 料石砌筑定额包括了砌体外露一面的一般修凿，如设计要求作装饰性修凿，应另行增加装饰性修凿费用。

6) 砌筑用胶结材料均按设计强度等级及配合比计算其单价，定额数量不作调整。

(3) 编制土方填筑工程单价应注意的问题。土料场需要进行覆盖层清除时，覆盖层清除费用摊销到开挖土料方中。

(五) 混凝土工程单价

1. 混凝土工程施工

混凝土工程可分为现浇混凝土和预制混凝土两大类。现浇混凝土又分常态混凝土、碾压混凝土、沥青混凝土。

常态混凝土及碾压混凝土施工程序一般有冲（凿）毛、冲洗、清仓，铺水泥砂浆、平仓浇筑（碾压）、振捣（切缝）、养护，工作面运输及辅助工作；沥青混凝土包括配料、混凝土加温、铺筑、养护，模板制作、安装、拆除、修整以及场内运输及辅助工作。预制混凝土除与现浇混凝土有同样的施工工序以外，还有预制混凝土构件运输、安装、模板制作、拆除等。

2. 使用定额应注意的问题

(1) 混凝土材料定额中的"混凝土"，系指完成单位产品所需的混凝土成品量，其中包括干缩、运输、浇筑和超填等损耗的消耗量在内。混凝土半成品单价，为配制混凝土所需水泥、骨料、水、掺合料及其外加剂等的费用之和。

（2）混凝土拌制定额均以半成品方为计量单位，按拌制常态混凝土拟定，若拌制加冰、加掺合料等其他混凝土，按表 4-14 所列系数对拌制定额进行调整。

表 4-14 混凝土拌制定额调整系数表

拌合楼规格	混 凝 土 类 别			
	常态混凝土	加冰混凝土	加掺合料混凝土	碾压混凝土
1×2.0m³ 强制式	1.00	1.20	1.00	1.00
2×2.5m³ 强制式	1.00	1.17	1.00	1.00
2×1.0m³ 自落式	1.00	1.00	1.10	1.30
2×1.5m³ 自落式	1.00	1.00	1.10	1.30
3×1.5m³ 自落式	1.00	1.00	1.10	1.30
2×3.0m³ 自落式	1.00	1.00	1.10	1.30
4×3.0m³ 自落式	1.00	1.00	1.10	1.30

（3）混凝土运输。现浇混凝土运输指混凝土自拌合楼或搅拌机出料口至浇筑现场工作面的全部水平和垂直运输。

预制混凝土构件运输指预制场至安装现场之间的运输。预制混凝土构件在预制场和安装现场的运输，包括在预制及安装定额内。

（4）混凝土浇筑。地下工程混凝土浇筑施工照明用电已计入浇筑定额的其他材料费中。

混凝土构件预制与安装定额中起重机的起重量低于混凝土构件单位重量时，可用相应起重量机械替换，台时量不变。

（5）预制混凝土定额中的模板材料为单位混凝土成品方的摊销量，已考虑了周转。

（6）平洞衬砌定额，适用于水平夹角小于和等于 6°单独作业的平洞。如开挖、衬砌平行作业时，按平洞定额的人工和机械定额乘 1.1 系数；水平夹角大于 6°的斜井衬砌，按平洞定额的人工和机械定额乘 1.23 系数。

（7）钢筋制作与安装定额中，其钢筋定额消耗量已包括钢筋制作与安装过程中的加工损耗、搭接损耗及施工架立筋附加量。

3. 计 算 方 法

混凝土工程单价计算应根据设计提供的资料，确定建筑物的施工部位，选定正确的施工方法、运输方案，确定混凝土级配，并根据施工组织设计确定的拌和系统的布置形式等，选用相应的定额来计算。

混凝土工程单价主要包括现浇混凝土单价、预制混凝土单价、钢筋制作安装单价、止水单价等，对于大型混凝土工程还要计算混凝土温控措施费。

（1）现浇混凝土单价。现浇混凝土单价一般包括混凝土拌和、水平运输、垂直运输及浇筑四道工序单价。

混凝土熟料运输单价包括水平运输和垂直运输单价。其运输单价计算可采用以下两种方法：

1)"混凝土运输"作为浇筑定额中的一项内容，运输单价按照选定的运输定额只计算定额直接费作为运输单价，以该运输单价乘以浇筑定额中所列的"混凝土运输"数量构成浇筑单价的直接费用项目。

2)将选定的运输定额子目乘以运输综合系数单独计算运输单价，相应取消原浇筑定额中的混凝土运输一项。

$$运输综合系数 = 浇筑定额中的混凝土运输数量 \div 100 \qquad (4-2)$$

(2)预制混凝土单价。预制混凝土单价一般包括混凝土拌和、运输、预制、预制件运输、预制构件安装等工序单价。现行概算定额中混凝土预制及安装定额包括混凝土拌和和预制场内混凝土运输工序，另外需考虑预制件场外运输及安装用混凝土运输。

(3)混凝土温控措施费计算。在水利工程中，为防止拦河大坝等大体积混凝土建筑物由于温度应力而产生裂缝，以及坝体接缝灌浆后再度拉裂，保证建筑物的安全，按现行设计规范和混凝土坝设计及施工的要求，对混凝土坝等大体积建筑物应采取温度控制措施。温度控制措施很多，例如采用水化热较低的水泥，减少水泥用量，采用风或水预冷骨料，加冷水或冰拌和混凝土，对坝体混凝土进行一、二期通低温水及混凝土表面保护措施。

1)基本参数的选择。计算温度控制费用，应收集下列资料：工程所在地区的多年月平均气温、水温等气象资料；每立方米混凝土拌制所需加冰或冷水的数量、时间以及混凝土的数量；计算要求的混凝土出机口温度、浇筑温度和坝体的允许温度；混凝土骨料的预冷方式，预冷每立方米骨料所需消耗冷风、冷水的数量，预冷时间与温度，每立方米混凝土需预冷骨料的数量及需进行骨料预冷的混凝土数量；坝体的设计稳定温度、接缝灌浆时间，坝体混凝土一、二期通低温水的时间、流量、冷水温度及通水区域；冷冻系统的工艺流程、设备配置；如使用外购冰，要了解外购冰的售价、运输方式；混凝土温控方法、劳力、机械设备；冷冻设备的有关定额、费用等。

以上这些温控措施，应根据不同工程的特点，不同地区的气温条件，不同结构物不同部位的温控要求等综合因素确定。

2)根据不同标号混凝土的材料配合比和相关材料的温度，计算出混凝土的出机口温度。出机口温度一般由施工组织设计确定。若混凝土的出机口温度已确定，则通过计算确定应预冷的材料温度，进而确定各项温控措施。

3)综合各项温控措施的分项单价，计算出每 $1m^3$ 混凝土的温控综合价（直接费）。

4)计算各分项温控措施的单价，计算坝体通水冷却单价。

(六)模板工程单价

模板工程是指混凝土浇筑工程中使用的平面模板、曲面模板、异形模板、滑模等模板的安装、拆除及制作等。

1. 模板定额的工作内容

模板制作主要包括木模板制作，木桁（排）架制作，木立柱、围令制作，钢架制作，预埋铁件制作。

模板安装、拆除的主要工作内容有模板（包括模板、排架、钢架、预埋件等）的安装、拆除、除灰、刷脱模剂、维修、倒仓、拉筋割断等。

2. 使用定额应注意的问题

(1) 模板材料均按预算消耗量计算,包括了制作、安装、拆除、维修的损耗和消耗,并考虑了周转和维修。

(2) 模板定额计量单位,除注明者外,模板定额的计量面积为混凝土与模板的接触面积,即建筑物体形及施工缝要求所需的立模面积。立模面面积的计量,一般应按满足建筑物体形及施工分缝要求所需的立模面计算。当缺乏实测资料时,可参考概算定额附录"水利工程混凝土建筑物立模面系数参考表",根据混凝土结构部位的工程量计算立模面面积。

概算定额隧洞衬砌模板及涵洞模板定额中的堵头和键槽模板已按一定比例摊入定额中,不再计算立模面面积。

(3) 模板定额中的模板预算价格,若施工企业自制模板,采用相应模板制作定额计算,只计算直接费;若为外购模板,定额中的模板预算价格应按以下公式计算为

$$模板预算价格=(外购模板预算价格-残值)\div 周转次数 \times 综合系数 \qquad (4-3)$$

公式中残值为 10%,周转次数为 50 次,综合系数为 1.15(含露明系数及维修损耗系数)。

(4) 模板定额中的材料,除模板本身外,还包括支撑模板的立柱、围令、桁(排)架及铁件等。对于悬空建筑物(如渡槽槽身)的模板,计算到支撑模板结构的承重梁为止。承重梁以下的支撑结构应包括在"其他施工临时工程"中。

(5) 滑模台车、针梁模板台车和钢模台车的行走机构、构架、模板及其支撑型钢,为拉滑模板或台车行走及支立模板所配备的电动机、卷扬机、千斤顶等动力设备,均作为整体设备以工作台时计入定额。

滑模台车定额中的材料包括滑模台车轨道及安装轨道所用的埋件、支架和铁件。

针梁模板台车和钢模台车轨道及安装轨道所用的埋件等应计入其他临时工程。

(6) 坝体廊道模板,均采用一次性(一般为建筑物结构的一部分)预制混凝土模板。混凝土模板预制及安装,可参考定额混凝土预制及安装定额编制补充定额。

(7) 概算定额中凡嵌套有模板的子目,计算"其他材料费"时,计算基数不包括模板本身的价值。

(8) 模板定额材料中的铁件包括铁钉、铁丝及预埋铁件,铁件和预制混凝土柱均按成品预算价格计算。

3. 计算方法

(1) 模板制作单价。模板属周转性材料,其费用应进行摊销。模板制作定额的人工、材料、机械用量是考虑多次周转和回收后使用一次的摊销量,也就是说,按模板制作定额计算的模板制作单价是模板使用一次的摊销价格。

(2) 模板安装、拆除单价。《概算定额》模板安装各节子目中将"模板"作为材料列出,定额中"模板"的预算价格可按制作定额计算(取直接费)。将模板材料的价格代入相应的模板安装、拆除定额,可计算模板工程单价。

(七)钻孔灌浆及锚固工程单价

1. 钻孔灌浆及锚固工程分类

钻孔灌浆工程包括帷幕灌浆、固结灌浆、回填(接触)灌浆、防渗墙、减压井等工

程；锚固工程共有锚杆、锚索、喷浆（混凝土）、钢筋网等。

（1）灌浆的分类。按灌浆的作用分为帷幕灌浆、基础固结灌浆、接触灌浆、坝体接缝灌浆、隧洞固结、回填灌浆、其他灌浆等。按灌浆的材料分有水泥灌浆、水泥黏土灌浆、黏土灌浆、化学灌浆四类。

（2）锚固工程分类。锚杆按锚固材料分砂浆锚杆和药卷锚杆。锚索按锚固对象分岩体预应力锚索和混凝土预应力锚索。岩体预应力锚索按锚固类型分黏结型和无黏结型锚索。

2. 钻孔灌浆常用的施工机具

（1）钻孔机械。钻孔机械分为冲击式钻机、冲击回转式钻机（通称凿岩机）、回转式钻机（通称岩心钻机）。

（2）灌浆机械。灌浆机械分为水泥灌浆机、计量泵（又称比例泵）、浆液搅拌机。

（3）钻孔灌浆器材。钻孔灌浆器材分为钻杆、岩心管、钻头。

3. 岩石基础灌浆施工

（1）施工工艺流程为：施工准备→钻孔→冲洗→压水试验→灌浆→封孔→质量检查。

（2）施工次序。帷幕灌浆应遵循先固结后帷幕、先边排后中排、先下游后上游的原则进行。固结灌浆宜在有混凝土覆盖的情况下进行，灌浆次序应先灌外围区，后灌中间，逐渐插孔加密。

（3）施工方法。钻孔一次灌浆法、自上而下分段灌浆法、自下而上分段灌浆法、综合灌浆法。

4. 水工隧洞灌浆施工

隧洞灌浆包括回填灌浆、固结灌浆等。施工次序为先回填灌浆，后固结灌浆。

5. 混凝土防渗墙施工

（1）成槽。防渗墙造孔成槽方式一般采用槽孔法。成槽施工常使用冲击钻、反循环钻机、液压开槽机、射水成槽机进行。其施工程序包括成槽前的准备、泥浆制备、造孔、终孔验收、清孔换浆等。冲击钻成槽工效不仅受地层土石类别的影响，而且与成槽深度有很大的关系。随孔深的增加，成槽效率下降较大。

（2）浇筑混凝土。防渗墙采用导管法浇筑水下混凝土，其施工工艺为浇筑前的准备、配料拌和、浇筑混凝土、质量验收。

6. 使用定额应注意的问题

（1）灌浆工程定额中的水泥用量系概算基本量。如有实际资料，可按实际消耗量调整。

（2）钻机钻灌浆孔、坝基岩石帷幕灌浆等定额子目终孔孔径大于 91mm 或孔深超过 70m 时改用 300 型钻机。在廊道或隧洞内施工时，人工、机械定额乘以表 4-15 所列系数。

表 4-15　　　　　　　　　　人工、机械定额调整系数

廊道或隧洞高度/m	0~2.0	2.0~3.5	3.5~5.0	5.0 以上
系数	1.19	1.10	1.07	1.05

（3）地质钻机钻灌不同角度的灌浆孔或观测孔、试验孔时，人工、机械、合金片、钻头和岩心管定额乘表 4-16 所列系数。

表 4-16　　　　　　　　　　　　　　　　人工、机械定额调整系数

钻孔与水平夹角	0°~60°	60°~75°	75°~85°	85°~90°
系数	1.19	1.05	1.02	1.00

（4）定额中灌浆压力划分标准：高压＞3MPa；中压 1.5~3MPa；低压＜1.5MPa。

（5）灌浆定额中水泥强度等级的选择应符合设计要求，设计未明确的，可按以下标准选择：回填灌浆 32.5；帷幕与固结灌浆 32.5；接缝灌浆 42.5；劈裂灌浆 32.5；高喷灌浆 32.5。

（6）锚筋桩可参照锚杆定额子目，定额中的锚杆附件包括垫板、三角铁和螺帽等。

（7）锚杆（索）定额中的锚杆（索）长度是指嵌入岩石的设计有效长度。按规定应留的外露部分及加工过程中的损耗，均已计入定额。

（8）喷浆（混凝土）定额的计量，以喷后的设计有效面积（体积）计算，定额已包括了回弹及施工损耗量。

（9）加强长砂浆锚杆束是按 $4\phi28mm$ 锚筋拟定，如设计采用锚筋根数、直径不同，应按设计调整锚筋数量。定额中的锚筋材料价按钢筋价格，锚筋的制作已含在定额中。

7. 单价计算

钻孔灌浆及锚固工程单价计算应根据设计确定的孔深、灌浆压力等参数以及岩石的级别、透水率等，按施工组织设计确定的钻机、灌浆方式、施工条件，选用定额相应的子目计算。单价计算方法与前述单价计算方法相同，只是取费费率不同。

第三节　工　程　量　计　算

工程量是以物理计量单位或自然计算单位表示的各项工程和结构件的数量，其计算单位一般以公制度量单位表示的长度（m）、面积（m²）、体积（m³）、重量（kg）等，以及以自然单位表示的如"个""台""套"等。工程量是编制工程概算的基本要素之一，工程量计算的准确性直接影响工程造价的编制质量。工程量计算的准确与否，是衡量设计概算质量好坏的重要标志之一。所以，概算人员除应具有本专业的知识外，还应当具有一定的水工、施工、机电、金属结构等专业知识，掌握工程量计算的规则和方法。在编制概算时，概算人员应熟悉主要设计图纸和设计说明，对各专业提供的设计工程量进行详细核算，凡不符合概算编制要求的应及时向设计人员提出修正。

一、工程量计算的基本原则

（一）工程项目的设置

工程项目的设置必须与定额子目划分相适应，如土石方开挖工程应按不同土壤、岩石类别分别列项，土石方填筑应按土方、堆石料、反滤层、垫层料等分列；再如钻孔灌浆工程，一般概算定额将钻孔、灌浆单列，因此，在计算工程量时，钻孔、灌浆也应分开计算。

（二）计量单位

工程量的计量单位要与定额子目的单位相一致。有的工程项目的工程量可以用不同的

计量单位表示，如喷混凝土，可以用"m²"表示，也可以用"m³"表示；混凝土防渗墙可以用阻水面积（m²），也可以用进尺（m）和混凝土浇筑方量（m³）来表示。因此，设计提供的工程量单位要与选用的定额单位相一致，否则应按有关规定进行换算，使其一致。

（三）工程量计算

1. 设计工程量

设计工程量就是编制概（估）算的工程量，由图纸工程量和设计阶段扩大工程量组成。

图纸工程量是指按设计图纸计算出的工程量，即按照水工建筑物设计的几何轮廓尺寸计算的工程量。

设计阶段扩大工程量系指由于设计工作的深度有限而存在一定的误差，为留有一定的余地而增加的工程量。

项目建议书、可行性研究、初步设计阶段的设计工程量就是按照建筑物和工程的几何轮廓尺寸计算的数量乘以不同设计阶段系数而得出的数量；而施工图设计阶的设计工程量就是图纸工程量。

2. 施工超挖、超填量及施工附加量

在水利水电工程施工中一般不允许欠挖。为保证建筑物的设计尺寸，施工中允许一定的超挖量；而施工附加量系指为完成本项工程而必须增加的工程量，如土方工程中的取土坑、试验坑、隧洞工程中的为满足交通、放炮要求而设置的内错车道、避炮洞以及下部扩挖所需增加的工程量；施工超填量是指由于施工超挖及施工附加相应增加的回填工程量。

概算定额已按有关施工规范计入合理的超挖量、超填量和施工附加量，故采用概算定额编制概（估）算时，工程量不应计算这三项工程量。

预算定额中均未计入这三项工程量，因此，采用预算定额编制概（估）算单价时，其开挖工程和填筑工程的工程量应按开挖设计断面和有关施工技术规范所规定的加宽及增放坡度计算。

3. 施工损耗量

施工损耗量包括运输及操作损耗，体积变化损耗及其他损耗。运输及操作损耗量指土石方、混凝土在运输及操作过程中的损耗。体积变化损耗量指土石方填筑工程中的施工期沉陷而增加的数量，混凝土体积收缩而增加的工程数量等。其他损耗量，包括：土石方填筑工程施工中的削坡，雨后清理损失数量，钻孔灌浆工程中混凝土灌注桩桩头的浇筑凿除及混凝土防渗墙一、二期接头重复造孔和混凝土浇筑等增加的工程量。

概算定额对这几项损耗已按有关规定计入相应定额之中，而预算定额未包括混凝土防渗墙接头处理所增加的工程量，因此，采用不同的定额编制工程单价时应仔细阅读有关定额说明，以免漏算或重算。

4. 质量检查工程量

（1）基础处理检查工程量。基础处理工程大多数采用钻一定数量检查孔的方法进行质量检查。

（2）其他检查工程量。其他检查工程量如土石方填筑工程通常采用的挖试坑的方法来检查其填筑成品方的干密度。

5. 试验工程量

试验工程量如土石坝工程为取得石料场爆破参数和坝上碾压参数而进行的爆破试验、碾压试验而增加的工程量。

碾压试验、爆破试验、级配试验、灌浆试验等大型试验均为设计工作提供重要参数，应列入独立费用中的勘测设计费或工程科研试验费中。

二、建筑工程量计算

（一）土石方工程量计算

土石方开挖工程量，应根据设计开挖图纸，按不同土壤和岩石类别分别进行计算，石方开挖工程应将明挖、槽挖、水下开挖、平洞、斜井和竖井开挖等分别计算。

土石方填筑工程量，应根据建筑物设计断面中的不同部位及其不同材料分别进行计算，其沉陷量应包括在内。

（二）砌石工程量计算

砌石工程量应按建筑物设计图纸的几何轮廓尺寸，以"建筑成品方"计算。

砌石工程量应将干砌石和浆砌石分开。干砌石应按干砌卵石、干砌块石，同时还应按建筑物或构筑物的不同部位及型式，如护坡（平面、曲面）、护底、基础、挡土墙、桥墩等分别计列；浆砌石按浆砌块石、卵石、条料石，同时尚应按不同的建筑物（浆砌石拱圈明渠、隧洞、重力坝）及不同的结构部位分项计列。

（三）混凝土及钢筋混凝土工程量计算

混凝土及钢筋混凝土工程量的计算应根据建筑物的不同部位及混凝土的设计标号分别计算。

钢筋及埋件、设备基础螺栓孔洞工程量应按设计图纸所示的尺寸并按定额计量单位计算，例如大坝的廊道、钢管道、通风井、船闸侧墙的输水道等，应扣除孔洞所占体积。

计算地下工程（如隧洞、竖井、地下厂房等）混凝土的衬砌工程量时，若采用水利建筑工程概算定额，应以设计断面的尺寸为准；若采用预算定额，计算衬砌工程量时应包括设计衬砌厚度加允许超挖部分的工程，但不包括允许超挖范围以外增加超挖所充填的混凝土量。

（四）钻孔灌浆工程量

钻孔工程量按实际钻孔深度计算，计量单位为米。计算钻孔工程量时，应按不同岩石类别分项计算，混凝土钻孔一般按粗骨料的岩石级别计算。

灌浆工程量从基岩面起计算，计量单位为米或平方米。计算工程量时，应按不同岩层的不同透水率或单位干料耗量分别计算。

隧洞回填灌浆，其工程量计算范围一般在顶拱中心角120°范围内的拱背面积计算，高压管道回填灌浆按钢管外径面积计算工程量。

混凝土防渗墙工程量，若采用概算定额，按设计的阻水面积计算其工程量，计量单位为平方米；若采用预算定额，成槽与浇筑应分项计算。

第四节　建筑工程概算编制

一、建筑工程概算编制方法

建筑工程概算构成水利水电基本建设工程项目划分的第一部分（即建筑工程），是工程总投资的主要组成部分。工程竣工之后构成水利枢纽、水电站、水库或其他水利工程管理单位的固定资产。编制建筑工程概算前，首先应按《工程项目划分》对工程项目进行划分，分清主体建筑工程和一般建筑工程（交通工程、房屋建筑工程、外部供电线路工程及其他建筑工程）。

建筑工程概算编制的方法一般有单价法、指标法及百分率法三种形式，其中以单价法为主。

（1）所谓单价法就是以工程量乘以工程单价来计算工程投资的方法，它是建筑工程概算编制的主要方法。

（2）指标法是指用综合工程量乘以综合指标的方法计算工程投资。在初步设计阶段，由于设计深度不足，工程中的细部结构难以提出具体的工程数量，常用指标法来计算该部分投资。再如交通工程、房屋建筑工程常用综合指标来计算（万元/km，元/m²）。

（3）百分率法是指按某部分工程投资占主体建筑工程的百分率来计算的方法。如在初步设计阶段编制工程概算时，厂坝区动力线路工程、厂坝区照明线路及设施工程、通信线路工程、供水、供热、排水及绿化、环境、水情测报系统、建筑内部观测工程等很难提出具体的工程数量，则按主体建筑工程投资的百分率来粗略计算。

二、主体建筑工程概算的编制

（1）主体建筑工程概算按设计工程量乘以工程单价进行编制。

（2）主体建筑工程量应遵照《水利水电工程设计工程量计算规则》，按项目划分要求，计算到三级项目。

（3）当设计对混凝土施工有温控要求时，应根据温控措施设计，计算温控措施费用，也可以经过分析确定指标后，按建筑物混凝土方量进行计算。

（4）主体建筑工程概算表格的填写与计算。建筑工程概算表格采用概算编制办法规定的格式，见表 4-17。

表 4-17　　　　　　　　　　建筑工程概算表

序号	工程或费用名称	单位	数量	单价/元	合计/元
1	2	3	4	5	6

"工程或费用名称"，按照工程项目划分填至三级或四级项目，甚至五级，以能说清楚为止。计算时首先从最末一级即五级或四级项目开始。采用工程量乘单价的办法计算合计投资，合计以元为单位，然后向上逐级合并汇总，即得主体建筑工程概算投资。

（5）细部结构工程。细部结构工程概算采用指标法的形式计算。参照水工建筑工程细部结构指标表确定，见表 4-18。

表 4－18　　　　　　　　　　水工建筑工程细部结构指标表

项目名称	混凝土重力坝、重力拱坝、宽缝重力坝、支墩坝		混凝土双曲拱坝	土坝、堆石坝	水闸	冲砂闸、汇洪闸
单位	元/m³（坝体方）				元/m³（混凝土）	
综合指标	16.2		17.2	1.15	48	42
项目名称	进水口、进水塔		溢洪道	隧洞	竖井、调压井	高压管道
单位	元/m³（混凝土）					
综合指标	19		18.1	15.3	19	4
项目名称	电（泵）站地面厂房	电（泵）站地下厂房	船闸	倒虹吸、暗渠	渡槽	明渠（衬砌）
单位	元/m³（混凝土）					
综合指标	37	57	30	17.7	54	8.45

注 1. 表中综合指标包括多孔混凝土排水管、廊道木模制作与安装、止水工程（面板坝除外）、伸缩缝工程接缝灌浆管路、冷却水管路、栏杆、照明工程、爬梯、通气管道、排水工程、排水渗井钻孔及反滤料、坝坡踏步、孔洞钢盖板、厂房内上下水工程、防潮层、建筑钢材及其他细部结构工程。
　　2. 表中综合指标仅包括基本直接费内容。
　　3. 改扩建及加固工程根据设计确定细部结构工程的工程量。其他工程，如果工程设计能够确定细部结构工程的工程量，可按设计工程量乘以工程单价进行计算。

细部结构工程项目概算的编制按照单个建筑物的本体工程量乘以综合指标来计算。其本体工程量对坝体工程而言指坝体方量，对水闸、溢洪道、进水塔、隧洞厂房、变电站、船闸等工程指混凝土的总方量。

三、一般建筑工程（其他永久工程）概算的编制

（一）交通工程

交通工程投资按设计工程量乘以单价进行计算，也可根据工程所在地区造价指标或有关实际资料，采用扩大单位指标编制。

（二）房屋建筑工程

1. 永久房屋建筑

（1）用于生产、办公的房屋建筑面积，由设计单位按有关规定结合工程规模确定，单位造价指标根据当地相应建筑造价水平确定。

（2）值班宿舍及文化福利建筑的投资按主体建筑工程投资的百分率计算。

枢纽工程：

　　　　投资≥50000 万元　　　　　　　1.0%～1.5%

　　　　50000 万元＜投资≤100000 万元　0.8%～1.0%

　　　　投资＞100000 万元　　　　　　　0.5%～0.8%

引水工程：　　　　　　　　　　　　0.4%～0.6%

河道工程：　　　　　　　　　　　　0.4%

投资小或工程位置偏远者取大值，反之取小值。

（3）除险加固工程（含枢纽、引水、河道工程）、灌溉田间工程的永久房屋建筑面积由设计单位根据有关规定结合工程建设需要确定。

2. 室外工程投资

一般按房屋建筑工程投资的 15%~20% 计算。

（三）供电线路工程

根据设计的电压等级、线路架设长度及所需配备的变配电设施要求，采用工程所在地区造价指标或有关实际资料计算。

（四）其他建筑工程

（1）内外部观测工程按建筑工程属性处理。内外部观测工程项目投资应按设计资料计算。如无设计资料时，可根据坝型或其他工程型式，按照主体建筑工程投资的百分率计算：

当地材料坝   0.9%~1.1%

混凝土坝   1.1%~1.3%

引水式电站（引水建筑物）   1.1%~1.3%

堤防工程   0.2%~0.3%

（2）动力线路、照明线路、通信线路等三项工程投资按设计工程量乘以单价或采用扩大单位指标编制。

（3）其余各项按设计要求分析计算。

一般建筑工程项目概算的编制方法同主要建筑工程项目一样，二者共同构成第一部分建筑工程概算。

第五节 工 料 分 析

一、工料分析概述

工料分析就是对工程建设项目所需的人工及主要材料数量进行分析计算，进而统计出单位工程及分部分项工程所需的人工数量及主要材料用量。主要材料一般包括钢筋、钢材、水泥、木材、汽油、柴油、炸药、沥青、粉煤灰等种类。根据工程的具体特点，主要材料品种各有取舍。

工料分析的目的主要是为施工企业调配劳动力，作好备料及组织材料供应、合理安排施工及核算工程成本提供依据。它是工程概算的一项基本内容，也是施工组织设计中安排施工进度的不可缺少的重要工作。

二、工料分析计算

工料分析计算就是按照概算项目内容中所列的工程数量乘以相应单价中所需的定额人工数量及定额材料用量，计算出每一工程项目所需的工时、材料用量，然后按照概算编制的步骤逐级向上合并汇总。工时、材料用量计算表格式见表 4-19。计算步骤及填写说明如下：

（1）填写工程项目及工程数量，按照概算项目分级顺序逐项填写表格中的工程项目名称及工程数量，对应填写所采用单价的编号。工程项目的填写范围为枢纽工程（主体建筑物）和施工导流工程。

（2）填写单位定额用工、材料用量，按照各工程项目所对应的单价编号，查找该单价所需的单位定额用工数量及单位定额材料用量、单位定额机械台时用量，逐项填写。对于汽油、柴油用量计算，除填写单位定额机械台时用量外，还要填写不同施工机械的台时用油数量（查施工机械台时定额）。

这里要注意：单位定额用工数量，要考虑施工机械的用工数量，不能漏算。

（3）计算工时及材料数量。表 4 - 19 中的定额用量指单位定额用量；工时用量及钢筋、等材料用量，按照单位定额工时、材料用量分别乘以本项工程数量即得本工程项目工时及材料合计数量；汽油、柴油材料用量，按照单位定额台时用量乘以台时耗油量，再乘以本项工程数量，即得本项汽油、柴油合计用量。

表 4 - 19　　　　　　　　　　　　　工时、材料用量计算表

序号	单价编号	工程项目名称	单位	工程量	工时		汽油			柴油			钢筋		炸药		沥青	
					定额用工	合计	定额台时用量	台时用油	合计	定额台时用量	台时用油	合计	定额用量	合计	定额用量	合计	定额用量	合计

（4）按照上述第三项计算方法逐项计算，然后再逐级向上合并汇总，即得所需计算的工时、材料用量。

（5）按照概算表格要求填写主体工程工时数量汇总表及主体工程主要材料量汇总表。

复 习 思 考 题

1. 建筑工程单价由哪几部分费用组成？如何计算？

2. 简述工程量计算原则。

3. 简述建筑工程概算编制过程。

4. 简述工料分析计算过程。

第五章 设备及安装工程概算

第一节 概 述

设备及安装工程包括机电设备及安装工程和金属结构设备及安装工程两部分。它们分别构成工程总概（预）算的第二部分和第三部分。设备及安装工程的投资，在水利工程的总投资中占有相当大的比重。例如葛洲坝工程设备及安装工程投资占总投资的 20％，刘家峡工程为 24％，而盐锅峡工程则高达 43％。

一、机电设备及安装工程项目划分及内容组成

机电设备及安装工程指构成固定资产的全部机电设备及安装工程，包括枢纽工程和引水及河道工程两部分。

（一）枢纽工程

枢纽工程包括发电设备及安装工程、升压变电设备及安装工程、公用设备及安装工程。

1. 发电设备及安装工程

发电设备及安装工程有水轮机、发电机、主阀、起重设备、水力机械辅助设备、电气设备等设备及安装工程。

2. 升压变电设备及安装工程

升压变电设备及安装工程有主变压器、高压电气设备、一次拉线等设备及安装工程。

3. 公用设备及安装工程

公用设备及安装工程包括通信设备、通风采暖设备、机修设备、计算机监控系统、工业电视系统、管理自动化系统、全厂接地及保护网，电梯，坝区馈电设备，厂坝区供水、排水、供热设备，水文、泥沙监测设备，水情自动测报系统设备，视频安防监控设备，消防设备，劳动安全与工业卫生设备，交通设备等设备及安装工程。

（二）引水及河道工程

引水及河道工程包括泵站设备及安装工程、水闸设备及安装工程、电站设备及安装工程、供变电设备及安装工程和公用设备及安装工程。

二、金属结构设备及安装工程项目划分及内容组成

金属结构设备及安装工程构成工程总概（预）算的第三部分，该部分概（预）算的一级项目与第一部分建筑工程相应的一级项目一致，其一级项目的取舍可根据工程的具体情况而定。

金属结构设备及安装包括枢纽工程和引水及河道工程两部分，主要包括闸门、启闭机、拦污设备、升船机等设备及安装工程，水电站（泵站等）压力钢管制作及安装工程其他金属结构设备及安装工程。

第二节 设 备 费 计 算

设备费由设备原价、运杂费、运输保险费和采购保管费等项组成。

一、设备原价

（1）国产设备。国产设备以出厂价为原价，非定型和非标准产品（如闸门、拦污栅、压力钢管等）采用与厂家签订的合同价或询价。

（2）进口设备。进口设备以到岸价和进口征收的税金、手续费、商检费及港口费等各项费用之和为原价。到岸价采用与厂家签订的合同价或询价计算，税金和手续费等按规定计算。

大型机组拆卸分装运至工地后的拼装费用，应包括在设备原价内。

在可行性研究和初步设计阶段，非定型和非标准产品，一般不可能与厂家签订价格合同。设计单位可按向厂家索取的报价资料和当年的价格水平，经认真分析论证后确定设备价格。

二、运杂费

运杂费指设备由厂家运至工地安装现场所发生的一切运杂费用，主要包括运输费、调车费、装卸费、包装绑扎费、变压器充氮费，以及其他可能发生的杂费。设备运杂费，分主要设备和其他设备，均按占设备原价的百分率计算。

（1）主要设备运杂费率。主要设备运杂费率标准见表 5-1。

表 5-1　　　　　　　　　　　**主要设备运杂费率标准**　　　　　　　　　　%

设备分类		铁　路		公　路		公路直达基本费率
		基本运距	每增加	基本运距	每增加	
		1000km	500km	100km	20km	
水轮发电机组		2.21	0.30	1.06	0.15	1.01
主阀、桥机		2.99	0.50	1.85	0.20	1.33
主变压器	≥120000kVA	3.50	0.40	2.80	0.30	1.20
	<120000kVA	2.97	0.40	0.92	0.15	1.20

设备由铁路直达或铁路、公路联运时，分别按里程求得费率后叠加计算；如果设备由公路直达，应按公路里程计算费率后，再加公路直达基本费率。

（2）其他设备运杂费率。其他设备运杂费率见表 5-2。

表 5-2　　　　　　　　　　　**其他设备运杂费率表**

类别	适　用　地　区	费率/%
I	北京、天津、上海、江苏、浙江、江西、安徽、湖北、湖南、河南、广东、山西、山东、河北、陕西、辽宁、吉林、黑龙江等省（自治区、直辖市）	3~5
II	甘肃、云南、贵州、广西、四川、重庆、福建、海南、宁夏、内蒙古、青海等省（自治区、直辖市）	5~7

工程地点距铁路线近者费率取小值，远者取大者，新疆、西藏地区的费率在表5-2中未包括，可视具体情况另行确定。

表5-1、表5-2运杂费率适用于国产设备运杂费，在编制预算时可根据设备来源地、运输方式、运输距离等逐项进行分析计算。几项主要大件设备，如水轮发电机组、变压器等，在运输过程中应考虑超重、超高、超宽所增加的费用，如铁路运输的特殊车辆费、公路运输的桥涵加宽、路面拓宽所需费用。

（3）进口设备的国内段运杂费率，进口设备的国内段运杂费率按上述国产设备运杂费率，乘相应国产设备原价占进口设备原价的比例系数，调整为进口设备国内段运杂费率。

三、运输保险费

国产设备的运输保险费可按工程所在省、自治区、直辖市的规定计算；进口设备的运输保险费按有关规定计算。

四、采购及保管费

采购及保管费指建设单位和施工企业在负责设备的采购、保管过程中发生的各项费用。主要包括：

（1）采购保管部门工作人员的基本工资、辅助工资、职工福利费、劳动保护费、养老保险费、失业保险费、医疗保险费、工伤保险费、生育保险费、住房公积金、教育经费、办公费、差旅交通费、工具用具使用费等。

（2）仓库转运站等设施的运行费、维修费、固定资产折旧费、技术安全措施费和设备的检验、试验费等。

采购及保管费按设备原价、运杂费之和的0.7%计算。

五、运杂综合费率

在编制设备安装工程概预算时，一般将设备运杂费、运输保险费和采购及保管费合并，统称为设备运杂综合费，按设备原价乘以运杂综合费率计算。其中：

运杂综合费率＝运杂费率＋（1＋运杂费率）×采购及保管费率＋运输保险费率

第三节 安装工程单价计算

安装工程单价由直接费（包括基本直接费、其他直接费）、间接费、利润、材料补差和税金组成。其中基本直接费由人工费、材料费（含装置性材料费）、机械使用费组成。

水利部《水利水电设备安装工程概算定额》（2002）、《水利水电设备安装工程预算定额》（2002）有安装实物量和安装费率两种形式。由于表现形式不同，其单价的计算方法也不尽相同。

一、以实物量形式表示的单价计算

设备安装定额以实物量表示的，其安装工程单价计算方法与建筑工程单价计算方法相同，在此不再赘述。

注意：未计价装置性材料只计税金，不计其他直接费、现场经费、间接费和计划利润，具体见表5-3。

表 5－3 实物量形式的安装工程概算单价计算程序表

序号	项 目	计 算 方 法
一	直接费	（一）＋（二）
（一）	基本直接费	1＋2＋3
1	人工费	∑定额劳动量（工时）×人工预算单价（元/工时）
2	材料费	∑定额材料用量×材料预算单价
3	施工机械使用费	∑定额机械使用量（台时）×施工机械台时费（元/台时）
（二）	其他直接费	[1]×其他直接费率之和
二	间接费	（一）×间接费率
三	利润	[一＋二]×利润率
四	材料补差	（材料预算价格－材料基价）×材料消耗量
五	未计价装置性材料费	未计价装置性材料用量×材料预算单价
六	税金	[一＋二＋三＋四＋五]×税率
	单价合计	一＋二＋三＋四＋五＋六

二、以安装费率形式表示的安装工程单价计算

以安装费率表示的定额子目在计算安装工程单价时即以设备原价为计算基础计算基本直接费，然后另计其他直接费、间接费、利润和税金。定额中的人工费、材料费、机械使用费、装置性材料费都是以费率形式表示，根据设备安装概（预）算定额规定，由于现行规定与当时的人工单价组成内容不同，只调整其中的人工费率，材料费（含装置性材料费）和机械使用费均不作调整。

（1）人工费调整。人工费调整就是将定额人工费乘以人工费调整系数，调整系数应根据定额主管部门当年发布的北京地区人工预算单价，与该工程设计概（预）算采用的人工预算单价进行对比，测算其比例系数，据以调整人工费率指标。

$$人工费调整系数＝\frac{工程所在地区安装人工预算单价}{北京地区安装人工预算单价} \qquad (5-1)$$

$$调整的人工费＝定额人工费×人工费调整系数 \qquad (5-2)$$

（2）进口设备的安装。由于它的设备原价一般较同类国产设备原价要高，不能直接采用定额的安装费率，应按定额给定的安装费率乘以相应同类型国产设备原价水平对该进口设备原价水平的比例系数，来换算设备安装费率。

（3）安装工程单价计算，以安装工程单价费率乘以被安装的设备原价即得该设备的安装费用。

以安装费率形式表示的安装工程单价计算方法见表 5－4。

表 5－4 以安装费率形式表示的安装工程单价计算方法表

序号	费用名称	计 算 方 法
一	直接费	（一）＋（二）＋（三）
（一）	基本直接费	1＋2＋3＋4
1	人工费	定额人工费率（％）×人工费调整系数×设备原价

序号	费用名称	计　算　方　法
2	材料费	定额材料费率（%）×设备原价
3	机械使用费	定额机械使用费率（%）×设备原价
4	装置性材料费	定额装置性材料费率（%）×设备原价
（二）	其他直接费	（一）×其他直接费率（%）
二	间接费	[1]×间接费费率（%）
三	利润	[一+二]×利润率（%）
四	税金	[一+二+三]×税率（%）
	安装工程单价合计	一+二+三+四

三、安装工程单价编制实例

【例 5-1】　试编制某地区河道工程大型排涝泵站水泵安装工程单价。已知水泵自重 18t，叶片转轮为半调节方式。人工预算单价：工长 5.32 元/工时，高级工 4.84 元/工时，中级工 4.01 元/工时，初级工 2.52 元/工时。工地材料预算价格：钢板 3.70 元/kg，型钢 3.45 元/kg，电焊条 7.00 元/kg，氧气 3.00 元/m³，乙炔气 12.80 元/m³，汽油 3.20 元/kg，油漆 15.60 元/kg，橡胶板 7.80 元/kg，木材 1500 元/m³，电 0.60 元/(kW·h)。

解：根据《水利工程设计概（估）算编制规定》（2014），查水利部《水利水电设备安装工程概算定额》（2002）、《水利工程施工机械台时费定额》（2002）列表计算，见表 5-5。

【例 5-2】　试编制某地区水利枢纽工程主厂房发电电压设备（100kV）安装工程单价。已知设备原价为 128 万元，该地区人工费调整系数为 1.1。

解：根据 2014《水利工程设计概（估）算编制规定》，查水利部《水利水电设备安装工程概算定额》（2002）子目为 06003，对定额人工费进行调整见表 5-6，再根据调整后的定额编制发电电压设备安装工程单价，计算见表 5-6。

表 5-5　　　　　　　　　　**安 装 工 程 单 价 表**

定额编号：03002　　　　　　　　　水泵安装工程　　　　　　　　　定额单位：台

设备型号：轴流式水泵自重 18t，叶片转轮为半调节方式					
编号	名称及规格	单位	数量	单价/元	合计/元
一	直接工程费				36027.81
1	直接费				33266.68
①	人工费				23618.56
	工长	工时	286	5.32	1521.52
	高级工	工时	1374	4.84	6650.16
	中级工	工时	3492	4.01	14002.92
	初级工	工时	573	2.52	1443.96
②	材料费				5257.98

编号	名称及规格	单位	数量	单价/元	合计/元
	钢板	kg	108	3.7	399.60
	型钢	kg	173	3.45	596.85
	电焊条	kg	54	7	378.00
	氧气	m³	119	3	357.00
	乙炔气	m³	54	12.8	691.20
	汽油	kg	51	3.2	163.20
	油漆	kg	29	15.6	452.40
	橡胶板	kg	23	7.8	179.40
	木材	m³	0.4	1500	600.00
	电	kW·h	940	0.6	564.00
	其他材料费	%	20	4381.65	876.33
③	机械使用费				4390.14
	桥式起重机（20t）	台时	54	22.08	1192.32
	电焊机 20～30kVA	台时	60	9.42	565.20
	车床 ∅400～600	台时	54	20.67	1116.18
	刨床 B650	台时	38	10.91	414.58
	摇臂钻床 ∅50	台时	33	15.04	496.32
	其他机械费	%	16	3784.60	605.54
2	其他直接费	其他直接费综合费率8.3%			2761.13
二	间接费	间接费费率70%			16532.99
三	利润	利润率7%			3679.26
四	税金	税率3.28%			1844.67
五	单价合计				58084.73

设备型号：轴流式水泵自重18t，叶片转轮为半调节方式

表 5-6　　**安 装 工 程 单 价 表**

定额编号：06003　　　　发电电压设备安装工程　　　　定额单位：台

电压100kV　设备原价128万元

编号	名称及规格	定额费率/%	调整后的费率/%	费用/元
一	直接费			145693.82
1	基本直接费	10.1	10.51	134528.00
①	人工费	3.7	4.11	52608.00
②	材料费	2.2	2.2	28160.00
③	装置性材料费	3	3	38400.00
④	机械使用费	1.2	1.2	15360.00
2	其他直接费	其他直接费综合费率8.3%		11165.82
二	间接费	间接费费率75%		39456.00

91

续表

电压 100kV 设备原价 128 万元				
编号	名称及规格	定额费率/%	调整后的费率/%	费用/元
三	利润	利润率 7%	12960.49	
四	税金	税率 3.28%	6498.02	
五	单价合计		204608.33	

四、使用设备安装工程概（预）算定额需要说明的几个问题

1. 装置性材料

定额中的"装置性材料"是个专用名词，它本身属材料，但又是被安装的对象，安装后构成工程的实体。装置性材料可分为主要装置性材料和次要装置性材料。凡在概（预）算定额项目中作为安装对象单列的材料，即为主要装置性材料，如轨道、管路、电缆、母线、滑触线等；其余的即为次要装置性材料，如轨道的垫板、螺栓、电缆支架、母线金具等。主要装置性材料设备安装概（预）算定额一般作为未计价材料，应按设计提供的规格数量和材料实际预算价格计算，其材料用量应计入表 5-7 所列装置性材料操作损耗部分。

表 5-7 装置性材料操作损耗率表

材 料 名 称		操作损耗率/%
钢板（齐边）	压力钢管直管	5
	压力钢管弯管、叉管、渐变管	15
钢板（毛边）压力钢管		17
镀锌钢板 通风管		10
型钢		5
管材及管件		3
电力电缆		1
控制电缆		1.5
硬母线 铜、铝、钢质的带形、管形及槽形母线		2.3
裸软导线 铜、铝、钢及钢芯铝线		1.3
压接式线夹		2
金具		1
绝缘子		2
塑料制品		5

次要装置性材料的品种多，规格杂，且价值也较低，故在概（预）算定额中均已计入其费用，所以次要装置性材料又叫已计价装置性材料（或叫定额装置性材料，又叫一般的装置材料）。

2. 设备与材料的划分

（1）制造厂成套供货范围的部件、备品备件、设备体腔内定量填充物（如透平油、变压器油、六氟化硫气体等）均作为设备。

（2）不论成套供货、现场加工或零星购置的贮气罐、贮油罐、闸门、通用仪表、机组本体上的梯子、平台和栏杆等均作为设备，不能因供货来源不同而改变设备性质。

（3）管道和阀门构成设备本体部件时，应作为设备，否则应作为材料。

（4）随设备供应的保护罩、网门等，凡已计入相应设备出厂价格时，应作为设备，否则应作为材料。

（5）电缆、电缆头、电缆和管道用的支吊架、母线、金具、滑触线和支架、屏、盘、柜的基础型钢、钢轨、石棉板、穿墙隔板、绝缘子、一般用保护网、罩、门、梯子、平台、栏杆和蓄电池木支架等均作为材料。

（6）设备喷锌费用应列入设备费。

3. 按设备重量划分的定额子目

当所求设备的重量介于同型设备的子目之间时，可按插入法计算安装费。

第四节　设备及安装工程概算编制

在编制工程概（预）算时，应认真熟悉工程设计图纸，了解工程情况，收集有关资料，按照工程项目逐项计算设备及安装工程单价。

一、收集基本资料

需收集的基本资料有：

（1）工程的设计文件，设备型号，材料种类、数量、来源地、价格、运输费用等。

（2）现行设备及安装工程概（预）算定额、手册等。

（3）现行有关费用的计算办法及取费标准，包括其他直接费、间接费、利润、税金等。

（4）其他有关的文件、政策、规定等。

二、设备及安装工程概算

设备及安装工程概（预）算包括"机电设备及安装工程概（预）算"和"金属结构设备及安装工程概（预）算"两部分，分别构成工程总概（预）算的第二部分和第三部分。其概（预）算编制按表5-8格式进行。

表格填写计算中应注意的几个问题：

（1）"名称及规格"一栏应按项目划分的规定填写，金属结构设备及安装工程的一级项目与第一部分建筑工程对应一致，二级项目按一级项目下设计的设备与安装项目选定。

（2）设备数量及单位的填写与设备和安装工程单价相一致。如设备费单价与安装费单价为费率形式，则设备数量一栏应为相应费率的取费基数；若设备安装工程单价为"元/台"，则设备数量应为同型号设备的台数。

表5-8　　　　　　　　　设备及安装工程概（预）算表

编号	名称及规格	单位	数量	单价/元		合计/元	
				设备费	安装费	设备费	安装费
1	卷扬式启闭机	台	2	4940	7837.20	9880	15674.41
2	平板焊接闸门	t	1.76	5000	1011.36	8800	1779.99

复 习 思 考 题

1. 简述设备费的计算过程。
2. 简述以安装费率形式表示的安装工程单价计算过程。
3. 简述设备及安装工程概算编制过程。

第六章　水利施工临时工程概算

第一节　概　述

在水利水电工程建设中，为保证主体工程施工的顺利进行，按施工进度要求，需建造一系列的生产和生活用临时性工程，不论这些工程结构如何，均视为临时工程。临时工程包括导流工程、施工交通工程、施工供电工程、施工房屋建筑工程以及其他施工临时工程等。施工临时工程的概算应单独编制，其他小型临时工程则以临时设施费的形式直接进入工程单价。

施工临时工程项目主要包括以下五项内容。

（1）施工导流工程。施工导流工程包括导流明渠、导流洞、施工围堰、蓄水期下游断流补偿设施、金属结构制作及安装等。有关土石方开挖、混凝土及钢筋混凝土工程、金属结构的制作及安装工程等内容，与建筑工程及设备安装工程内容基本一致。

（2）施工交通工程。施工交通工程包括施工现场内外为工程建设服务的临时交通工程，如：公路、铁路、桥梁、施工支洞、码头、转运站等工程项目。

（3）施工场外供电工程。施工场外供电工程包括从现有电网向施工现场供电的高压输电线路（枢纽工程 35kV 及以上等级，引水工程、河道工程 10kV 及以上等级，掘进机施工专用供电线路）、施工变（配）电设施设备（场内除外）工程。

（4）施工房屋建筑工程。施工房屋建筑工程项目包括为工程建设服务的施工仓库和办公及生活、文化福利建筑及所需的配套设施工程。施工仓库，指为施工而兴建的设备、材料、工器具等全部仓库建筑工程；办公及生活、文化福利建筑指为施工单位、建设单位及设计单位建造的在工程建设期所需的办公室、宿舍、招待所和其他文化福利设施等。

不包括列入临时设施和其他大型临时工程项目内的风、水、电、通信系统、砂石料系统、混凝土拌和系统及浇筑系统、木工、钢筋机修等辅助加工厂、混凝土预制构件厂、混凝土制冷、供热系统、施工排水等生产用房。

（5）其他施工临时工程。其他施工临时工程指除施工导流、施工交通、施工场外供电、施工房屋建筑、缆机平台、掘进机泥水处理系统和管片预制系统土建设施以外的施工临时工程，主要包括施工供水（大型泵房及干管）、砂石料系统、混凝土拌和浇筑系统、大型机械安装拆卸、防汛、防冰、施工排水、施工通信等工程。根据工程实际情况可单独列示缆机平台、掘进机泥水处理系统和管片预制系统土建设施等项目。

第二节　施工临时工程概算编制

一、导流工程

导流工程按设计工程量乘以工程单价进行计算。

二、施工交通工程

施工交通工程按设计工程量乘以单价进行计算，也可根据工程所在地区造价指标或有关实际资料，采用扩大单位指标编制。

三、施工场外供电工程

根据设计的电压等级、线路架设长度及所需配备的变配电设施要求，采用工程所在地区造价指标或有关实际资料计算。

四、施工房屋建筑工程

1. 施工仓库

施工仓库建筑面积由施工组织设计确定，单位造价指标根据当地生活福利建筑的相应造价水平确定。

2. 办公、生活及文化福利建筑

(1) 枢纽工程，按式（6-1）计算。

$$I = \frac{AUP}{NL} K_1 K_2 K_3 \tag{6-1}$$

式中　I——房屋建筑工程投资；

A——建安工作量，按工程一至四部分建安工作量（不包括办公、生活及文化福利建筑和其他施工临时工程）之和乘以（1＋其他施工临时工程百分率）计算；

U——人均建筑面积综合指标，按 $12 \sim 15 \mathrm{m^2}$/人标准计算；

P——单位造价指标，参考工程所在地区的永久房屋造价指标（元/$\mathrm{m^2}$）计算；

N——施工年限，按施工组织设计确定的合理工期计算；

L——全员劳动生产率，一般按 $80000 \sim 120000$ 元/（人·年），施工机械化程度高取大值，反之取小值；

K_1——施工高峰人数调整系数，取 1.10；

K_2——室外工程系数，取 $1.10 \sim 1.15$，地形条件差的可取大值，反之取小值；

K_3——单位造价指标调整系数，按不同施工年限，采用表 6-1 中的调整系数。

表 6-1　　　　　　　　　　　单位造价指标调整系数表

工期	系数
2 年以内	0.25
2~3 年	0.40
3~5 年	0.55
5~8 年	0.70
8~11 年	0.80

（2）引水工程按一至四部分建安工作量的百分率计算（表 6 - 2）。

表 6 - 2　　　　　　　　　引水工程施工房屋建筑工程百分率表

工期	百分率
≤3 年	1.5%～2.0%
>3 年	1.0%～1.5%

一般引水工程取中上限，大型引水工程取下限。掘进机施工隧洞工程按表中费率乘 0.5 调整系数。

（3）河道工程按一至四部分建安工作量的百分率计算（表 6 - 3）。

表 6 - 3　　　　　　　　　河道工程施工房屋建筑工程百分率表

工期	百分率
≤3 年	1.5%～2.0%
>3 年	1.0%～1.5%

五、其他施工临时工程

按工程一至四部分建安工作量（不包括其他施工临时工程）之和的百分率计算。

（1）枢纽工程为 3.0%～4.0%。

（2）引水工程为 2.5%～3.0%。一般引水工程取下限，隧洞、渡槽等大型建筑物较多的引水工程、施工条件复杂的引水工程取上限。

（3）河道工程为 0.5%～1.5%。灌溉田间工程取下限，建筑物较多、施工排水量大或施工条件复杂的河道工程取上限。

复 习 思 考 题

1. 简述施工临时工程项目划分。

2. 简述施工临时工程概算编制过程。

第七章　水利工程设计总概算

第一节　编制依据及编制程序

一、编制依据

（1）水利部水建管〔1999〕523 号文关于发布《水利水电设备安装工程预算定额》和《水利水电设备安装工程概算定额》的通知。

（2）水利部水总〔2002〕116 号文关于发布《水利建筑工程概算定额》《水利建筑工程预算定额》《水利工程施工机械台时费定额》的通知。

（3）水利部水总〔2014〕429 号文关于发布《水利工程设计概（估）算编制规定》的通知。

（4）设计概算编制的有关调整文件和标准。

（5）工程施工组织设计。

（6）人工工资、运杂费、供电价格、设备价格等各项基础资料。

（7）关于税务、交通运输、基建、建筑材料等各项资料。

（8）各种有关的合同、协议、决定、指令、工具书等。

二、总概算编制的一般程序

水利工程概算由两部分构成，第一部分为工程部分概算，由建筑工程概算、机电设备及安装工程概算、金属结构设备及安装工程概算、施工临时工程概算和独立费用概算 5 项组成。第二部分为移民和环境部分概算，由水库移民征地补偿、水土保持工程概算和环境保护工程概算 3 项组成，其概算编制执行《水利工程建设征地移民补偿投资概（估）算编制规定》《水利工程环境保护概（估）算编制规定》和《水土保持工程环境保护概（估）算编制规定》。以下主要介绍工程部分总概算的编制。

总概算编制的一般程序如下：

（1）编制的准备工作。编制概算前要熟悉上一阶段设计文件和本阶段设计成果。深入实地进行踏勘，了解工程和工地现场情况、砂砾料与天然建筑材料料场开采运输条件、场内外交通运输条件等情况。搜集人工工资、运杂费、供电价格、设备价格等各项基础资料；整理工程设计图纸、初步设计报告、枢纽布置、工程地质、水文地质、水文气象等资料。并且注意新技术、新工艺、新定额资料的搜集与分析。

向上级主管部门、工程所在地有关部门收集税务、交通运输、基建、建筑材料等各项资料；现行水利水电概预算定额和有关水利水电工程设计概预算费用构成及计算标准；各种有关的合同、协议、决定、指令、工具书等。

（2）进行工程项目划分，详细列出各级项目内容。

（3）根据有关规定和施工组织设计，编制基础单价和工程单价。基础单价是编制工程单价时计算人工费、材料费和机械使用费所必需的最基本的价格资料，水利水电工程概预算基础单价有：人工预算单价、材料预算价格和施工机械台时费，水、电、风、砂、石单价等。

（4）按分项工程计算工程量。按照设计图纸和工程量计算的有关规定计算并列出工程量清单。要对工程量进行检查和复核，以确保工程量计算的准确性。

（5）利用（3）、（4）的结果，计算各分项概算表及总概算表。按照造价的计算种类，根据基础单价和相应的工程量，计算分部分项工程概算价格，汇总分部分项工程概算以及其他费用，计算出工程总概算。

（6）进行复核、编制说明、整理成果。

第二节　概算文件构成

一、编制说明

1. 工程概况

流域，河系，兴建地点，工程规模，工程效益，工程布置型式，主体建筑工程量，主要材料用量，施工总工期等。

2. 投资主要指标

工程总投资和静态总投资，年度价格指数，基本预备费率，建设期融资额度、利率和利息等。

3. 编制原则和依据

（1）概算编制原则和依据。

（2）人工预算单价，主要材料，施工用电、水、风以及砂石料等基础单价的计算依据。

（3）主要设备价格的编制依据。

（4）建筑安装工程定额、施工机械台时费定额和有关指标的采用依据。

（5）费用计算标准及依据。

（6）工程资金筹措方案。

4. 概算编制中其他应说明的问题

5. 主要技术经济指标表

主要技术经济指标表根据工程特性表编制，反应工程主要技术经济指标。

二、工程概算总表

工程概算总表应汇总工程部分、建设征地移民补偿、环境保护工程、水土保持工程总概算表。

三、工程部分概算表和概算附表

1. 概算表

（1）工程部分总概算表。

（2）建筑工程概算表。

（3）机电设备及安装工程概算表。

（4）金属结构设备及安装工程概算表。

（5）施工临时工程概算表。

（6）独立费用概算表。

（7）分年度投资表。

（8）资金流量表（枢纽工程）。

2. 概算附表

（1）建筑工程单价汇总表。

（2）安装工程单价汇总表。

（3）主要材料预算价格汇总表。

（4）次要材料预算价格汇总表。

（5）施工机械台时费汇总表。

（6）主要工程量汇总表。

（7）主要材料量汇总表。

（8）工时数量汇总表。

四、概算附件组成内容

（1）人工预算单价计算表。

（2）主要材料运输费用计算表。

（3）主要材料预算价格计算表。

（4）施工用电价格计算书。

（5）施工用水价格计算书。

（6）施工用风价格计算书。

（7）补充定额计算书（附计算说明）。

（8）补充施工机械台时费计算书（附计算说明）。

（9）砂石料单价计算书（附计算说明）。

（10）混凝土材料单价计算表。

（11）建筑工程单价表。

（12）安装工程单价表。

（13）主要设备运杂费率计算书（附计算说明）。

（14）临时房屋建筑工程投资计算书（附计算说明）。

（15）独立费用计算书（勘测设计费可另附计算书）。

（16）分年度投资表。

（17）资金流量计算表。

（18）价差预备费计算表。

（19）建设期融资利息计算书（附计算说明）。

（20）计算人工、材料、设备预算价格和费用依据的有关文件、询价报价资料及其他。

以上概算表格格式见附录2。

五、投资对比分析报告

应从价格变动、项目及工程量调整、国家政策性变化等方面进行详细分析，说明初步设计阶段与可行性研究阶段（或可行性研究阶段与项目建议书阶段）相比较的投资变化原因和结论，编写投资对比分析报告。工程部分报告应包括总投资对比表、主要工程量对比表、主要材料和设备价格对比表、其他相关表格。

投资对比分析报告应汇总工程部分、建设征地移民补偿、环境保护、水土保持各部分对比分析内容。设计概算报告（正件）、投资对比分析报告可单独成册，也可作为初步设计报告（设计概算章节）的相关内容。设计概算附件宜单独成册，并应随初步设计文件报审。

第三节 工程总概算的编制

一、分部工程概算编制

（一）第一部分 建筑工程

按建筑工程概算编制方法进行编制。

（二）第二部分 机电设备及安装工程

按机电设备及安装工程概算编制方法进行编制。

（三）第三部分 金属结构设备及安装工程

按金属结构设备及安装工程概算编制方法进行编制。

（四）第四部分 施工临时工程

按施工临时工程概算编制方法进行编制。

（五）第五部分 独立费用

独立费用由建设管理费、工程建设监理费、联合试运转费、生产准备费、科研勘测设计费和其他组成。

1. 建设管理费

建设管理费指建设单位在工程项目筹建和建设期间进行管理工作所需的费用，包括建设单位开办费、建设单位人员费、项目管理费三项。

（1）建设单位开办费。建设单位开办费指新组建的工程建设单位，为开展工作所必须购置的办公设施、交通工具等以及其他用于开办工作的费用。

（2）建设单位人员费。建设单位人员费指建设单位从批准组建之日起至完成该工程建设管理任务之日止，需开支的建设单位人员费用，主要包括工作人员的基本工资、辅助工资、职工福利费、劳动保护费、养老保险费、失业保险费、医疗保险费、工伤保险费、生育保险费、住房公积金等。

（3）项目管理费。项目管理费指建设单位从筹建到竣工期间所发生的各种管理费用。包括：

1）工程建设过程中用于资金筹措、召开董事（股东）会议、视察工程建设所发生的会议和差旅等费用。

2）工程宣传费。

3）土地使用税、房产税、印花税、合同公证费。

4）审计费。

5）施工期间所需的水情、水文、泥沙、气象监测费和报汛费。

6）工程验收费。

7）建设单位人员的教育经费、办公费、差旅交通费、会议费、交通车辆使用费、技术图书资料费、固定资产折旧费、零星固定资产购置费、低值易耗品摊销费、工具用具使用费、修理费、水电费、采暖费等。

8）招标业务费。

9）经济技术咨询费。经济技术咨询费包括勘测设计成果咨询、评审费，工程安全鉴定、验收技术鉴定、安全评价相关费用，建设期造价咨询，防洪影响评价、水资源论证、工程场地地震安全性评价、地质灾害危险性评价及其他专项咨询等发生的费用。

10）公安消防部门派驻工地补贴费及其他工程管理费用。

建设管理费以一至四部分建安工作量为计算基数，按表7-1所列费率，以超额累进方法计算。

表 7-1　　　　　　　　　　　　　建设管理费费率表

一至四部分建安工作量/万元	费率/%	辅助参数/万元
枢 纽 工 程		
≤50000	4.5	0
50000～100000	3.5	500
100000～200000	2.5	1500
200000～500000	1.8	2900
＞500000	0.6	8900
引 水 工 程		
≤50000	4.2	0
50000～100000	3.1	550
100000～200000	2.2	1450
200000～500000	1.6	2650
＞500000	0.5	8150
河 道 工 程		
≤10000	3.5	0
10000～50000	2.4	110
50000～100000	1.7	460
100000～200000	0.9	1260
200000～500000	0.4	2260
＞500000	0.2	3260

简化计算公式：一至四部分建安工作量×该档费率＋辅助参数。引水工程及河道工程原则上应按整体工程投资统一计算，工程规模较大时可分段计算。

2. 工程建设监理费

工程建设监理费指建设单位在工程建设过程中委托监理单位，对工程建设的质量、进度、安全和投资进行监理所发生的全部费用。

按照国家发展和改革委员会发改价格〔2007〕670号文颁发的《建设工程监理与相关服务收费管理规定》及其他相关规定执行。

3. 联合试运转费

联合试运转费指水利工程的发电机组、水泵等安装完毕，在竣工验收前，进行整套设备带负荷联合试运转期间所需的各项费用。联合试运转费主要包括联合试运转期间所消耗的燃料、动力、材料及机械使用费，工具用具购置费，施工单位参加联合试运转人员的工资等。

联合试运转费用指标见表7-2。

表7-2　　　　　　　　　　　　联合试运转费用指标表

水电站工程	单机容量/万 kW	≤1	≤2	≤3	≤4	≤5	≤6	≤10	≤20	≤30	≤40	>40
	费用/(万元/台)	6	8	10	12	14	16	18	22	24	32	44
泵站工程	电力泵站	50~60 元/kW										

4. 生产准备费

生产准备费指水利建设项目的生产、管理单位为准备正常的生产运行或管理发生的费用，包括生产及管理单位提前进厂费、生产职工培训费、管理用具购置费、备品备件购置费、工器具及生产家具购置费。

（1）生产及管理单位提前进厂费。生产及管理单位提前进厂费指在工程完工之前，生产、管理单位一部分工人、技术人员和管理人员提前进厂进行生产筹备工作所需的各项费用。内容包括提前进厂人员的基本工资、辅助工资、职工福利费、劳动保护费、养老保险费、失业保险费、医疗保险费、工伤保险费、生育保险费、住房公积金、教育经费、办公费、差旅交通费、会议费、技术图书资料费、零星固定资产购置费、低值易耗品摊销费、工具用具使用费、修理费、水电费、采暖费等，以及其他属于生产筹备期间应开支的费用。

枢纽工程按一至四部分建安工程量的0.15%～0.35%计算，大（1）型工程取小值，大（2）型工程取大值。

引水工程视工程规模参照枢纽工程计算。

河道工程、除险加固工程、田间工程原则上不计此项费用，若工程含有新建大型泵站、泄洪闸、船闸等建筑物时，按建筑物投资参照枢纽工程计算。

（2）生产职工培训费。生产职工培训费指生产及管理单位为保证生产、管理工作顺利进行，对工人、技术人员和管理人员进行培训所发生的费用。

按一至四部分建安工作量的0.35%～0.55%计算，枢纽工程、引水工程取中上限，河道工程取下限。

（3）管理用具购置费。管理用具购置费指为保证新建项目的正常生产和管理所必须购置的办公和生活用具等费用，包括办公室、会议室、资料档案室、阅览室、文娱室、医务室等公用设施需要配置的家具器具。

枢纽工程按一至四部分建安工作量的 0.04%～0.06%计算，大（1）型工程取小值，大（2）型工程取大值。

引水工程按建安工作量的 0.03%计算。

河道工程按建安工作量的 0.02%计算。

（4）备品备件购置费。备品备件购置费指工程在投产运行初期，由于易损件损耗和可能发生的事故，而必须准备的备品备件和专用材料的购置费，不包括设备价格中配备的备品备件。

按占设备费的 0.4%～0.6%计算。大（1）型工程取下限，其他工程取中、上限。

注：①设备费应包括机电设备、金属结构设备以及运杂费等全部设备费；②电站、泵站同容量、同型号机组超过一台时，只计算一台的设备费。

（5）工器具及生产家具购置费。工器具及生产家具购置费指按设计规定，为保证初期生产正常运行所必须购置的不属于固定资产标准生产工具、器具、仪表、生产家具等的购置费，不包括设备价格中已包括的专用工具。

工器具及生产家具购置费按占设备费的 0.1%～0.2%计算，枢纽工程取下限，其他工程取中、上限。

5. 科研勘测设计费

科研勘测设计费指工程建设所需的科研、勘测和设计等费用，包括工程科学研究试验费和工程勘测设计费。

（1）工程科学研究试验费。工程科学研究试验费指为保障工程质量，解决工程建设技术问题，而进行必要的科学研究试验所需的费用。

工程科学研究试验费按工程建安工作量的百分率计算，其中枢纽和引水工程取 0.7%，河道工程取 0.3%。

（2）工程勘测设计费。工程勘测设计费指工程从项目建议书阶段开始至以后各设计阶段发生的勘测费、设计费和为勘测设计服务的常规科研试验费，不包括工程建设征地移民设计、环境保护设计、水土保持设计各设计阶段发生的勘测设计费。

项目建议书、可行性研究阶段的勘测设计费及报告编制费：执行国家发展和改革委员会发改价格〔2006〕1352 号文颁布的《水利、水电工程建设项目前期工作工程勘察收费标准》和原国家计划委员会计价格〔1999〕1283 号文颁布的《建设项目前期工作咨询收费暂行规定》。

初步设计、招标设计及施工图设计阶段的勘测设计费：执行原国家计划委员会、建设部计价格〔2002〕10 号文颁布的《工程勘察设计收费标准》。

应根据所完成的相应勘察设计工作阶段确定工程勘察设计费，未发生的工作阶段不计相应阶段勘察设计费。

6. 其他

（1）工程保险费。工程保险费指工程建设期间，为使工程能在遭受水灾、火灾等自然灾害和意外事故造成损失后得到经济补偿，而对工程进行投保所发生的保险费用。

工程保险费按工程一至四部分投资合计的 4.5‰～5.0‰计算，田间工程原则上不计此项费用。

（2）其他税费。其他税费指按国家规定应缴纳的与工程建设有关的税费，按国家有关规定计取。

二、分年度投资及资金流量

（一）分年度投资

分年度投资是根据施工组织设计确定的施工进度和合理工期而计算出的工程各年度预计完成的投资额。

1. 建筑工程

（1）建筑工程分年度投资表应根据施工进度的安排，对主要工程按各单项工程分年度完成的工程量和相应的工程单价计算。对于次要的和其他工程，可根据施工进度，按各年所占完成投资的比例，摊入分年度投资表。

（2）建筑工程分年度投资的编制可视不同情况按项目划分列至一级项目或二级项目，分别反映各自的建筑工程量。

2. 设备及安装工程

设备及安装工程分年度投资应根据施工组织设计确定的设备安装进度计算各年预计完成的设备费和安装费。

3. 费用

根据费用的性质和费用发生的时段，按相应年度分别进行计算。

（二）资金流量

资金流量是为满足工程项目在建设过程中各时段的资金需求，按工程建设所需资金投入时间计算的各年度使用的资金量。资金流量表的编制以分年度投资表为依据，按建筑安装工程、永久设备购置费和独立费用三种类型分别计算。本资金流量计算办法主要用于初步设计概算。

1. 建筑及安装工程资金流量

（1）建筑工程可根据分年度投资表的项目划分，以各年度建筑工作量作为计算资金流量的依据。

（2）资金流量是在原分年度投资的基础上，考虑预付款、预付款的扣回、保留金和保留金的偿还等编制出的分年度资金安排。

（3）预付款一般可划分工程预付款和工程材料预付款两部分。

1）工程预付款按划分的单个工程项目的建安工作量的 10%～20%计算，工期在 3 年以内的工程全部安排在第一年，工期在 3 年以上的可安排在前两年。工程预付款的扣回从完成建安工作量的 30%起开始，按完成建安工作量的 20%～30%扣回至预付款全部回收完毕为止。

对于需要购置特殊施工机械设备或施工难度较大的项目，工程预付款可取大值，其他项目取中值或小值。

2）工程材料预付款。水利工程一般规模较大，所需材料的种类及数量较多，提前备料所需资金较大，因此考虑向施工企业支付一定数量的材料预付款。可按分年度投资中次年完成建安工作量的20%在本年提前支付，并于次年扣回，以此类推，直至本项目竣工。

（4）保留金。水利工程的保留金，按建安工作量的2.5%计算。在概算资金流量计算时，按分项工程分年度完成建安工作量的5%扣留至该项工程全部建安工作量的2.5%时终止（即完成建安工作量的50%时），并将所扣的保留金100%计入该项工程终止后一年（如该年已超出总工期，则此项保留金计入工程的最后一年）的资金流量表内。

2. 永久设备工程资金流量

永久设备工程资金流量计算，划分为主要设备和一般设备两种类型分别计算。

（1）主要设备的资金流量计算。主要设备为水轮发电机组、大型水泵、大型电机、主阀、主变压器、桥机、门机、高压断路器或高压组合电器、金属结构闸门启闭设备等。按设备到货周期确定各年资金流量比例，具体比例见表7-3。

（2）其他设备，其资金流量按到货前一年预付15%定金，到货年支付85%的剩余价款。

3. 独立费用资金流量

独立费用资金流量主要是勘测设计费的支付方式应考虑质量保证金的要求，其他项目则均按分年投资表中的资金安排计算。

（1）可行性研究和初步设计阶段勘测设计费按合理工期分年平均计算。

（2）施工图设计阶段勘测设计费的95%按合理工期分年平均计算，其余5%的勘测设计费用作为设计保证金，计入最后一年的资金流量表内。

表7-3 资 金 流 量 比 例

到货周期 \ 年份	第1年	第2年	第3年	第4年	第5年	第6年
1年	15%	75%*	10%			
2年	15%	25%	50%*	10%		
3年	15%	25%	10%	40%*	10%	
4年	15%	25%	10%	10%	30%*	10%

注 表中带*号的年份为设备到货年份。

三、预备费、建设期融资利息、静态总投资、总投资

（一）预备费

1. 基本预备费

基本预备费主要为解决在工程建设过程中，设计变更和有关技术标准调整增加的投资以及工程遭受一般自然灾害所造成的损失和为预防自然灾害所采取的措施费用。

计算方法：根据工程规模、施工年限和地质条件等不同情况，按工程一至五部分投资合计（依据分年度投资表）的百分率计算。

初步设计阶段为5.0%~8.0%，技术复杂、建设难度大的工程项目取大值，其他工程取中小值。

2. 价差预备费

价差预备费主要为解决在工程建设过程中，因人工工资、材料和设备价格上涨以及费

用标准调整而增加的投资。

计算方法：根据施工年限，以资金流量表的静态投资为计算基数。

按有关部门适时发布的年物价指数计算。计算公式为

$$E = \sum_{n=1}^{N} F_n \left[(1+P)^n - 1 \right] \tag{7-1}$$

式中　E——价差预备费；

　　　N——合理建设工期；

　　　n——施工年度；

　　　F_n——建设期间资金流量表内第 n 年的投资；

　　　P——年物价指数。

（二）建设期融资利息

根据国家财政金融政策规定，工程在建设期内需偿还并应计入工程总投资的融资利息。计算公式为

$$S = \sum_{n=1}^{N} \left[\left(\sum_{m=1}^{n} F_m b_m - \frac{1}{2} F_n b_n \right) + \sum_{m=1}^{n-1} S_m \right] i \tag{7-2}$$

式中　S——建设期融资利息；

　　　N——合理建设工期；

　　　n——施工年度；

　　　m——还息年度；

F_n、F_m——在建设期资金流量表内第 n、m 年的投资；

b_n、b_m——各施工年份融资额占当年投资比例；

　　　i——建设期融资利率；

　　　S_m——第 m 年的付息额度。

（三）静态总投资

一至五部分投资与基本预备费之和构成工程部分静态总投资，即工程建设项目的建筑工程费、机电设备及安装工程费、金属结构设备及安装工程费、施工临时工程费、独立费用和基本预备费之和构成工程部分静态总投资。编制工程部分总概算表时，在第五部分独立费用之后，应顺序计列以下项目：

（1）工程一至五部分投资。

（2）基本预备费。

（3）静态投资。

工程部分、建设征地移民补偿、环境保护工程、水土保持工程的静态投资之和构成静态总投资。

（四）总投资

静态总投资、价差预备费和建设期融资利息之和构成总投资。

编制工程概算总表时，在工程投资总计中应顺序计列以下项目：静态总投资（汇总各部分静态投资）、价差预备费、建设期融资利息、总投资。

第四节　某水利枢纽工程概算编制案例

一、编制说明

(一) 工程概况

×××水电站位于 H 省 Z 县境内,下距 Z 县城公路里程 15km,Z 县至 S 市 170km (经 F 县),对外交通方便。

电站装机容量 500MW,安装 2 台单机容量为 250MW 的混流式水轮发电机组,工程主要枢纽建筑物由钢筋混凝土面板堆石坝、溢洪道、泄洪洞、引水系统、地面厂房等组成,为一等大 (1) 型工程。

工程总工期为 3 年 7 个月 (不含筹建期),其主体建筑主要工程量为:土石方明挖 348.60 万 m^3,石方洞挖 29.58 万 m^3,土石方填筑 322.94 万 m^3,混凝土 44.87 万 m^3,固结灌浆 6.00 万 m,钢筋 2.20 万 t。

工程建设由×××公司投资。资本金为工程总投资的 20%。

(二) 投资主要指标

本工程静态总投资为 141746.19 万元,其中:建筑工程 58821.82 万元,机电设备及安装工程 36594.02 万元,金属结构设备及安装工程 9349.70 万元,施工临时工程 14632.23 万元,独立费用 14325.05 万元,基本预备费 8023.37 万元。工程总投资 171569.39 万元,其中:价差预备费 11868.62 万元,建设期贷款利息 17954.58 万元。

(三) 编制原则及依据

(1) 初步设计概算按 2016 年上半年的价格水平编制。

(2) 根据水利部水总〔2014〕429 号文颁发的《水利工程设计概 (估) 算编制规定》制定的"某水利枢纽工程初步设计概算编制大纲",作为概算编制的指导原则。

(3) 概算编制依据。

1) 水利部水总〔2002〕116 号文颁布的《水利工程施工机械台时费定额》。

2) 水利部水建管〔1999〕523 号文关于发布《水利水电设备安装工程预算定额》和《水利水电设备安装工程概算定额》的通知。

3) 设计概算编制的有关文件和标准。

(4) 采用定额。

1) 建筑工程执行水利部水规〔2002〕116 号文颁发的《水利建筑工程概算定额》。

2) 设备安装工程执行水利部水建管〔1999〕523 号文颁发的《水利水电设备安装工程概算定额》。

3) 施工机械台时费执行水利部水规〔2002〕116 号文颁发的《水利工程施工机械台时费定额》。

定额不足部分,参考有关资料并结合本工程特点编制补充定额。

(5) 费用标准。

1) 人工预算单价:人工预算单价执行水利部水总〔2014〕429 号文颁发的《水利工

程设计概（估）算编制规定》，按枢纽工程三类地区标准取值：工长 12.26 元/工时；高级工 11.38 元/工时；中级工 9.62 元/工时；初级工 6.84 元/工时。

2）主要材料预算价格。主要材料原价，根据设计选定的供应地或供应厂家按调查价格或询价进行确定。

水泥：由 J 水泥厂在 S 市的转运站供应，公路运输。

钢材：由 S 市钢材市场供应，公路运输。钢板由 W 市由火车运至 S 市，再转公路运至工地。铁路运输价格执行国家发展和改革委员会、铁道部发改价格〔2005〕477 号文《关于适当调整铁路货物运输价格的通知》。

木材：Z 县供应，公路运输。板枋材在工地自行加工，出材率 65%，加工费 50元/m³。

油料：由 H 省中石化公司 Z 县支公司供应，公路运输。

火工材料：由 S 市民爆经销企业供应，公路运输。其原价执行国家发展和改革委员会发改价格〔2005〕841 号文《关于调整民用爆破器材产品出厂价格的通知》，并根据 H 省物价局"关于印发《H 省民用爆破器材销售作价（试行）办法》的通知"计取仓储费、管理费、财务费、劳务费、税金及利润等。

本工程主要材料价格资料见表 7-14。

3）施工机械使用费：按台时计算，执行水利部水规〔2002〕116 号文颁发的《水利工程施工机械台时费定额》。

4）施工用电、风、水预算单价，计算详见概算附件。

5）取费标准，见表 7-4。

表 7-4　　　　　　　　　　　　　间 接 费 取 费 标 准 表

序号	工 程 类 别	计算基础	间接费费率/%		
			枢纽工程	引水工程	河道工程
一	建筑工程				
1	土方工程	直接费	7	4～5	3～4
2	石方工程	直接费	11	9～10	7～8
3	砂石备料工程（自采）	直接费	4	4	4
4	模板工程	直接费	8	6～7	5～6
5	混凝土浇筑工程	直接费	8	7～8	6～7
6	钢筋制安工程	直接费	5	4	4
7	钻孔灌浆工程	直接费	9	8～9	8
8	锚固工程	直接费	9	8～9	8
9	疏浚工程	直接费		6	5～6
10	掘进机施工隧洞工程（1）	直接费	3	3	3
11	掘进机施工隧洞工程（2）	直接费	5	5	5
12	其他工程	直接费	9	7～8	6
二	机电、金属结构设备及安装工程	人工费	75	70	70

6）设备费。主要机电设备、金属结构设备价格根据设计提供的型号、规格，参考国内类似规模电站招标价格和其他类似工程概算价格，分析目前市场价格水平后确定。

（四）概算编制中存在的其他应说明的问题

建设征地移民补偿、环境保护、水土保持工程部分概算编制，该部分政策性较强，可按照相关编制办法及计算标准、相关政策规定计算，本设计概算暂不计入。

基本预备费，按建筑工程、机电设备及安装工程、金属结构设备及安装工程、施工临时工程工程、独立费用之和的 6% 计算。

价差预备费，根据《关于加强对基本建设大中型项目概算中"价差预备费"管理有关问题的通知》（计投资〔1999〕1340 号）的精神，物价指数按 0 计。此处为了说明问题，按物价指数 3% 计算。

工程建设由×××公司投资。资本金为工程总投资的 20%。建设期贷款利息以静态总投资扣除资本金后的分年投资为基数，逐年计算。从工程筹建期开始计息，按贷款年名义利率 5% 计算。

（五）主要技术经济指标表（略）

二、概算表（工程部分）

（一）总概算表及分部概算表

总概算表及分项概算表见表 7-5～表 7-11。

表 7-5　　　　　工 程 部 分 总 概 算 表　　　　　单位：万元

编号	工程或费用名称	建安工程费	设备购置费	独立费用	合计	占一至五部分投资合计的比例
	第一部分　建筑工程	58821.82			58821.82	43.99%
一	挡水工程	12828.84			12828.84	
二	泄洪工程	18747.81			18747.81	
三	引水工程	11466.24			11466.24	
四	发电厂工程	13334.62			13334.62	
五	升压变电站工程	564.71			564.71	
六	交通工程	950.00			950.00	
七	房屋建筑工程	517.44			517.44	
八	其他建筑工程	412.16			412.16	
	第二部分　机电设备及安装工程	2467.20	34126.82		36594.02	27.37%
一	发电设备及安装工程	1625.24	26984.05		28609.28	
二	升压变电设备及安装工程	192.81	5002.80		5195.61	
三	公用设备及安装工程	649.16	2139.97		2789.13	
	第三部分　金属结构设备及安装工程	2847.57	6502.14		9349.70	6.99%
一	泄洪工程	386.47	3739.84		4126.32	
二	引水工程	2396.18	2320.75		4716.93	
三	发电厂工程	64.91	441.54		506.45	

编号	工程或费用名称	建安工程费	设备购置费	独立费用	合计	占一至五部分投资合计的比例
	第四部分 施工临时工程	14632.23			14632.23	10.94%
一	导流工程	7277.22			7277.22	
二	施工交通工程	2650.00			2650.00	
三	施工供电工程	611.17			611.17	
四	施工房屋建筑工程	1430.16			1430.16	
五	其他施工临时工程	2663.68			2663.68	
	第五部分 独立费用			14325.05	14325.05	10.71%
一	建设管理费			4969.22	4969.22	
二	工程建设监理费			2402.36	2402.36	
三	联合试运转费			88	88.00	
四	生产准备费			648.39	648.39	
五	科研勘测设计费			5812.62	5812.62	
六	其他			404.46	404.46	
	一至五部分投资合计				133722.82	100.00%
	基本预备费				8023.37	
	静态总投资				141746.19	
	价差预备费				11868.62	
	建设期利息				17954.58	
	总投资				171569.39	

表 7-6　　　　　　　　　　　建 筑 工 程 概 算 表

编号	工程或费用名称	单位	数量	单价/元	合价/万元
	第一部分 建筑工程				58821.82
一	挡水工程				12828.84
1	拦河堆石坝工程				12828.84
	土方开挖	m³	97100	14.60	141.77
	石方明挖	m³	358400	32.35	1159.42
	灌浆洞石方洞挖	m³	1800	194.71	35.05
	上游抛填粉土	m³	54100	13.30	71.95
	垫层料填筑（来自料场）	m³	89400	18.80	168.07
	过渡料填筑（来自料场）	m³	143500	38.17	547.74
	上游抛填石渣	m³	85990	8.70	74.81
	主堆石填筑（来自料场）	m³	1229120	44.06	5415.50
	次堆石填筑（利用料上坝）	m³	878140	6.61	580.45
	下游干砌石护坡（来自料场）	m³	25250	80.71	203.79

续表

编号	工程或费用名称	单位	数量	单价/元	合价/万元
	趾板混凝土 C25，二级配	m³	2480	385.41	95.58
	面板混凝土 C25，二级配	m³	20100	412.35	828.82
	防浪墙混凝土 C20，二级配	m³	3200	381.69	122.14
	灌浆平洞底板混凝土 C20，二级配	m³	148	363.66	5.38
	喷混凝土 C20	m³	1760	624.03	109.83
	钢筋制安	t	2075	7607.47	1578.55
	锚杆 ϕ28mm，L＝5m	根	4200	216.42	90.90
	帷幕灌浆	m	21000	532.87	1119.03
	固结灌浆	m	8100	245.78	199.08
	细部结构工程	m³	2531280	1.11	280.97
二	泄洪工程				18747.81
1	溢洪道工程				13207.38
	土方开挖	m³	255200	13.55	345.80
	石方明挖	m³	1681000	30.92	5197.65
	溢洪道混凝土 C25，二级配	m³	65180	435.08	2835.85
	溢洪道混凝土 C30，二级配	m³	17707	456.91	809.05
	喷混凝土	m³	6850	624.03	427.46
	预应力锚索 3500kN，L＝25m	束	90	19214.13	172.93
	预应力锚索 1200kN，L＝8m	束	14	4717.84	6.60
	预应力锚索 1200kN，L＝10.5m	束	14	5456.45	7.64
	钢筋制安	t	3263	7607.47	2482.32
	锚杆 ϕ28mm，L＝5m	根	12099	216.42	261.85
	镀锌铅丝网	m²	50035	25.00	125.09
	固结灌浆	m	15278	245.78	375.50
	细部结构工程	m³	89737	17.79	159.64
2	泄洪洞工程				5540.43
	土方开挖	m³	35000	13.55	47.43
	石方明挖	m³	151100	35.54	537.01
	石方洞挖	m³	74300	75.89	563.86
	进水塔混凝土 C25，二级配	m³	24118	398.13	960.21
	隧洞衬砌混凝土 C30，二级配	m³	13868	467.19	647.90
	喷混凝土	m³	2748	648.71	178.27
	钢筋制安	t	2868	7607.47	2181.82
	锚杆 ϕ28mm，L＝8m	根	1876	341.49	64.06
	锚杆 ϕ25mm，L＝5m	根	2282	190.85	43.55
	固结灌浆	m	14813	172.32	255.26

续表

编号	工程或费用名称	单位	数量	单价/元	合价/万元
	细部结构工程	m³	40734	14.99	61.06
三	引水工程				11466.24
1	进水口				7061.03
	土方开挖	m³	60840	11.23	68.32
	石方明挖	m³	243360	31.09	756.61
	进水口混凝土 C20，二级配	m³	68100	370.89	2525.76
	喷混凝土	m³	3921	624.03	244.68
	钢筋制安	t	3995	7607.47	3039.18
	锚杆 ϕ32mm，L=8m	根	2856	409.03	116.82
	锚杆 ϕ28mm，L=6m	根	4120	260.00	107.12
	锚桩 3ϕ28mm，L=25m	根	100	6764.29	67.64
	细部结构工程	m³	72021	18.73	134.90
2	引水隧洞工程				4405.20
	石方斜洞开挖	m³	10500	136.78	143.62
	石方平洞开挖	m³	48500	103.51	502.02
	斜洞混凝土衬砌 C25，二级配	m³	3763	487.59	183.48
	平洞混凝土衬砌 C25，二级配	m³	22500	464.31	1044.70
	钢筋制安	t	2710	7607.47	2061.62
	回填灌浆	m²	10770	73.19	78.83
	固结灌浆	m	19725	172.32	339.90
	接缝灌浆	m²	1506	77.45	11.66
	细部结构工程	m³	26263	14.99	39.37
四	发电厂工程				13334.62
1	地面厂房工程				12706.90
	土方开挖	m³	75107	14.21	106.73
	石方明挖	m³	300428	38.72	1163.26
	石渣回填	m³	106860	7.72	82.50
	地面厂房混凝土	m³	110700	592.71	6561.30
	喷混凝土	m³	3220	624.03	200.94
	钢筋制安	t	4650	7607.47	3537.47
	钢桁架	t	60	15000.00	90.00
	固结灌浆	m	2100	245.78	51.61
	锚杆 ϕ32mm，L=8m	根	4789	402.02	192.53
	锚桩 3ϕ28mm，L=25m	根	145	6764.29	98.08
	砖砌体	m³	980	270.00	26.46
	混凝土预制屋面结构	m²	2998	600.00	179.88

续表

编号	工程或费用名称	单位	数量	单价/元	合价/万元
	细部结构工程	m³	113920	36.53	416.15
2	尾水渠工程				627.72
	土方开挖	m³	4553	14.21	6.47
	石方明挖	m³	18212	38.72	70.52
	混凝土 C15，二级配	m³	16500	273.27	450.90
	钢筋制安	t	52	7607.47	39.56
	细部结构工程	m³	16500	36.53	60.27
五	升压变电站工程				564.71
1	升压变电站工程				564.71
	石渣填筑	m³	127240	7.72	98.23
	混凝土 C25，二级配	m³	5500	526.29	289.46
	钢筋制安	t	209	7607.47	159.00
	细部结构工程	m³	5500	32.78	18.03
六	交通工程				950.00
1	公路工程				950.00
	1 号进厂混凝土道路（宽 9m）	km	0.4	3500000	140.00
	2 号左岸上坝泥结石道路（宽 7m）	km	1.5	2800000	420.00
	10 号右岸上坝泥结石道路（宽 9m）	km	1.3	3000000	390.00
七	房屋建筑工程				517.44
	生产、办公房屋建筑	m²	1140	900	102.60
	宿舍、文化福利建筑				347.35
	室外工程				67.49
八	其他建筑工程				412.16
	动力线路工程	项	1	900000	90.00
	照明线路工程	项	1	100000	10.00
	厂坝区供水、排水工程	项	1	500000	50.00
	水文、水情监测工程	项	1	1300000	130.00
	地震监测站工程	项	1	1000000	100.00
	其他工程	项	1		32.16

表 7-7　　　　　　　　　　机电设备及安装工程概算表

序号	名称及规格	单位	数量	单价/元		合计/万元	
				设备费	安装费	设备费	安装费
	第二部分　机电设备及安装工程					34126.82	2467.20
一	发电设备及安装工程					26984.05	1625.24
1	水轮机设备及安装工程					10328.05	406.07

序号	名称及规格	单位	数量	单价/元		合计/万元	
				设备费	安装费	设备费	安装费
	水轮机 700t/台	台	2	48750000	1309994.04	9750.00	262.00
	调速器 PID 4.0MPa	台	2	1450000	60373.59	290.00	12.07
	油压装置 YS－12.5－4.0	台	2	600000	41785.77	120.00	8.36
	自动化元件	套	2	700000		140.00	0.00
	透平油	t	51.00	5500		28.05	0.00
2	发电机设备及安装					15420.00	468.08
	发电机 1425t/台	台	2	74100000	2340390.56	14820.00	468.08
	励磁装置（含励磁变压器）	套	2	2500000		500.00	0.00
	自动化元件	套	2	500000		100.00	0.00
3	起重设备及安装					700.20	71.27
	桥式起重机，2×350t/50t，250t/台	台	1	6750000	446689.67	675.00	44.67
	起吊平衡梁，2×350t，12t	套	1	252000		25.20	0.00
	轨道 QU120	双 10m	9.40		24416.98	0.00	22.95
	滑触线	三相 10m	9.40		3882.86	0.00	3.65
4	水力机械辅助设备及安装工程					535.80	679.82
	……	……	……		……	……	……
二	升压变电设备及安装工程					5002.80	192.81
1	主变压器及设备安装					4033.00	121.07
	单相双卷变压器 DFP－100000/220	台	6	2800000	97555.66	1680.00	58.53
	单相双卷变压器 DFP－300000/500	台	3	7800000	136280.03	2340.00	40.88
	中性点避雷器 Y1.5W－144/320W	台	2	20000		4.00	0.00
	中性点隔离开关 400A，单相	台	2	5000		1.00	0.00
	中性点电流互感器 110kV，400/5A	台	4	20000		8.00	0.00
	主变压器轨道 43kg/m	双 10m	20.00		10827.04	0.00	21.65
2	高压电气及设备安装工程					969.80	4.80
	……	……	……		……	……	……
3	一次拉线					0.00	66.93
	……	……	……		……	……	……
三	公用设备及安装工程					2139.97	649.16
1	通信设备及安装工程					265.00	242.48
（1）	光缆通信					80.00	234.31
	光纤通信设备	套	2	400000	3647.03	80.00	0.73
	OPGW 光缆 6 芯 单模	km	20.00		33827.72	0.00	67.66
	OPGW 光缆 8 芯 单模	km	45.00		36872.72	0.00	165.93
（2）	载波通信					90.00	1.50

序号	名称及规格	单位	数量	单价/元		合计/万元	
				设备费	安装费	设备费	安装费
	500kV 电力载波系统	套	2	450000	7514.29	90.00	1.50
(3)	生产调度通信					95.00	6.67
	数字式程控交换机 400 门	套	1	850000	66681.76	85.00	6.67
	通信设备测试仪器仪表	套	1	100000		10.00	0.00
2	通风采暖设备及安装工程					19.82	17.25
	……	……	……		……	……	……
3	机修设备及安装工程					56.27	0.00
	……	……	……		……	……	……
4	计算机监控系统					900.00	74.36
	计算机监控系统设备	套	1	9000000	743608.88	900.00	74.36
5	工业电视系统					200.00	0.00
	工业电视设备	套	1	2000000		200.00	0.00
6	全厂接地、保护网					0.00	42.49
	接地扁钢	t	3.00		13142.87	0.00	3.94
	接地处理	项	1		300000	0.00	30.00
	避雷针	t	6.50		13142.87	0.00	8.54
7	坝区馈电设备及安装工程					22.00	0.00
	坝顶变压器 SC10 - 400/10	台	2	110000		22.00	0.00
8	供水、排水设备及安装工程	项	1	300000		30.00	0.00
9	水文、水情、泥沙监测设备					150.00	30.00
	水情自动测报系统	套	1	1500000	300000	150.00	30.00
10	外部观测设备及安装工程					496.88	242.57
	监测设备及安装	项	1	4968805.28	2425749	496.88	242.57

表 7 - 8　　　　　　　　　　金属结构设备及安装工程概算表

编号	名称及规格	单位	数量	单价/元		合计/万元	
				设备费	安装费	设备费	安装费
	第三部分　金属结构设备及安装工程					6502.14	2847.57
一	泄洪工程					3739.84	386.47
1	闸门设备及安装					2189.14	265.43
(1)	溢洪道					1795.09	221.66
	弧形工作门，300t/扇	t	900.00	14000.00	1676.73	1260.00	150.91
	埋件，15t/副	t	45.00	13500.00	2725.90	60.75	12.27
	平面叠梁检修门，240t/扇	t	240.00	12000.00	1626.56	288.00	39.04
	埋件，25t/副	t	75.00	11000.00	2593.82	82.50	19.45

续表

编号	名称及规格	单位	数量	单价/元		合计/万元	
				设备费	安装费	设备费	安装费
	运杂费			6.14%		103.84	
(2)	泄洪洞					394.04	43.77
	弧形工作门，125t/扇	t	125.00	14000.00	1102.87	175.00	13.79
	埋件，35t/副	t	15.00	13500.00	2593.82	20.25	3.89
	平板检修门，110t/扇	t	110.00	12000.00	1428.49	132.00	15.71
	埋件，40t/副	t	40.00	11000.00	2593.82	44.00	10.38
	运杂费			6.14%		22.79	
2	启闭设备及安装					1550.71	121.04
(1)	溢洪道					1159.05	92.80
	液压启闭机，70t/台	台	3.00	2940000.00	187923.32	882.00	56.38
	单向门机，140t/台	台	1.00	2100000.00	154197.69	210.00	15.42
	轨道 QU120	双10m	8.60		24416.98		21.00
	运杂费			6.14%		67.05	
(2)	泄洪洞					391.66	28.25
	卷扬式启闭机，100t/台	台	1.00	1800000.00	133840.23	180.00	13.38
	液压启闭机，45t/台	台	1.00	1890000.00	148643.30	189.00	14.86
	运杂费			6.14%		22.66	
二	引水工程					2320.75	2396.18
1	闸门设备及安装					558.30	80.87
(1)	检修平板闸门，110t/扇	t	110.00	12000.00	1437.34	132.00	15.81
(2)	埋件，30t/副	t	60.00	11000.00	2593.82	66.00	15.56
(3)	工作平板闸门，100t/扇	t	200.00	12000.00	1437.34	240.00	28.75
(4)	埋件 40t/副	t	80.00	11000.00	2593.82	88.00	20.75
(5)	运杂费			6.14%		32.30	
2	启闭设备及安装					1384.07	120.03
(1)	双向门机，500t/台	台	1.00	8000000.00	505333.97	800.00	50.53
(2)	液压启闭机，60t/台	台	2.00	2520000.00	164364.48	504.00	32.87
(3)	轨道 QU120	双10m	15.00		24416.98		36.63
(4)	运杂费			6.14%		80.07	
3	拦污设备及安装					378.39	44.95
(1)	拦污栅	t	280.00	10000.00	882.06	280.00	24.70
(2)	埋件	t	85.00	9000.00	2383.17	76.50	20.26
(3)	运杂费			6.14%		21.89	
4	钢管制作及安装						2150.32
(1)	钢管制作及安装	t	1847.00		11642.25		2150.32

编号	名称及规格	单位	数量	单价/元		合计/万元	
				设备费	安装费	设备费	安装费
三	发电厂工程					441.54	64.91
1	闸门设备及安装					250.49	36.80
(1)	检修门，40t/扇	t	160.00	11000.00	1277.59	176.00	20.44
(2)	埋件，15t/副	t	60.00	10000.00	2725.90	60.00	16.36
(3)	运杂费			6.14%		14.49	
2	启闭设备及安装					191.05	28.12
(1)	单向门机，120t/台	台	1.00	1800000.00	124882.47	180.00	12.49
(2)	轨道 QU120	双10m	6.40		24416.98		15.63
(3)	运杂费			6.14%		11.05	

表 7-9 　　　　　　　　　　施工临时工程概算表

编号	工程或费用名称	单位	数量	单价/元	合计/万元
	第四部分　施工临时工程				14632.23
一	导流工程				7277.22
1	导流洞工程				6215.49
	石方明挖	m³	149274	30.58	456.48
	石方洞挖	m³	160742	69.26	1113.30
	混凝土衬砌	m³	20856	423.42	883.08
	导流洞洞口混凝土	m³	12500	388.96	486.20
	混凝土喷护	m³	2100	624.03	131.05
	钢筋制安	t	2200	7607.47	1673.64
	锚杆 $\phi28mm$，$L=4.5m$	根	6500	216.42	140.67
	回填灌浆	m	12120	80.16	97.15
	封堵混凝土	m³	8845	350	309.58
	浆砌石	m³	3200	163.63	52.36
	导流洞封堵闸门及埋件	t	360	11000	396.00
	导流洞封堵用固定卷扬式启闭机	t	100	18000	180.00
	其他	%	5.00	59195169.56	295.98
2	土石围堰工程				1061.72
(1)	上游围堰				668.62
	黏土填筑	m³	66190	18.68	123.64
	反滤料填筑	m³	5500	79.85	43.92
	石渣填筑	m³	248100	10.56	261.99
	干砌块石	m³	6588	80.71	53.17

续表

编号	工程或费用名称	单位	数量	单价/元	合计/万元
	旋喷防渗墙，厚 0.8m	m²	2100	885.25	185.90
（2）	下游围堰				393.10
	黏土填筑	m³	11063	18.68	20.67
	反滤料填筑	m³	1800	79.85	14.37
	石渣填筑	m³	41000	10.56	43.30
	干砌块石	m³	3005	80.71	24.25
	旋喷防渗墙，厚 0.8m	m²	2050	885.25	181.48
	钢筋石笼	m²	2200	154.68	34.03
	围堰拆除	m³	56868	13.19	75.01
二	施工交通工程				2650.00
	7～9 号右岸填筑道路，泥结碎石，宽 9.0m	km	2	2500000	500.00
	13 号料场采运道路，泥结碎石，宽 9.0m	km	2	2500000	500.00
	3 号左岸出渣道路，泥结碎石，宽 7.0m	km	0.5	2000000	100.00
	4～6 号、11 号右岸出渣道路，泥结碎石，宽 7.0m	km	3	1700000	510.00
	12 号砂石系统进料道路，泥结碎石，宽 7.0m	km	1	1700000	170.00
	导流洞施工道路，宽 7m	km	3	1200000	360.00
	其他施工道路，泥结碎石，宽 7.0m	km	3	1700000	510.00
三	施工供电工程				611.17
	35kV 供电线路	km	15	200000	300.00
	10kV 供电线路	km	7	120000	84.00
	6.3kV 供电线路	km	3	80000	24.00
	35kV 施工变电站	座	1	2000000	200.00
四	施工房屋建筑工程				1430.16
1	场地平整				478.92
	土方开挖	m³	6780	8.62	5.84
	石方开挖	m³	15820	19.57	30.96
	土石方回填	m³	52200	3.08	16.08
	M7.5 浆砌块石	m³	16130	163.63	263.94
	C15 混凝土（地坪）	m³	5800	279.49	162.10
2	施工仓库及辅助加工厂				951.24
	施工仓库	m²	2800	300	84.00
	辅助加工厂	m²	3200	350	112.00
	办公、生活及文化福利建筑	万元			755.24
五	其他施工临时工程				2663.68

表 7 - 10 　　　　　独 立 费 用 概 算 表

编号	工程或费用名称	单位	数量	单价/元	合价/万元
	第五部分　独立费用				
一	建设管理费	项	1		4969.22
二	工程建设监理费	项	1		2402.36
三	联合试运转费	台	2	44	88.00
四	生产准备费				648.39
1	生产及管理单位提前进厂费	项	1		118.15
2	生产职工培训费	项	1		315.08
3	管理用具购置费	项	1		31.51
4	备品备件购置费	项	1		143.02
5	工器具及生产家具购置费	项	1		40.63
五	科研勘测设计费	项	1		5812.62
1	工程科学研究试验费	项	1		551.38
2	工程勘测设计费	项	1		5261.24
六	其他				404.46
1	工程保险费	项	1		354.46
2	其他税费	项	1		50.00
	合计				14325.05

表 7 - 11 　　　　　分 年 度 投 资 表 　　　　　单位：万元

序号	项 目 名 称	合 计	建 设 工 期/年				
			1	2	3	4	5
1	第一部分　建筑工程	58821.82	2284.47	22003.55	24424.67	8658.75	1450.39
2	第二部分　机电设备及安装工程	36594.02	0.00	5007.21	23366.99	6037.63	2182.19
3	第三部分　金属结构设备及安装工程	9349.70	0.00	2592.44	4010.23	2747.02	0.00
4	第四部分　临时工程	14632.23	12295.03	2337.20	0.00	0.00	0.00
5	第五部分　独立费用	14325.05	1774.18	3802.27	5146.50	2780.99	821.11
6	一至五部分合计	133722.82	16353.68	35742.68	56948.39	20224.39	4453.69
7	基本预备费	8023.37	992.92	2101.26	3441.30	1211.57	276.33
8	静态总投资	141746.19	17346.60	37843.94	60389.69	21435.95	4730.01
9	价差预备费	11868.62	520.40	2304.70	5599.75	2690.40	753.37
10	建设期融资利息	17954.58	357.34	1535.52	3735.06	5724.13	6602.53
11	总投资	171569.39	18224.34	41684.15	69724.50	29850.48	12085.91

（二）概算附表

概算附表见表 7 - 12～表 7 - 19。

表 7 - 12　　　　　　　　　　　　　　　**建筑工程单价汇总表**　　　　　　　　　　　　单位：元

单价编号	工程名称	单位	单价	其　中							
				人工费	材料费	机械费	材料补差	综合取费			
								其他直接费	间接费	利润	税金
006	坝基土方开挖	m³	14.30	0.14	0.42	10.48		3.26			
007	石渣运输	m³	40.64	1.18	0.59	28.48		10.39			
008	浆砌石	m³	236.24	69.94	102.89	3.04		60.37			
009	反滤料运输	m³	15.20	0.18	0.11	11.02		3.89			
010	反滤料填筑	m³	81.54	1.42	39.82	19.46		20.84			
	……										

表 7 - 13　　　　　　　　　　　　　　　**安装工程单价汇总表**　　　　　　　　　　　　单位：元

单价编号	名称	单位	单价	其　中									税金
				人工费	材料费	机械使用费	装置性材料费	其他直接费	间接费	利润	材料补差	未计价装置性材料费	
011	竖轴混流式水轮机	台	1928183.71	735248.14	225661.53	122007.7	—	110457.57	551436.11	122136.77			61235.89
012	计算机监控系统	%	716997.34	270000	45000	54000	36000	41310	202500	45416.7			22770.64
	……												

表 7 - 14　　　　　　　　　　　　　　　**主要材料预算价格汇总表**　　　　　　　　　　　　单位：元

编号	材料名称及规格	单位	预算价格	其　中			
				原价	运杂费	运输保险费	采购及保管费
1	普通硅酸盐水泥 425 号（袋装）	t	435.32	288.00	132.41	2.30	12.61
2	普通硅酸盐水泥 525 号（袋装）	t	510.06	360.00	132.41	2.88	14.77
3	普通钢板	t	4829.36	4510.00	189.29	36.08	93.99
4	钢板 16Mn δ＝34～36mm	t	5343.36	5010.00	189.29	40.08	103.99
5	普通钢筋	t	4231.28	3980.00	137.10	31.84	82.34
6	钢筋 HPB300φ16～18mm	t	3789.24	3550.00	137.10	28.40	73.74
7	钢筋 HRB400φ20～25mm	t	3686.44	3450.00	137.10	27.60	71.74
8	2 号岩石铵梯炸药	t	6644.83	6286.01	147.69	50.29	160.84
9	4 号抗水岩石铵梯炸药	t	7302.00	6922.18	147.69	55.38	176.75
10	柴油 0 号	t	4932.67	4779.00	19.47	38.23	95.97
11	汽油 90 号	t	5637.38	5463.00	21.00	43.70	109.68
12	杉原木 1	m³	891.49	850.00	19.75	0.00	21.74
13	松原木 2	m³	788.99	750.00	19.75	0.00	19.24

表 7－15　　　　　　　　　　次要材料预算价格汇总表

编号	材料名称及规格	单位	原价/元	杂费/元	预算价格/元
1	钢管	m	13.62	0.93	14.55
2	工作锚具 QM15－7	套	288.00	18.00	306.00
3	锚具 OVM15－7	套	230.00	15.00	245.00
4	铜电焊条	kg	35.50		35.50
	……				

表 7－16　　　　　　　　　　施工机械台时费汇总表　　　　　　　　　　单位：元

编号	名称及规格	台时费	其中					
			折旧费	修理及替换设备费	安装拆卸费	人工费	动力燃料费	其他
1	轮式装载机　2m³	139.59	15.96	14.46	1.28	9.41	98.48	
2	振动碾　拖式　14t	62.88	10.76	7.8			44.32	
3	风水枪　耗风量　2～6m³/min	24.21	0.23	0.69			23.29	
4	汽车起重机　柴油型　起重量　15t	159.54	32.43	39.45		18.72	68.94	
5	轴流通风机　功率　55kW	54.57	4.65	8.11	1.39	6.47	33.95	
6	单斗挖掘机液压　2m³	272.86		147.3		25.974	99.586	
7	推土机　59kW	88.81		24.31		23.088	41.412	
	……							

表 7－17　　　　　　　　　　主要工程量汇总表

编号	工程项目	土石方明挖/m³	石方洞挖/m³	土石填筑/m³	混凝土/m³	钢筋/t	固结灌浆/m
	第一部分 建筑工程	3280300.00	135100.00	2739600.00	392363.00	19822.00	60016.00
一	挡水工程	455500.00	1800.00	2505500.00	27688.00	2075.00	8100.00
二	泄洪工程	2122300.00	74300.00		130471.00	6131.00	30091.00
三	引水工程	304200.00	59000.00		98284.00	6705.00	19725.00
四	发电厂工程	398300.00		106860.00	130420.00	4702.00	2100.00
五	升压变电站工程			127240.00	5500.00	209.00	
……	……	……	……	……	……	……	……
	第四部分 施工临时工程	205674.00	160742.00	489846.00	56341.00	2200.00	
一	导流工程	160474.00	160742.00	385446.00	44741.00	2200.00	
二	施工交通工程	22600.00		52200.00	5800.00		
三	施工房屋建筑工程	22600.00		52200.00	5800.00		
	合计	3485974.00	295842.00	3229446.00	448704.00	22022.00	60016.00

表 7 - 18　　　　　　　　　　　　　　　　主要材料用量汇总表

序号	材料名称	单位	合计	施工临时工程	建筑工程	机电设备安装工程	金结设备安装工程
1	水泥	t	162726.70	22725.11	140001.59		
2	钢筋	t	25905.02	2696.82	23208.20		
3	钢材	t	349.36			132.70	216.65
4	木材	m³	8885.82	173.80	8556.16	46.88	108.98
5	柴油	t	9695.06	949.48	8662.79	8.85	73.94
6	炸药	t	1957.00	282.16	1674.84		

表 7 - 19　　　　　　　　　　　　　　　　工 时 数 量 汇 总 表

序号	项目	单位	合计	施工临时工程	建筑工程	机电设备安装工程	金结设备安装工程
1	工长	工时	798028.09	44907.53	649519.17	58917.97	44683.42
2	高级工	工时	5449522.55	398160.36	4145786.37	444896.36	460679.46
3	中级工	工时	5892701.15	512966.06	4802401.07	288520.64	288813.38
4	初级工	工时	6928259.60	1067156.96	5583748.39	147268.35	130085.90
	合计		19068511.39	2023190.91	15181455.00	939603.32	924262.16

（三）概算附件

1. 附件一　人工预算单价计算

人工预算单价执行水利部水总〔2014〕429 号文颁发的《水利工程设计概（估）算编制规定》，按枢纽工程三类地区标准取值：工长 12.26 元/工时；高级工 11.38 元/工时；中级工 9.62 元/工时；初级工 6.84 元/工时。

2. 附件二　主要材料运输费计算

本工程的主要材料有钢材、水泥、民用爆破材料、油料等。此处不一一计算，仅以水泥的运输费加以说明。

水泥由 J 水泥厂在 S 市的转运站供应。从 S 市的转运站经 F 县至 Z 县，再运到工地的公路运输距离 185km。经调查，水泥 0.65 元/(t·km)，装卸费为 5 元/(t·次)，S 市经 F 县至 Z 县的收费站的收费可按 0.85 元/(t·次) 计取（返空暂不计取）。

水泥运杂费＝185×0.65＋5×2＋0.85＝131.10（元/t）。

3. 附件三　主要材料预算价格计算

主要材料预算价格计算见表 7 - 20。

4. 附件四　施工用电、风、水单价计算

（1）施工用电价格。施工用电由某电网供电 98%，自备柴油发电机供电 2%。电网电价 0.69 元/(kW·h)，高压输电线路损耗率 5%，电网、自发电的变配电设备及输电线路损耗率分别取 8%、6%，供电设施维修摊销费 0.02 元/(kW·h)，厂用电率取 5%。柴油发电机总容量为 245kW，其中 1 台 85kW 移动式柴油发电机，1 台 160kW 固定式柴油发电机；以上两种发电机的机械台时费分别为 116.14 元/台时、184.50 元/台时。柴油发

表 7-20

主要材料预算价格计算表

编号	名称及规格	单位	单位毛重/t	每吨运费/元	原价	包装费	运杂费	采购及保管费	运到工地仓库价格	保险费	预算价格	比例/%	综合预算价格
								价格/元					
1	某水泥厂水泥	t	1.01	131.10	288.00		132.41	12.61	433.02	2.30	435.32	80	450.27
2	市场水泥	t	1.01	131.10	360.00		132.41	14.77	507.18	2.88	510.06	20	
3	普通钢板	t	1	189.29	4510.00		189.29	93.99	4793.28	36.08	4829.36	100	4829.36
4	钢板 δ=34~36mm	t	1	189.29	5010.00		189.29	103.99	5303.28	40.08	5343.36	100	5343.36
5	钢筋	t	1	137.10	3980.00		137.10	82.34	4199.44	31.84	4231.28	100	4231.28
6	普通钢筋 φ16~18mm	t	1	137.10	3550.00		137.10	73.74	3760.84	28.40	3789.24	100	3789.24
7	低合金钢筋 20MnSi 20~25mm	t	1	137.10	3450.00		137.10	71.74	3658.84	27.60	3686.44	100	3686.44
8	2号岩石铵梯炸药	t	1.08	136.75	6286.01		147.69	160.84	6594.54	50.29	6644.83	100	6644.83
9	4号抗水岩石铵梯炸药	t	1.08	136.75	6922.18		147.69	176.75	7246.62	55.38	7302.00	100	7302.00
10	柴油 0号	t	1	19.47	4779.00		19.47	95.97	4894.44	38.23	4932.67	100	4932.67
11	汽油 90号	t	1	21.00	5463.00		21.00	109.68	5593.68	43.70	5637.38	100	5637.38
12	杉原木	m³	1	19.75	850.00		19.75	21.74	891.49		891.49	100	891.49
13	松原木	m³	1	19.75	750.00		19.75	19.24	788.99		788.99	100	788.99

机组出力系数取 0.8，采用循环冷却水，不用水泵，单位循环冷却水费取 0.03 元/m³。施工用电价格计算如下：

1）电网供电价格。

电网供电价格＝0.69÷（1－5％）÷（1－8％）＋0.02＝0.809 [元/（kW·h）]

2）自发电电价。

$$柴油发电机供电价格＝（116.14＋184.50）÷（245×0.8）÷（1－5％）$$
$$÷（1－6％）＋0.03＋0.02$$
$$＝1.768 [元/（kW·h）]$$

3）电价。

$$电价＝电网供电价格×98％＋自发电电价×2％$$
$$＝0.809×98％＋1.768×2％＝0.828 [元/（kW·h）]$$

（2）施工用风价格。根据施工组织设计，共设置左右岸两个供风系统 180m³/min：左岸供风系统配置 40m³/min 固定式空压机 2 台（经计算，台时费为 120.18 元/台时），9m³/min 电动移动式空压机 4 台（经计算，台时费为 38.79 元/台时）；右岸供风系统配置 20m³/min 固定式空压机 2 台（经计算，台时费为 74.03 元/台时），6m³/min 电动移动式空压机 4 台（经计算，台时费为 29.78 元/台时）。空压机系统各采用功率为 7kW 的单级水泵供水冷却，经计算，该水泵台时费为 8.45 元/台时。空压机能量利用系数取 0.75，供风损耗率取 12％，供风设施维修摊销费取 0.003 元/m³，左、右岸供风比例分别为 65％、35％。施工用风价格计算如下：

1）计算台时总产风量。

左岸台时总产风量：（40×2＋9×4）×60×0.75＝5220（m³）

右岸台时总产风量：（20×2＋6×4）×60×0.75＝2880（m³）

2）计算台时总费用。

左岸台时总费用＝120.18×2＋38.79×4＋8.45＝403.97（元）

右岸台时总费用＝74.03×2＋29.78×4＋8.45＝275.63（元）

3）施工用风综合价格。

左岸用风价格：287.6÷[5220×（1－12％）]＋0.003＝0.0909（元/m³）

右岸用风价格：275.63÷[2880×（1－12％）]＋0.003＝0.1118（元/m³）

施工用风综合价格＝0.0909×65％＋0.1118×35％＝0.098（元/m³）

（3）施工用水价格。按施工组织设计设 100D24×4 水泵 4 台（功率 30kW，其中一台备用），包括管路损失在内的扬程为 96m；另设 100D24×6 水泵 4 台（功率 40kW，其中一台备用），包括管路损失在内的扬程为 120m。经计算，100D24×4 水泵台时费为 21.83元，100D24×6 水泵台时费为 27.69 元；能量利用系数取 0.75，供水损耗率 12％，供水设施维修摊销费取 0.03 元/m³。施工用水价格计算如下：

1）台时总出水量。

按水泵性能表查得：在 96m 扬程时，100D24×4 水泵出流量为 54m³/h

在 120m 扬程时，100D24×6 水泵出流量为 72m³/h

则台时总出水量＝（54×2＋72×2）×0.75＝189（m³）

2）总台时费用。

$$总台时费用＝21.83×3＋27.69×3＝148.56（元）$$

3）水价。

$$施工用水价格＝\frac{水泵组台时总费用}{水泵额定容量之和×K}÷（1－供水损耗率）＋供水设施维修摊销费$$

$$＝148.56÷[189×（1－12\%）]＋0.03$$

$$＝0.923（元/m^3）$$

5．附件五　施工机械台时费计算

施工机械台时费计算见表 7-21。

表 7-21　施工机械台时费计算表

定额编号	机械名称	项目	一类费用	人工	汽油	柴油	电	风	水	二类费用合计/元	合计/元
		单位	元	元/工时	元/kg	元/kg	元/(kW·h)	元/m³	元/m³		
		单价		9.62	5.64	4.93	0.828	0.098	0.923		
1011	单斗挖掘机液压 2m³	数量	147.3	2.7		20.2				125.56	272.86
		合价	147.3	25.97		99.586					
1042	推土机 59kW	数量	24.31	2.4		8.4				64.50	88.81
		合价	24.31	23.088		41.412					
…	…	…	…	…	…	…	…	…	…	…	…

6．附件六　砂石料单价计算

根据施工组织设计，本工程采用天然砂石。天然砂经筛分后即可作为混凝土细骨料。但粗骨料须作超径石等的相应处理才能用于混凝土骨料。因开挖量较大，所需干、浆砌块石量相对不大，可以通过捡集即可应用。注：本案例采用综合费率的方法。

（1）综合费率计算。

$$综合费率＝（1＋0.5\%）×（1＋4\%）×（1＋7\%）×（1＋3.28\%）－1＝15.50\%$$

（2）混凝土骨料单价计算。根据施工组织设计，$2m^3$ 液压反铲挖掘机挖砂砾料，20t 自卸汽车从砂砾料场运 4km 至加工系统。砂砾石料筛分过程中有超径石处理和砾石的中间破碎，该部分占成品的 25%。混凝土骨料采用 $2m^3$ 轮式装载机运 2km 至混凝土搅拌楼。

"砂砾石料筛分""超径石破碎"按施工组织设计处理能力分别为 110t/h、80t/h，天然砂砾料容重 $1.6t/m^3$。在套用定额时，有两点需注意：①定额单位应前后统一，定额 [60073]、[60086] 中，定额单位为"100t 成品"，应化成与定额 [60215] 相一致的"成品堆方"；②机械种类及其相应消耗，未按定额取用，而是根据施工组织设计的实际情况采用。

根据天然砂砾料筛洗定额的规定，有超径石处理同时有砾石中间破碎时，其采运量应乘以 1.16 的系数，则混凝土浇筑所用骨料的单价为：

$$砂预算单价＝（[60215]×1.16＋[60073]＋[60316]）×1.155$$

$$＝（12.97×1.16＋8.69＋10.90）×1.155$$

$$=40.00(元/m^3)$$

砾石预算单价 $=([60215]\times1.16+[60073]+[60086]\times25\%+[60316])\times1.155$

$$=(12.97\times1.16+8.69+5.48\times25\%+10.90)\times1.155$$

$$=41.59(元/m^3)$$

（3）块石单价计算。根据施工组织设计，浆砌石中的块石通过捡集，由胶轮车运100m至施工地点。块石预算单价为 $34.10\times1.155=39.90(元/m^3)$。

砂石料直接费单价分析，见表7-22~表7-31。

表7-22　　　　　　　　　　　砂砾石料开采运输单价分析表

单价编号	001		项目名称		砂砾石料开采运输	
定额编号	60215				定额单位	100m³ 成品堆方
施工方法	2m³ 液压反铲挖掘机挖砂砾料，20t自卸汽车从砂砾料场运4km至加工系统					
编号	名称及规格		单位	数量	单价/元	合价/元
1	基本直接费					1297.22
(1)	人工费		元			25.99
	初级工		工时	3.8	6.84	25.99
(2)	材料费		元			12.84
	零星材料费		%	1	1284.38	12.84
(3)	机械使用费		元			1258.39
	单斗挖掘机 液压反铲 2m³		台时	0.58	272.86	158.26
	推土机 74kW		台时	0.29	109.15	31.65
	自卸汽车 柴油型 载重量20t		台时	5.34	200.09	1068.48

表7-23　　　　　　　　　　　砂砾石料筛分单价分析表

单价编号	002		项目名称		砂砾石料筛分	
定额编号	60073 改				定额单位	100m³ 成品堆方
施工方法	砂砾石料筛分					
编号	名称及规格		单位	数量	单价/元	合价/元
1	基本直接费					869.21
(1)	人工费		元			266.82
	中级工		工时	14.88	9.62	143.15
	初级工		工时	18.08	6.84	123.67
(2)	材料费		元			178.99
	水		m³	192	0.923	177.22
	其他材料费		%	1	177.22	1.77
(3)	机械使用费		元			423.4
	ZG-300型电机振动给料机（2台）		组时	0.762	34.24	26.09
	GZG80-4型电机振动给料机（2台）		组时	0.762	31.54	24.03
	JZWB6.5型电磁除铁器		台时	0.762	2.85	2.17

单价编号	002		项目名称		砂砾石料筛分	
编号	名称及规格		单位	数量	单价/元	合价/元
	YAH1536 自重型圆振动筛		台时	0.762	40.90	31.17
	2400mm×8300mm 型槽式洗石机		台时	0.762	153.26	116.78
	预筛胶带机　固定式　800mm×75m（5条）		组时	0.762	266.40	203
	其他机械使用费		%	5	403.24	20.16

表 7-24　　超径石破碎单价分析表

单价编号	003	项目名称		超径石破碎	
定额编号	60086			定额单位	100m³ 成品堆方
施工方法	成品粒度小于80mm；一台 PF1214 型反击式破碎机，处理能力 80t/h				
编号	名称及规格	单位	数量	单价/元	合价/元
1	基本直接费				547.61
(1)	人工费	元			81.65
	中级工	工时	4.96	9.62	47.72
	初级工	工时	4.96	6.84	33.93
(2)	材料费	元			0
(3)	机械使用费	元			465.96
	GZG80-4 型自同步振动给料机	台时	1.74	15.77	27.44
	PF1214 型反击式破碎机	台时	1.74	175.49	305.35
	中间破碎胶带机	组时	0.7	183.66	128.56
	其他机械使用费	%	1	461.35	4.61

表 7-25　　混凝土骨料运输单价分析表

单价编号	004	项目名称		混凝土骨料运输	
定额编号	60316			定额单位	100m³ 成品堆方
施工方法	2m³ 轮式装载机装 20t 自卸汽车运混凝土骨料 3km 至混凝土搅拌楼				
编号	名称及规格	单位	数量	单价/元	合价/元
1	基本直接费				1089.55
(1)	人工费	元			25.99
	初级工	工时	3.8	6.84	25.99
(2)	材料费	元			10.79
	零星材料费	%	1	1078.76	10.79
(3)	机械使用费	元			1052.77
	轮式装载机　2m	台时	0.72	139.59	100.50
	推土机　74kW	台时	0.36	109.18	39.30
	自卸汽车　柴油型　载重量20t	台时	4.51	202.43	912.96

表 7-26　　　　　　　　　　　块 石 捡 集 运 输

单价编号	005		项目名称		块石捡集	
定额编号	[60427] ＋ [60428]				定额单位	100m³ 成品码方
施工方法						
编号	名称及规格		单位	数量	单价/元	合价/元
1	基本直接费					3409.52
(1)	人工费		元			3357.76
	初级工		工时	490.9	6.84	3357.76
(2)	材料费		元			10.74
	零星材料费		%			10.74
(3)	机械使用费		元			41.02
	胶轮车		台时	69.53	0.59	41.02

7. 附件七　混凝土材料单价计算

混凝土材料单价计算见表 7-27。在编制混凝土材料单价时，如无相应的混凝土配合比，可参考水利部水总〔2002〕116 号文颁发的《水利建筑工程概算定额》中的"附录七　混凝土、砂浆配合比及材料用量表"。表中的混凝土预算量为实验数据。

表 7-27　　　　　　　　　　混凝土材料单价计算表

混 凝 土 名 称	预 算 量							单价 /(元/m³)
	混凝土标号	水泥标号	水泥 /kg	砂 /m³	石子 /m³	水 /m³	外加剂 /kg	
掺外加剂 C20　二级配	C20	42.5	247.17	0.510	0.794	0.161	0.46	175.29
掺外加剂 C20　三级配	C20	42.5	205.44	0.412	0.941	0.134	0.38	156.06
掺外加剂 C25　二级配	C25	42.5	269.64	0.490	0.804	0.161	0.50	186.46
掺外加剂 C30　二级配	C30	42.5	296.39	0.470	0.804	0.161	0.55	199.45
接缝砂浆 200 号	200 号	32.5	554.00	1.000		0.270		276.15
泵用掺外加剂 C25　二级配	C25	32.5	386.27	0.529	0.794	0.183	0.72	218.48
砌筑砂浆 75 号	75 号	32.5	305.00	1.040		0.184		169.53
掺外加剂 C15　三级配	C15	32.5	189.39	0.412	0.941	0.134	0.35	133.78
泵用掺外加剂混凝土 C20　二级配	C20	32.5	327.42	0.549	0.794	0.172	0.61	193.43
掺外加剂混凝土 C5　二级配	C15	32.5	227.91	0.519	0.794	0.161	0.43	148.86
掺外加剂混凝土 C25　三级配	C25	42.5	224.70	0.392	0.951	0.134	0.50	165.60
掺外加剂混凝土 C40　二级配	C40	42.5	370.22	0.461	0.784	0.161	0.69	208.62

8. 附件八　建筑工程单价

建筑工程项目较多，其单价不能一一列出，仅以坝基土方开挖、引水平洞石方洞挖、工程浆砌石、反滤料填筑等工程项目单价作为代表进行介绍。见表 7-28～表 7-32。

为计算方便，将用费率体现的各项费用的费率转化为以基本直接费为基础的综合费率（综合系数）。

建筑工程单价＝直接费＋间接费＋利润＋税金

＝基本直接费×（1＋综合费率）

土石方综合费率＝（1＋9.5％）×（1＋7％）×（1＋7％）×（1＋3.28％）－1＝29.48％。同样，模板工程、混凝土浇筑工程、钻孔灌浆及锚固工程、其他建筑工程的综合费率分别为30.69％、30.69％、31.90％、31.90％。

表 7-28　　　　　　　　　　　坝基土方开挖单价分析表

单价编号	006		项目名称		坝基土方开挖	
定额编号	[10640]＋[10641] 内插				定额单位	100m³ 自然方
施工方法	2m³ 挖掘机装Ⅲ类土，自卸汽车运 1.8km					
编号	名称及规格	单位	数量	单价/元	合价/元	
1	基本直接费				1104.18	
(1)	人工费	元			13.68	
	初级工	工时	4.5	6.84	13.68	
(2)	材料费	元			42.47	
	零星材料费	％	4.00	1061.71	42.47	
(3)	机械使用费	元			1048.03	
	单斗挖掘机　液压反铲　2m³	台时	0.67	272.86	182.82	
	推土机　59kW	台时	0.33	88.81	29.31	
	自卸汽车　柴油型　载重量20t	台时	4.39	190.41	835.90	
2	综合费率	％	29.48	1104.18	325.51	
	合计	元			1429.69	
	坝基土方开挖单价	元/m³			14.30	

表 7-29　　　　　　　　　3m³ 装载机装自卸汽车运石渣单价分析表

单价编号	007		项目名称		装载机装石渣自卸汽车运输	
定额编号	[20541]＋[20536]				定额单位	100m³ 自然方
施工方法	3m³ 装载机装石渣 15t 自卸汽车洞内运 0.5km，洞外增运 2km					
编号	名称及规格	单位	数量	单价/元	合价/元	
1	基本直接费				3025.81	
(1)	人工费	元			118.33	
	工长	工时			0.00	
	高级工	工时			0.00	
	中级工	工时			0.00	
	初级工	工时	17.3	6.84	118.33	
(2)	材料费	元			59.33	
	零星材料费	％	2	2966.48	59.33	
(3)	机械使用费	元			2848.15	
	轮式装载机　3m	台时	3.25	169.64	551.33	

续表

单价编号	007		项目名称	装载机装石渣自卸汽车运输		
编号	名称及规格	单位	数量	单价/元	合价/元	
	推土机　103kW	台时	1.63	145.89	237.80	
	自卸汽车　柴油型　载重量15t	台时	14.43	142.69	2059.02	
2	综合费率	%	34.32	3025.81	1038.46	
	合计	元			4064.27	
	石渣运输单价	元/m³			40.64	

表 7-30　　　　　　　　　　　浆砌石单价分析表

单价编号	008		项目名称	浆砌石平面护坡	
定额编号	30029			定额单位	100m³ 砌体方
施工方法	浆砌块石平面护坡				
编号	名称及规格	单位	数量	单价/元	合价/元
1	基本直接费				17587.59
(1)	人工费	元			6993.91
	工长	工时	17.3	12.26	212.10
	中级工	工时	356.5	9.62	3429.53
	初级工	工时	490.1	6.84	3352.28
(2)	材料费	元			10289.23
	块石	m	108	39.39	4253.63
	砌筑砂浆 75 号	m	35.3	169.53	5984.41
	其他材料费	%	0.5	10238.04	51.19
(3)	机械使用费	元			304.45
	砂浆搅拌机　0.4m³	台时	6.54	24.06	157.35
	胶轮车	台时	163.44	0.9	147.10
2	综合费率	%	34.32	17587.59	6036.06
	合计	元			23623.65
	浆砌石护坡单价	元/m³			236.24

表 7-31　　　　　　　**3m³ 装载机装自卸汽车运输反滤料单价分析表**

单价编号	009		项目名称	装载机装反滤料自卸汽车运输	
定额编号	60335			定额单位	100m³ 成品堆方
施工方法	3m³ 装载机装石料，20t 自卸汽车运输 4km				
编号	名称及规格	单位	数量	单价/元	合价/元
1	基本直接费				1131.41
(1)	人工费	元			18.47
	初级工	工时	2.7	6.84	18.47
(2)	材料费	元			11.20
	零星材料费	%	1	1120.21	11.20

单价编号	009		项目名称	装载机装反滤料自卸汽车运输	
编号	名称及规格	单位	数量	单价/元	合价/元
（3）	机械使用费	元			1101.74
	轮式装载机　3m³	台时	0.5	169.64	84.82
	推土机　88kW	台时	0.25	137.90	34.48
	自卸汽车　柴油型　载重量20t	台时	4.91	200.09	982.44
2	综合费率	%	34.32	1131.41	388.30
	合计				1519.71
	反滤料运输单价	元/m³			15.20

表 7 - 32　　　　　　　　　　　反滤料填筑单价分析表

单价编号	010		项目名称	反滤料填筑	
定额编号	30090		定额单位	100m³ 实方	
施工方法	振动碾压实				
编号	名称及规格	单位	数量	单价/元	合价/元
1	基本直接费				6070.37
（1）	人工费	元			142.27
	初级工	工时	20.8	6.84	142.27
（2）	材料费	元			3982.27
	混凝土骨料石	m³	77	34.52	2658.04
	混凝土骨料砂	m³	40	32.12	1284.80
	其他材料费	%	1	3942.84	39.43
（3）	机械使用费	元			152.57
	振动碾　拖式 14t	台时	0.48	63.11	30.29
	拖拉机　履带式　74kW	台时	0.48	96.62	46.38
	推土机　74kW	台时	0.55	109.15	60.03
	蛙式夯实机　2.8kW	台时	1.09	13.17	14.36
	其他机械使用费	%	1	151.06	1.51
（4）	砂石料运输（堆方）	m³	118	15.20	1793.26
3	综合费率	%	34.32	6070.37	2083.35
	合计	元			8153.72
	反滤料填筑单价	元/m³			81.54

9. 附件九　安装工程单价计算表

安装工程单价以实物量和费率形式表示。以实物量形式表示的安装工程单价的计算与建筑工程的单价计算相同，但安装工程的单价的间接费计算基础是人工费。限于篇幅，这里每种单价形式只列出一个单价分析表。竖轴混流式水轮机采用厂房的桥式起重机700t安装；计算机监控系统安装的费率基础为设备原价。见表 7 - 33、表 7 - 34。

表 7-33 　　　　　　　　　**竖轴混流式水轮机安装单价分析表**

单价编号	011		项目名称		竖轴混流式水轮机	
定额编号	01023			定额单位	台	
型号规格	竖轴混流式水轮机 700t					
编号	名称及规格	单位	数量	单价/元	合价/元	
一	直接费				1193374.94	
1	基本直接费				1082917.37	
(1)	人工费	元			735248.14	
	工长	工时	3757	12.26	46060.82	
	高级工	工时	18033	11.38	205215.54	
	中级工	工时	42829	9.62	412014.98	
	初级工	工时	10520	6.84	71956.80	
(2)	材料费	元			225661.53	
	普通钢板	kg	3554	4.85	17236.90	
	型钢	kg	13338	3.96	52818.48	
	钢管	kg	1123	4.68	5255.64	
	铜材	kg	209	21.4	4472.60	
	电焊条	kg	2378	6.83	16241.74	
	氧气	m	3064	3.6	11030.40	
	乙炔气	m	1322	16.33	21588.26	
	汽油 90 号	kg	1187	5.66	6718.42	
	透平油	kg	135	5	675.00	
	油漆	kg	890	16.72	14880.80	
	木材	m	7.7	1014.6	7812.42	
	电	kW·h	29800	0.83	24734.00	
	其他材料费	%	23	183464.66	42196.87	
(3)	机械使用费	元			122007.70	
	桥式起重机 2×350/50t	台时	758	56.08	42508.64	
	电焊机　交流 20~25kVA	台时	2097	12.35	25897.95	
	普通车床 φ400~600mm	台时	387	29.24	11315.88	
	牛头刨床	台时	313	22.88	7161.44	
	摇臂钻床 φ35~50mm	台时	425	19.25	8181.25	
	压力滤油机 150 型	台时	231	11	2541.00	
	其他机械使用费	%	25	97606.16	24401.54	
2	其他直接费	%	10.2	1082917.37	110457.57	
二	间接费	%	75	735248.14	551436.11	
三	利润	%	7	1744811.05	122136.77	
四	税金	%	3.28	1866947.82	61235.89	
	合计	元			1928183.71	

表 7 - 34　　　　　　　　　　计算机监控系统安装工程单价分析表

单价编号		012		项目名称		计算机监控系统安装	
定额编号		06005			定额单位		套
型号规格			计算机监控系统 H900				
编号	名称及规格	单位	数量		单价/元		合价/元
一	直接费						446310.00
1	基本直接费						405000.00
(1)	人工费	%	3		9000000.00		270000.00
(2)	材料费	%	0.5		9000000.00		45000.00
(3)	机械使用费	%	0.6		9000000.00		54000.00
(4)	装置性材料费	%	0.4		9000000.00		36000.00
2	其他直接费	%	10.2		405000.00		41310.00
二	间接费	%	75		270000.00		202500.00
三	利润	%	7		648810.00		45416.70
四	税金	%	3.28		694226.70		22770.64
	合计						716997.34

10. 附件十　主要设备运杂费率计算

本电站水轮发电机组由东方电机厂供货，由火车运 1400km 至 S 市，再由公路运 185km 至工地。主阀、桥机由太原起重机设备厂供货，主变压器由西安变压器厂供货。这里仅以水轮发电机组为例介绍运杂费率的计算。

(1) 运杂费率。

铁路：　　　　　$2.21\% + 0.3\% \times (1400 - 1000) \div 500 = 2.45\%$

公路：　　　　　$1.06\% + 0.15\% \times (185 - 100) \div 20 = 1.70\%$

　　　　　　　　运杂费率 $= 2.45\% + 1.70\% = 4.15\%$

(2) 运输保险费：0.4%。

(3) 采购及保管费：0.7%。

设备运杂综合费率 = 运杂费率 + (1 + 运杂费率) × 采购及保管费率 + 运输保险费率

　　　　　　　　$= 4.15\% + (1 + 4.15\%) \times 0.7\% + 0.4\%$

　　　　　　　　$= 5.28\%$

11. 附件十一　施工临时工程的办公及生活、文化福利建筑投资

办公及生活、文化福利建筑投资按下列公式计算：

$$I = \frac{AUP}{NL} K_1 K_2 K_3$$

$$= (74899.95 \times 14 \times 500) \div (4.83 \times 100000) \times 1.1 \times 1.15 \times 0.55$$

$$= 755.24 (万元)$$

式中　A——建安工作量，按工程一至四部分建安工作量（不包括办公用房、生活及文化福利建筑和其他施工临时工程）之和乘以（1+其他施工临时工程百分率）；

　　　　U——人均建筑面积综合指标，取 $14\text{m}^2/\text{人}$；

P——单位造价指标，参考工程所在地区的永久房屋造价指标（500 元/m²）计算；

N——施工年限；

L——全员劳动生产率。

12. 附件十二　独立费用计算

（1）建设管理费。按水利部水总〔2014〕429 号文关于发布《水利工程设计概（估）算编制规定》的通知，工程建设管理费以一至四部分建安工作量为计算基数，超额累进方法计算。本工程建设管理费为 4969.22 万元。

（2）工程建设监理费。按《建设工程监理与相关服务收费管理规定》计算，工程建设监理费 2402.36 万元。

（3）联合试运转费。电站安装 2 台单机容量为 500MW 的混流式水轮发电机组。联合试运转费为

$$44 万元/台×2 台＝88 万元$$

（4）生产准备费。

1）生产及管理单位提前进厂费，按建筑安装工程投资合计的 0.15% 计算。

$$78768.82×0.15\%＝118.15 （万元）$$

2）生产职工培训费，按建筑安装工程投资合计的 0.4% 计算。

$$78768.82×0.4\%＝315.08 （万元）$$

3）管理用具购置费，按建筑安装工程投资合计的 0.04% 计算。

$$78768.82×0.04\%＝31.51 （万元）$$

4）备品备件购置费，按设备费的 0.4% 计算，其中水轮机按 1 台计算。

$$35753.95×0.4\%＝143.02 （万元）$$

5）工器具及生产家具购置费，按设备费的 0.1% 计算。

$$40628.95×0.1\%＝40.63 （万元）$$

（5）科研勘测设计费。

1）工程科学研究试验费，按建筑安装工程投资合计的 0.7% 计算。

$$78768.82×0.7\%＝551.38 （万元）$$

2）工程勘测设计费。项目建议书、可行性研究阶段的勘测设计费及报告编制费：执行国家发展和改革委员会发改价格〔2006〕1352 号文颁布的《水利、水电工程建设项目前期工作工程勘察收费标准》和原国家计划委员会计价格〔1999〕1283 号文颁布的《建设项目前期工作咨询收费暂行规定》。

初步设计、招标设计及施工图设计阶段的勘测设计费：执行原国家计划委员会、建设部计价格〔2002〕10 号文颁布的《工程勘察设计收费标准》。

采用分档定额计费方式，本工程勘测设计费为 5261.24 万元。

（6）其他。

1）工程保险费，按建筑安装工程投资合计的 0.45% 计算。

$$78768.82×0.45\%＝354.46 （万元）$$

2）其他税费，暂列 50 万元。

13. 附件十三　分年度投资计算

分年度投资是根据施工组织设计确定的施工进度和合理工期而计算出的工程各年度预计完成的投资额。分年投资的计算是一个比较复杂的过程，这里仅给出了分年投资的计算结果，见表7-35。

表7-35　　　　　　　　　　　　　　分 年 度 投 资 表　　　　　　　　　　　单位：万元

序号	项 目 名 称	合 计	建 设 工 期/年				
			1	2	3	4	5
1	第一部分　建筑工程	58821.82	2284.47	22003.55	24424.67	8658.75	1450.39
2	第二部分　机电设备及安装工程	36594.02	0.00	5007.21	23366.99	6037.63	2182.19
3	第三部分　金属结构设备及安装工程	9349.70	0.00	2592.44	4010.23	2747.02	0.00
4	第四部分　临时工程	14632.23	12295.03	2337.20	0.00	0.00	0.00
5	第五部分　独立费用	14325.05	1774.18	3802.27	5146.50	2780.99	821.11
6	一至五部分合计	133722.82	16353.68	35742.68	56948.39	20224.39	4453.69
7	基本预备费	8023.37	992.92	2101.26	3441.30	1211.57	276.33
8	静态总投资	141746.19	17346.60	37843.94	60389.69	21435.95	4730.01
9	价差预备费	11868.62	520.40	2304.70	5599.75	2690.40	753.37
10	建设期融资利息	17954.58	357.34	1535.52	3735.06	5724.13	6602.53
11	总投资	171569.39	18224.34	41684.15	69724.50	29850.48	12085.91

14. 附件十四　预备费

(1) 基本预备费。根据本工程的具体情况，按建筑工程、机电设备及安装工程、金属结构设备及安装工程、施工临时工程工程、独立费用之和的6％计算。

$$133722.82 \times 6\% = 8023.37(万元)$$

(2) 价差预备费。根据《关于加强对基本建设大中型项目概算中"价差预备费"管理有关问题的通知》（计投资〔1999〕1340号）的精神，物价指数按0计。但为了说明问题，这里按年物价指数3％加以说明。

计算前的说明：

1) 价差预备费的计算以资金流量的静态投资为计算基础，而资金流量涉及工程预付款的给付及扣回、保留金的扣留和偿还等。这里，仅在分年投资的基础上来计算价差预备费，即在没有预付款的给付及扣回、保留金的扣留和偿还的资金流量，是一种特殊的资金流量形式。

2) 公式中的施工年度 n，概算编制完后即开工的第 n 年。工程实践中，工程概算编制完后工程不一定立即开工建设，因而理论上讲，"n"应该是自概算编制完后至该项工程施工的年限。

第一年：$F_1 = 17346.60$，$P = 3\%$，$n = 1$

$\quad E_1 = F_1[(1+P) - 1] = 17346.60 \times [(1+3\%) - 1] = 520.40(万元)$

第二年：$F_2 = 37843.94$，$P = 3\%$，$n = 2$

$\quad E_2 = F_2[(1+P)^2 - 1] = 37843.94 \times [(1+3\%)^2 - 1] = 2304.70(万元)$

第三年：$F_3 = 60389.69$，$P = 3\%$，$n = 3$

$E_3 = F_3 \left[(1+P)^3 - 1 \right] = 60389.69 \times \left[(1+3\%)^3 - 1 \right] = 5599.75（万元）$

第四年：$F_4 = 21435.95$，$P = 3\%$，$n = 4$

$E_4 = F_4 \times \left[(1+P)^4 - 1 \right] = 21435.95 \times \left[(1+3\%)^4 - 1 \right] = 2690.40（万元）$

第五年：$F_5 = 4730.01$，$P = 3\%$，$n = 5$

$E_5 = F_5 \times \left[(1+P)^5 - 1 \right] = 4730.01 \times \left[(1+3\%)^5 - 1 \right] = 753.37（万元）$

总的价差预备费 $E = E_1 + E_2 + E_3 + E_4 + E_5 = 11868.62（万元）$

15. 附件十五　建设期融资利息

该工程资本金为工程总投资的 20%，即 80% 的投资需要贷款或通过其他渠道融资。对于固定资产投资，国家实行资本金制度，资本金由投资人或业主实缴，工程建设期间资本金不产生利息。资本金的使用有等额投入、等比例投入、优先投入等多种方式，这里按在整个建设工期内等比例投入考虑。

建设期融资利息应是以建设期资金流量为基础进行计算，为方便计算，现以分年投资为基础计算。

工程建设期的贷款利率可能随时变化而各年不同，现以 5% 的规定利率计算。

工程总投资包括工程静态总投资、价差预备费、建设期利息。在实行资本金制度的情况下，本工程的资本金是工程总投资的 20%，存在计算利息时循环计算的问题。为避免循环计算，在计算利息时，以当年的静态总投资、当年的价差预备费之和作为计算当年资本金的基础。

$$S = \sum_{n=1}^{N} \left[\left(\sum_{m=1}^{N} F_m b_m - \frac{1}{2} F_n b_n \right) + \sum_{m=0}^{n-1} S_m \right] i$$

各年融资利息计算如下：

第一年：

$S_1 = (17867.00 \times 80\% - 17867.00 \times 80\% \div 2) \times 5\% = 357.34（万元）$

第二年：

$S_2 = (40148.63 \times 80\% - 40148.63 \times 80\% \div 2 + 17867.00 \times 80\% + 357.34) \times 5\%$
$= 1535.52（万元）$

第三年：

$S_3 = (65989.44 \times 80\% - 65989.44 \times 80\% \div 2 + 17867.00 \times 80\% + 40148.63 \times 80\%$
$+ 357.34 + 1535.52) \times 5\% = 3735.06（万元）$

第四年：

$S_4 = (24126.35 \times 80\% - 24126.35 \times 80\% \div 2 + 17867.00 \times 80\% + 40697.53 \times 80\%$
$+ 67326.51 \times 80\% + 357.34 + 1535.52 + 3735.06) \times 5\%$
$= 5724.13（万元）$

第五年：

$S_5 = (5483.38 \times 80\% - 5483.38 \times 80\% \div 2 + 17867.00 \times 80\% + 40697.53 \times 80\%$
$+ 67326.51 \times 80\% + 24126.35 \times 80\% + 357.34 + 1535.52 + 3735.06$
$+ 5724.13) \times 5\% = 6602.53（万元）$

$S=S_1+S_2+S_3+S_4+S_5=357.34+1535.52+3735.06+5724.13+6602.53$
$=17954.58(万元)$

本工程建设期利息为 17954.58 万元。

复 习 思 考 题

1. 简述工程总概算费用构成。
2. 简述工程总概算编制过程。

第八章 投资估算、施工图预算、施工预算

第一节 投 资 估 算

一、投资估算概述

可行性研究是基本建设程序的一个重要组成部分，也是进行基本建设的一项重要工作。在可行性研究阶段需要提出可行性研究报告，对工程规模、坝址、基本坝型、枢纽布置方式等提出初步方案并进行论证；估算工程总投资及总工期；对工程兴建的必要性及经济合理性提出评价。在可行性研究报告中，投资估算是一项重要内容，它是国家选定水利水电建设近期开发项目和批准进行工程初步设计的重要依据，其准确性直接影响到对项目的决策。根据原国家计划委员会《关于控制建设工程造价的若干规定》，投资估算应对建设项目总造价起控制作用。可行性研究报告一经批准，其投资估算就成为该建设项目初步设计概算静态总投资的最高限额，不得任意突破。

投资估算就是在对项目的建设规模、技术方案、设备方案、工程方案及项目实施进度等进行研究并基本确定的基础上，估算项目投入的总资金（包括建设投资和流动资金），并测算建设期内分年资金需要量的过程。水利水电工程项目投资估算，是指在可行性研究阶段，按照规定的编制办法、指标、现行的设备材料价格和工程具体条件编制的以货币形式表现的技术经济文件。

投资估算是工程项目建设前期的重要环节，投资估算的准确性，直接影响国家（业主）对项目选定的决策。投资估算也是确定融资方案、进行经济评价以及编制初步设计概算的主要依据之一。因此，完整、准确、全面的投资估算是建设项目评估阶段的重要工作。但由于受勘测、设计和科研工作的深度限制，可行性研究阶段往往只能提出主要建筑物的主体工程量和发电机、水轮机、主变压器等主要设备。在这种情况下，要合理地编制出投资估算，除了要遵守规定的编制办法和定额外，更需要工程造价专业人员深入调查研究，充分掌握第一手材料，合理地选定单价指标，以保证投资估算的准确度。

投资估算在项目开发建设过程中主要有以下几个方面的作用：①项目建议书阶段的投资估算，是项目主管部门审批项目建议书的依据之一，并对项目的规划、规模起参考作用；②项目可行性研究阶段的投资估算，是项目投资决策的重要依据，也是研究、分析、计算项目投资经济效果的重要条件；③项目投资估算对工程设计概算起控制作用，设计概算不得突破批准的投资估算额，并应控制在投资估算额以内；④项目投资估算可作为项目资金筹措及制订建设贷款计划的依据，建设单位可根据批准的项目投资估算额，进行资金筹措和向银行申请贷款；⑤项目投资估算是核算建设项目固定资产投资需要额和编制固定资产投资计划的重要依据。

二、投资估算的阶段划分与精度要求

项目投资估算是指在做初步设计之前各工作阶段中的一项工作。在做工程初步设计之前，根据需要可邀请设计单位参加编制项目规划和项目建议书，并可委托设计单位承担项目的预可行性研究、可行性研究及设计任务书的编制工作，同时应根据项目已明确的技术经济条件，编制和估算出精度不同的投资估算额。我国建设项目的投资估算分为以下几个阶段。

1. 项目规划阶段的投资估算

建设项目规划阶段是指有关部门根据国民经济发展规划、地区发展规划和行业发展规划的要求，编制一个建设项目的建设规划。此阶段是按照项目规划的要求和内容，粗略估算建设项目所需要的投资额。其对投资估算精度的要求为允许误差大于±30%。

2. 项目建议书阶段的投资估算

项目建议书阶段是按项目建议书中的项目建设规模、主要生产工艺、初选建设地点等，估算建设项目所需要的投资额。其对投资估算精度的要求为误差应控制在±30%以内。此阶段项目投资估算的意义是可据此判断一个项目是否需要进行下一阶段的工作。

3. 预可行性研究阶段的投资估算

预可行性研究阶段是在掌握了更详细、更深入的资料条件下，估算建设项目所需的投资额。其对投资估算精度的要求为误差应控制在±20%以内。此阶段项目投资估算的意义是据以确定是否进行详细可行性研究。

4. 可行性研究阶段的投资估算

可行性研究阶段的投资估算至关重要，因为这个阶段的投资估算经审查批准之后，便是工程设计任务书中规定的项目投资限额，并可据此列入项目年度基本建设计划。其对投资估算精度的要求为误差应控制在±10%以内。

三、投资估算的编制依据、要求和内容

（一）投资估算的编制依据

（1）国家和上级领导机关的有关法令、制度、规程。

（2）专门机构发布的建设工程造价费用构成、估算指标、计算方法，以及其他有关计算工程造价的文件，比如：水利水电工程设计概（估）算费用构成及计算标准、水利水电工程投资估算指标、设计概算定额和水利水电工程投资估算编制办法等。

（3）专门机构发布的工程建设其他费用计算办法和费用标准，以及政府部门发布的物价指数。

（4）水利水电工程设计工程量计算规定及拟建项目各单项工程的建设内容及工程量。

（5）按国家规定必须执行的地方颁发的有关规定和标准。

（6）可行性研究有关资料和图纸。

（7）国家或各省、自治区、直辖市颁发的设备、材料价格。

（8）其他相关资料。

（二）投资估算的编制要求

（1）根据主体专业设计的阶段和深度，结合水利水电工程行业的特点，所采用生产工艺流程的成熟性，以及编制单位所掌握的国家及地区、行业或部门相关投资估算基础资料

和数据的合理、可靠、完整程度，采用合适的方法进行工程项目的投资估算。

（2）应做到工程内容和费用构成齐全，计算合理，不重复计算，不提高或者降低估算标准，不漏项、不少算。

（3）应充分考虑拟建项目设计的技术参数和投资估算所采用的估算系数、估算指标在质和量方面所综合的内容，应遵循口径一致的原则。

（4）应将所采用的估算系数和估算指标价格、费用水平调整到项目建设所在地及投资估算编制年的实际水平；对于由建设项目的边界条件，如建设用地和外部交通、水、电、通信条件，或市政基础设施配套条件等差异所产生的与主要生产内容投资无必然关联的费用，应结合建设项目的实际情况进行修正。

（5）对影响造价变动的因素进行敏感性分析，注意分析市场的变动因素，充分估计物价上涨因素和市场供求情况对造价的影响。

（6）投资估算精度应能满足各阶段的精度要求，并尽量减少投资估算的误差。

（三）投资估算的编制内容

水利水电工程可行性研究投资估算与初步设计概算在组成内容、项目划分和费用构成上基本相同，但两者设计深度不同。投资估算可根据《水利水电工程可行性研究报告编制规程》的有关规定，对初步设计概算编制规定中部分内容进行适当简化、合并和调整。投资估算按照 2002 年水利部《水利水电工程设计概（估）算编制规定》的办法编制。

1. 编制说明

（1）工程概况。工程概况包括：河系、兴建地点、对外交通条件、水库淹没耕地及移民人数、工程规模、工程效益、工程布置形式、主体建筑工程量、主要材料用量、施工总工期和工程从开工至开始发挥效益工期、施工总工日和高峰人数等。

（2）投资主要指标。投资主要指标为：工程静态总投资和总投资，工程从开工至开始发挥效益静态投资，单位千瓦静态投资和投资，单位电度静态投资和投资，年物价上涨指数，价差预备费额度和占总投资百分率，工程施工期贷款利息和利率等。

（3）编制依据和主要问题。编制依据和主要问题主要包括：①投资估算编制原则和依据；②人工、主要材料、施工供电、砂石料等基础单价的计算依据；③主要设备价格的编制依据；④建安工程定额、指标采用依据；⑤建安工程单价综合系数、安装工程材料费和机械使用费调差系数计算的说明；⑥费用计算标准及依据；⑦水库淹没处理补偿费以及环保费用的简要说明；⑧工程资金来源。

（4）估算编制中存在的和其他应说明的问题。

（5）主要技术经济指标表。

2. 投资估算表

投资估算表包括：①总投资表；②建筑工程估算表；③设备及安装工程估算表；④临时工程估算表；⑤水库淹没处理补偿费估算表；⑥独立费用估算表；⑦分年度投资表。

3. 投资估算附表

投资估算附表包括：①建筑工程单价汇总表；②安装工程单价汇总表；③主要材料预算价格汇总表；④次要材料预算价格汇总表；⑤施工机械台时费汇总表；⑥主要工程量汇总表；⑦主要材料用量汇总表；⑧工时数量汇总表；⑨建设及施工征地数量汇总表。

4. 附件材料

附件材料包括：①人工预算单价计算表；②主要材料运输费用计算表；③主要材料预算价格计算表；④混凝土材料单价计算表；⑤建筑工程单价表；⑥安装工程单价表；⑦临时房屋建筑工程投资计算书；⑧主要设备运杂费率计算书；⑨建设期融资利息计算书；⑩主要技术经济指标表。

四、投资估算的编制方法

（一）项目投资的费用构成

水利水电工程项目投资是指工程项目建设阶段所需要的全部费用的总和。生产性项目总投资包括建设投资、建设期融资利息和流动资金三部分；非生产性项目总投资包括建设投资和建设期融资利息两部分，其中建设投资和建设期融资利息之和对应于固定资产投资。水利水电工程项目总投资构成如图 8-1 所示。

图 8-1 水利水电工程项目总投资构成

（二）投资估算的编制方法

根据前面的投资费用构成可知，要准确估算水利水电工程项目的总投资，必须对固定资产投资和流动资产投资两部分进行估算，固定资产投资的估算则落脚到工程费用的估算，工程费用估算出来之后，独立费用、预备费及建设期融资利息的估算则以工程费用为基础，根据相关的计算规定进行估算。因此，我们可以依据下面的步骤对水利水电工程进行投资估算：①分别估算各单项工程所需的建筑工程费、安装工程费和设备费；②在汇总各单项工程费用的基础上，估算独立费用和基本预备费；③估算价差预备费；④估算建设期融资利息；⑤估算流动资金。

1. 固定资产投资估算

常用的固定资产投资估算方法主要有两种：扩大指标估算法和详细估算法。

（1）扩大指标估算法。扩大指标估算法是套用原有同类项目的固定资产投资额来进行拟建项目固定资产投资估算的一种方法。该方法最大的优点就是计算简单，不足之处主要有：①估算值准确性较差，一般适用于项目规划性估算、项目建议书估算和其他临时性的估算；②需要积累大量的有关基础数据，并需要经过科学系统的分析与整理。扩大指标估算法主要包括以下几种方法：

1）单位生产能力估算法。单位生产能力估算法是指根据同类项目单位生产能力所耗费的固定资产投资额，估算拟建项目固定资产投资额的一种估算方法。其计算公式为

$$C_2 = Q_2 \frac{C_1}{Q_1} f \qquad (8-1)$$

式中　C_1——已建类似项目的实际固定资产投资额；

C_2——拟建项目需要的固定资产投资额；

Q_1——已建类似项目的生产能力（规模）；

Q_2——拟建项目的生产能力（规模）；

f——不同时期、不同地点的定额、单价、费用变更等综合调整系数。

运用该方法时，应当注意拟建项目与同类项目的可比性，其他条件也应大体相似，否则误差会比较大。该方法将同类项目的固定资产投资额与其生产能力的关系简单地视为线性关系，与实际情况差距较大。就一般项目而言，在一定的范围内，投资的增加幅度要小于生产能力的增加幅度。因此在运用该方法估算固定资产投资的结果误差较大。

2）生产能力（规模）指数估算法。生产能力（规模）指数估算法是根据已建成同类项目的实际固定资产投资额和生产能力（规模）指数，估算不同生产规模的拟建项目的固定资产投资额的一种估算方法。其计算公式为

$$C_2 = C_1 \left(\frac{Q_2}{Q_1}\right)^n f \tag{8-2}$$

式中 C_1——已建类似项目的实际固定资产投资额；

C_2——拟建项目需要的固定资产投资额；

Q_1——已建类似项目的生产能力（规模）；

Q_2——拟建项目的生产能力（规模）；

f——不同时期、不同地点的定额、单价、费用变更等综合调整系数；

n——生产规模指数，$0 < n \leqslant 1$。

若已建类似项目的规模和拟建项目的规模相差不大，生产规模比值在 $0.5 \sim 2$ 之间，则指数 n 的取值近似为 1；若已建类似项目与拟建项目的规模相差不大于 50 倍，且拟建项目规模的扩大仅靠增大设备规模来达到时，则取 $n = 0.6 \sim 0.7$；若拟建项目规模的扩大是靠增加相同规格设备的数量达到时，则取 $n = 0.8 \sim 0.9$。

运用该方法进行投资估算时，同样应该注意拟建项目和同类项目的可比性，其他条件也应该大体相似，否则误差较大。该方法将同类项目的固定资产投资额与其生产能力的关系视为非线性关系，比较符合实际情况，因而投资估算值较第一种方法更为准确。其实我们可以观察到，当 $n = 1$ 时，第一种方法就是该方法的一个特例，所以该方法其实包含了第一种方法。

3）比例估算法。比例估算法又分为以下两种。

第一种是根据大量实际统计资料，对过去同类工程项目进行调查分析，找出主要生产设备或者主要生产车间投资额占固定资产投资总额的比例，然后只需估算出拟建项目的主要设备或者主要生产车间的投资额，就可按比例求出拟建项目的固定资产总投资额。其计算公式为

$$C = \frac{\sum_{i=1}^{n} Q_i P_i}{K} \tag{8-3}$$

式中 C——拟建项目需要的固定资产投资额；

n——拟建工程主要生产设备或主要生产车间的种类数；

Q_i——第 i 种生产设备或生产车间的数量；

P_i——第 i 种生产设备或生产车间的投资额；

K——同类工程项目主要设备或生产车间投资占项目固定资产总投资的比例。

第二种是以拟建项目的设备费为基数，根据已建成的同类项目的建筑工程费、安装工程费和独立费用等占设备价值的百分比，求出相应的建筑工程费、安装工程费和独立费用等费用，再加上拟建项目的其他有关费用，其总和即为项目固定资产投资额。其计算公式为

$$C = I(1 + f_1\lambda_1 + f_2\lambda_2 + f_3\lambda_3 + \cdots) + I' \tag{8-4}$$

式中　　C——拟建项目需要的固定资产投资额；

I——根据拟建项目的设备清单按当时当地价格计算的设备费（包括运杂费）的总和；

λ_1、λ_2、λ_3——已建项目中建筑、安装及独立费用等占设备费百分比；

f_1、f_2、f_3——由于时间因素引起的定额、价格、费用标准等变化的综合调整系数；

I'——拟建项目的其他费用。

4）朗格系数法。朗格系数法是以设备费为基数，乘以适当系数来估算项目的固定资产投资，其计算公式为

$$C = (1 + \sum_{i=1}^{n} k_i)k_c I \tag{8-5}$$

式中　C——固定资产投资额；

I——主要设备费用；

k_i——管线、仪表、建筑物等直接费用的估算系数；

k_c——包括工程费、合同费、应急费等间接费在内的总估算系数。

固定资产投资额与设备费用的比值即为郎格系数 k_L，有：

$$K_L = \frac{C}{I} = (1 + \sum_{i=1}^{n} k_i)k_c \tag{8-6}$$

其中各参数根据表 8-1 来确定。

表 8-1　　　　　　　　　　　　　朗 格 系 数 表

项　目		固体流程	固流流程	流体流程
朗格系数		3.1	3.63	4.74
内容	(a) 包括设备基础、绝热、油漆及设备安装费	1.43		
	(b) 包括上述在内和配管工程费	1.1	1.25	1.6
	(c) 包括上述在内和装置直接费	1.5		
	(d) 包括上述在内和间接费用，即固定资产投资额	1.31	1.35	1.38

运用朗格系数法估算固定资产投资额的步骤如下：①计算设备到达现场的费用，包括设备出厂价、陆路运费、海上运输费、装卸费、保险费、关税、消费税等；②根据计算出的设备费乘以 1.43，即得到包括设备基础、绝热工程、油漆工程和设备安装工程的总费用（f_1）；③以上述计算的结果（f_1）再分别乘以 1.1、1.25、1.6（视不同流程），即可得到

包括配管工程在内的费用（f_2）；④以上述计算的结果（f_2）再乘以 1.5，即得到此装置（或项目）的直接费（f_3），此时，装置的建筑工程、电气及仪表工程等均含在直接费用中；⑤最后以上述计算结果（f_3）再分别乘以 1.31、1.35、1.38（视不同流程），即得到工厂的固定资产投资额 C。

这种方法比较简单，但没有考虑设备规格（规模大小）、设备材质的差异，以及不同地区自然、地理条件差异的影响，因此估算的精确度不高。

（2）详细估算法。扩大指标估算法计算比较简单，便于操作，但是得出的估算值误差较大，一般只在项目规划阶段采用，在项目可行性研究阶段一般不使用扩大指标估算法，而应该采用详细估算法对固定资产投资进行估算。

详细估算法是把水利水电工程项目划分为建筑工程、设备及安装工程及独立费用等费用项目或单位工程，再根据各种具体的投资估算指标，进行各项费用项目或单位工程投资的估算，在此基础上，再汇总得出固定资产投资总额的一种估算方法。该方法把整个水利水电工程项目依次分解为单项工程、单位工程、分部工程和分项工程，按照建筑工程、设备及安装工程分别套用有关的概算指标和定额来编制投资估算，在此基础上，再估算独立费用及预备费，计算建设期融资利息，从而计算出项目总投资。

详细估算法的编制方法及计算标准如下：

1）基础单价。基础单价编制与概算相同。

2）建筑、安装工程单价。投资估算的主要建筑、安装工程单价编制与初设概算单价编制相同，一般均采用概算定额，但考虑投资估算工作深度和精度，应乘以 10％扩大系数。

3）分部工程估算编制。

a. 建筑工程。主体建筑工程、交通工程、房屋建筑工程基本与概算相同，其他建筑工程可视工程具体情况和规模按主体建筑工程投资的 3％～5％计算。

b. 机电设备及安装工程。主要机电设备及安装工程基本与概算相同，其他机电设备及安装工程可根据装机规模按占主要机电设备费的百分率或单位千瓦指标计算。

c. 金属结构设备及安装工程。编制方法基本与概算相同。

d. 施工临时工程。编制方法及计算标准与概算相同。

e. 独立费用。编制方法及计算标准与概算相同。

（3）预备费的估算。按我国现行规定，预备费包括基本预备费和价差预备费。

基本预备费是指针对在项目实施工程中可能发生难以预料的支出，需要事先预留的费用，又称为工程建设不可预见费，主要指设计变更及施工过程中可能增加工程量的费用。基本预备费一般由以下三个部分组成：①在批准的初步设计范围内、技术设计、施工图设计及施工过程中所增加的工程费用，设计变更、工程变更、材料代用、局部基础处理等增加的费用；②一般自然灾害造成的损失和预防自然灾害所采取的措施费用，实行工程保险的工程项目，该费用应适当降低；③竣工验收时为鉴定工程质量对隐蔽工程进行必要的挖掘和修复的费用。

基本预备费是按工程费用和独立费用二者之和为计取基础，乘以基本预备费费率进行计算。其计算公式为

$$基本预备费=（工程费用+独立费用）×基本预备费费率 \qquad (8-7)$$

其中：基本预备费费率的计取应该执行国家及相关部门的有关规定。

价差预备费是指针对建设项目在建设期内由于材料、人工、设备等价格可能发生变化引起工程造价变化，而事先预留的费用也称为价格变动不可预见费。价差预备费的内容包括：人工、设备、材料、施工机械的价差费，建筑安装工程费和独立费用调整，利率、汇率调整等增加的费用。

价差预备费一般根据国家规定的投资综合价格指数，以估算年份价格水平的投资额为基数，采用复利方法计算。其计算公式为

$$PF=\sum_{t=1}^{n}I_t\left[(1+f)^m(1+f)^{0.5}(1+f)^{t-1}-1\right] \qquad (8-8)$$

式中　PF——价差预备费估算额；

　　　　n——建设期年份数；

　　　　I_t——建设期中第 t 年的投资计划额（包括工程费用、独立费用和基本预备费）；

　　　　f——年平均价格预计上涨率；

　　　　m——建设前期年限（从编制估算到开工建设的年限），年。

【例 8-1】 某水利水电工程项目的建筑及安装工程费为 10000 万元，设备购置费 6000 万元，独立费用 4000 万元，已知基本预备费率为 5%，项目建设前期年限为 1 年，项目建设期为 3 年，各年投资计划额为：第 1 年完成投资的 20%，第 2 年完成 60%，第 3 年完成 20%。年平均价格上涨率预测为 6%，试估算该项目建设期间的价差预备费。

解： 基本预备费=（10000+6000+4000）×5%=1000（万元）

静态投资额=10000+6000+4000+1000=21000（万元）

第 1 年完成投资额 $I_1=21000×20\%=4200$（万元）

第 1 年价差预备费 $PF_1=I_1\left[(1+f)^1(1+f)^{0.5}(1+f)^{1-1}-1\right]=383.61$（万元）

第 2 年完成投资额 $I_2=21000×60\%=12600$（万元）

第 2 年价差预备费 $PF_2=I_2\left[(1+f)^1(1+f)^{0.5}(1+f)^{2-1}-1\right]=1975.89$（万元）

第 3 年完成投资额 $I_3=21000×20\%=4200$（万元）

第 3 年价差预备费 $PF_3=I_3\left[(1+f)^1(1+f)^{0.5}(1+f)^{3-1}-1\right]=950.15$（万元）

所以，建设期的价差预备费为

$$PF=383.61+1975.89+950.15=3309.65（万元）$$

（4）建设期融资利息的估算。建设期融资利息包括向国内银行和其他非银行金融机构贷款、出口信贷、外国政府贷款、国际商业银行贷款及在境内外发行的债券等在建设期间内应计的贷款利息。建设期贷款利息按复利计算。

对于贷款总额一次性贷出且利率固定的贷款，计算公式为

$$q=P\left[(1+i)^n-1\right] \qquad (8-9)$$

式中　q——贷款利息；

　　　　P——一次性贷款金额；

　　　　i——年利率；

　　　　n——贷款期限。

当总贷款是分年均衡发放时，建设期融资利息的计算可按当年借款在年中支用考虑，即当年贷款按半年计息，上年贷款按全年计息。计算公式为

$$q_j = \left(P_{j-1} + \frac{A_j}{2}\right) i \qquad (8-10)$$

式中 q_j——建设期第 j 年应计利息；

$\quad P_{j-1}$——建设期第 $j-1$ 年末累计贷款本金与利息之和；

$\quad A_j$——建设期第 j 年贷款金额；

$\quad i$——年利率。

国外贷款利息的计算中，还应包括国外贷款银行根据贷款协议方以年利率的方式收取的手续费、管理费、承诺费，以及国内代理机构经国家主管部门批准的以年利率的方式向贷款单位收取的转贷费、担保费和管理费等费用。

【例 8-2】 某新建项目，建设期为 3 年，分年均衡进行贷款，第 1 年贷款 300 万元，第 2 年贷款 600 万元，第 3 年贷款 400 万元，年利率为 12%，建设期内利息只计息不支付，试估算该新建项目的建设期融资利息。

解： 在建设期，各年的利息计算如下：

$$q_1 = \left(\frac{A_1}{2}\right) i = \frac{300}{2} \times 12\% = 18（万元）$$

$$q_2 = \left(P_1 + \frac{A_2}{2}\right) i = \left(300 + 18 + \frac{600}{2}\right) \times 12\% = 74.16（万元）$$

$$q_3 = \left(P_2 + \frac{A_3}{2}\right) i = \left(300 + 18 + 600 + 74.16 + \frac{400}{2}\right) \times 12\% = 143.06（万元）$$

所以，建设期融资利息 = 18 + 74.16 + 143.06 = 235.22 （万元）。

2. 流动资金的估算

流动资金是指生产经营性建设项目投产后，为保证能正常生产运营所需要的最基本的用于购买原材料、燃料，支付工资及其他经营费用等的周转资金。流动资金的估算一般采用分项详细估算法进行估算，个别情况或小型项目可采用扩大指标估算法。

（1）分项详细估算法。流动资金的显著特点是在生产过程中不断周转，其周转额的大小与生产规模及周转速度直接相关。分项详细估算法是根据周转额与周转速度之间的关系，对构成流动资金的各项流动资产和流动负债分别进行估算。流动资产的构成要素一般包括现金、存货和应收账款；流动负债的构成要素一般包括应付账款和预收账款。计算公式为

$$流动资金 = 流动资产 - 流动负债 \qquad (8-11)$$

其中　　　　　　　　流动资产 = 现金 + 存货 + 应收账款

流动负债 = 应付账款 + 预收账款

流动资金本年增加额 = 本年流动资金 - 上年流动资金

估算的具体步骤，首先计算各类流动资产和流动负债的年周转次数，然后再分项估算占用资金额。

1）周转次数计算。周转次数是指流动资金的各个构成项目在一年内完成多少个生产

过程。周转次数可用 1 年的天数（通常按 360 天计）除以流动资金的最低周转天数计算。

各类流动资产和流动负债的最低周转天数，可参照同类企业的平均周转天数并结合项目特点确定，或按部门（行业）规定来确定。在确定最低周转天数时应考虑储存天数、在途天数，并考虑适当的保险系数。

2）现金需要量估算。项目流动资金中的现金是指货币资金，即企业生产运营活动中停留于货币形态的那部分资金，包括企业库存现金和银行存款。计算公式为

$$现金需要量＝（年工资福利费＋年其他费）/年现金周转次数 \qquad (8-12)$$

其中　　　年其他费＝制造费用＋管理费用＋销售费用－（前 3 项中所含的工资及

福利费、折旧费、维简费、摊销费、修理费）

3）存货估算。存货是企业为销售或者生产耗用而储备的各种物资，主要有原材料、辅助材料、燃料、低值易耗品、维修备件、包装物、在产品、自制半成品和产成品等。为简化计算，仅考虑外购原材料、外购燃料、其他材料、在产品和产成品，并分项进行计算。计算公式为

$$存货＝外购原材料＋外购燃料＋其他材料＋在产品＋产成品 \qquad (8-13)$$

其中　　　　外购原材料＝年外购原材料费用/原材料周转次数

外购燃料＝年外购燃料费用/燃料周转次数

在产品＝（年外购材料费用＋年外购燃料费用＋年工资及福利费

＋年修理费＋年其他制造费）/在成品周转次数

产成品＝年经营成本/产成品周转次数

4）应收账款估算。应收账款是指企业对外赊销商品、劳务尚未收回的资金。应收账款的周转额应为全年赊销销售收入。在可行性研究时，用销售收入代替赊销收入。计算公式为

$$应收账款＝年销售收入/应收账款周转次数 \qquad (8-14)$$

5）流动负债估算。流动负债是指在一年或者超过一年的一个营业周期内，需要偿还的各种债务，包括应付账款、预收账款、短期借款、应付票据、应付工资、应付福利费、应付股利、应交税金、其他暂收应付款、预提费用和一年内到期的长期借款等。在可行性研究中，流动负债的估算一般只考虑应付账款和预收账款两项。计算公式为

应付账款＝（年外购原材料费用＋年外购燃料费用＋其他材料费用）/应付账款周转次数

$$(8-15)$$

$$预收账款＝预收的营业收入年金额/预收账款周转次数 \qquad (8-16)$$

（2）扩大指标估算法。扩大指标估算法是根据现有同类工程项目流动资金占某种基数的比率来估算的。比如占产值、营业收入、经营成本、总成本、固定资产总投资等数据的比率。扩大指标估算法简便易行，但准确度不高，一般适用于项目建议书阶段的估算。扩大指标估算法计算流动资金的公式为

$$流动资金＝年费用基数×流动资金占某种基数的比率 \qquad (8-17)$$

例如，当根据实际资料可以测算出同类工程项目的流动资金占固定资产总投资的比率时，就可以用下公式计算拟建工程所需流动资金的数额：

流动资金＝拟建工程固定资产总投资额×同类工程流动资金占固定资产投资额的比率

（3）估算流动资金应注意的问题：

1）在采用分项详细估算法时，应根据项目实际情况分别确定现金、存货、应收账款、应付账款和预收账款的最低周转天数，并考虑一定的保险系数。

2）在不同生产负荷下的流动资金，应按不同生产负荷所需的各项费用金额，分别按照上述的计算公式进行估算，而不能直接按照100％生产负荷下的流动资金乘以生产负荷百分比求得。

3）流动资金属于长期性（永久性）流动资产，流动资金的筹措可通过长期负债和资本金（一般要求占30％）的方式解决。流动资金一般要求在投产前1年开始筹措，为简化计算，可规定在投产的第1年开始按生产负荷安排流动资金需用量。其借款部分按全年计算利息，流动资金的利息应计入生产期间财务费用，项目计算期末收回全部流动资金。

4）用详细估算法计算流动资金，需以经营成本及其中的某些费用项目为基数进行计算，因此实际上流动资金的估算应该在经营成本估算之后进行。

第二节　施 工 图 预 算

一、施工图预算定义及其作用

施工图预算是由设计单位依据施工图设计文件、施工组织设计、现行的工程预算定额及费用标准等文件编制的。施工图预算是施工图设计预算的简称，又称设计预算，以与施工单位编制的施工预算相区别。它是指在施工图设计完成后，根据施工图，按照各专业工程的工程量计算规则计算出工程量，并考虑实施施工图的施工组织设计所确定的施工方案或方法，按照现行预算定额、工程建设费用定额、材料预算价格和建设主管部门规定的费用计算程序及其他取费规定等，确定单位工程、单项工程及建设项目建筑安装工程造价的技术经济文件。

施工图预算作为水利水电工程项目建设程序中一个重要的技术经济文件，在工程建设实施过程中具有十分重要的作用，可以归纳为以下几个方面。

1. 施工图预算对投资方的作用

（1）施工图预算是控制造价及资金合理使用的依据。施工图预算确定的预算造价是工程的计划成本，投资方按施工图预算造价筹集建设资金，并控制资金的合理使用。

（2）施工图预算是确定工程招标控制价的依据。在设置招标控制价的情况下，建筑安装工程的招标控制价可按照施工图预算来确定。招标控制价通常是在施工图预算的基础上考虑工程的特殊施工措施、工程质量要求、目标工期、招标工程范围以及自然条件等因素进行编制的。

2. 施工图预算对施工企业的作用

（1）施工图预算是建筑施工企业投标时"报价"的参考依据。在激烈的建筑市场竞争中，建筑施工企业需要根据施工图预算造价，结合企业的投标策略，确定投标报价。

（2）施工图预算是建筑工程预算包干的依据和签订施工合同的主要内容。在采用总价合同的情况下，施工单位通过与建设单位的协商，可在施工图预算的基础上，考虑设计或施工变更后可能发生的费用与其他风险因素，增加一定系数作为工程造价一次性包干。同样，施工单位与建设单位签订施工合同时，其中的工程价款的相关条款也必须以施工图预算为依据。

（3）施工图预算是施工企业安排调配施工力量，组织材料供应的依据。施工单位各职能部门可根据施工图预算编制劳动力供应计划和材料供应计划，并由此做好施工前的准备工作。

（4）施工图预算是施工企业控制工程成本的依据。根据施工图预算确定的中标价格是施工企业收取工程款的依据，企业只有合理利用各项资源，采取先进技术和管理方法，将成本控制在施工图预算价格以内，企业才会获得良好的经济效益。

（5）施工图预算是进行"两算"对比的依据。施工企业可以通过施工图预算和施工预算的对比分析，找出差距，采取必要的措施。

3. 施工图预算对其他方面的作用

（1）对于工程咨询单位来说，可以客观、准确地为委托方做出施工图预算，以强化投资方对工程造价的控制，有利于节省投资，提高建设项目的投资效益。

（2）对于工程造价管理部门来说，施工图预算是其监督检查执行定额标准、合理确定工程造价、测算造价指数及审定工程招标控制价的重要依据。

二、施工图预算的内容和编制依据

1. 施工图预算的内容

施工图预算有单位工程预算、单项工程预算和建设项目总预算。单位工程预算是根据施工图设计文件、现行预算定额、费用标准以及人工、材料、设备、机械台班（时）等预算价格资料，以一定方法，编制单位工程的施工图预算。然后汇总所有各单位工程施工图预算，成为单项工程施工图预算。再汇总所有各单项工程施工图预算，便是一个建设项目建筑安装工程的总预算。

单位工程预算包括：建筑工程预算，机电设备及安装工程预算，金属结构设备及安装工程预算，施工临时工程预算，独立费用预算等。建筑工程预算项目包括枢纽工程中挡水工程、泄洪工程、引水工程、发电厂工程、升压变电站工程、航运工程、鱼道工程、交通工程、房屋建筑工程和其他建筑工程，引水工程及河道工程中的供水、灌溉渠（管）道、河湖整治与堤防工程、建筑物工程、交通工程、房屋建筑工程、供电设施工程和其他建筑工程等组成。机电设备及安装工程预算由枢纽工程中的发电设备及安装工程、升压变电设备及安装工程、公用设备及安装工程，引水工程及河道工程中的泵站设备及安装工程、小水电设备及安装工程、供变电工程和公用设备及安装工程等组成。金属结构设备及安装工程预算主要包括闸门、启闭机、拦污栅、升船机等设备及安装工程，压力钢管制作及安装工程及其他金属结构设备及安装工程等组成。施工临时工程预算由导流工程、施工交通工程、施工房屋建筑工程、施工场外供电线路工程和其他施工临时工程组成。独立费用预算由建设管理费、生产准备费、科研勘测设计费、建设及施工场地征用费和其他组成。

2. 施工图预算的编制依据

（1）国家、行业和地方政府有关工程建设和造价管理的法律、法规和规定。施工图预算的编制必须依照国家、行业和地方造价管理方面的法律、法规和规定进行，相关法律、法规和规定是指导施工图预算编制的重要依据。

（2）工程地质勘察资料及建设场地中的施工条件。工程地质勘察资料和建设场地中的施工条件直接影响工程造价，编制施工图预算时必须加以考虑。

（3）施工图纸及说明书和标准图集。经审定的施工图纸、说明书和标准图集，完整地反映了工程的具体内容、各部分的具体做法、结构尺寸、技术特征以及施工方法，是编制施工图预算的重要依据。

（4）现行预算定额及编制办法。国家相关部门颁发的建筑及安装工程预算定额及有关的编制办法、工程量计算规则等，是编制施工图预算确定分项工程子目、计算工程量、计算直接工程费的主要依据。

（5）施工组织设计或施工方案。因为施工组织设计或施工方案中包括了与编制施工图预算必不可少的有关资料，如建设地点的土质、地质情况、土石方开挖的施工方法及余土外运方式与运距、施工机械使用情况、重要或特殊机械设备的安装方案等。

（6）材料、人工、机械台班（时）预算价格及调价规定。材料、人工、机械台班（时）预算价格是预算定额的三要素，是构成直接工程费的主要因素。尤其是材料费在工程成本中占的比重大，而且在市场经济条件下，材料、人工、机械台班（时）的价格是随市场而变化的。为使预算造价尽可能接近实际，国家和地方主管部门对此都有明确的调价规定。因此，合理确定材料、人工、机械台班预算价格及其调价规定是编制施工图预算的重要依据。

（7）现行的有关设备原价及运杂费率。水利水电工程中使用的机电设备和金属结构设备比较多，而且所占费用比率也比较大，施工图预算中一个很重要的部分就是设备费的预算，要合理的预算设备费，必须充分掌握现行的有关设备原价和运杂费率。

（8）水利水电建筑安装工程费用定额。水利水电建筑安装工程费用定额包括了各省、市、自治区和各专业部门规定的费用定额及计算程序。

（9）经批准的拟建项目的概算文件。设计概算是根据初步设计或扩大初步设计的图纸及说明编制的，它是控制施工图设计和施工图预算的重要依据。

（10）有关预算的手册及工具书。预算工作手册和工具书包括了计算各种结构件面积和体积的公式，钢材、木材等各种材料规格、型号及用量数据，各种单位的换算比例等，这些资料在编制施工图预算时经常用到，而且非常重要。

三、施工图预算编制方法

施工图预算与设计概算的项目划分、编制程序、费用构成、计算方法都基本相同。施工图是工程实施的蓝图，在这个阶段，建筑物的细部结构构造、尺寸，设备及装置性材料的型号、规格等都已明确，所以据此编制的施工图预算，较概算编制要精细。编制施工预算的方法与设计概算的不同之处具体表现在以下几个方面。

（1）主体工程。施工图预算与概算都采用工程量乘单价的方法计算投资，但深度不同。概算根据概算定额和初步设计工程量编制，其三级项目经综合扩大，概括性强，而预算则依据预算定额和施工图设计工程量编制，其三级项目较为详细。如概算的闸、坝工程，一般只需套用定额中的综合项目计算其综合单价；而施工图预算须根据预算定额中按各部位划分为更详细的三级项目，分别计算单价。

（2）非主体工程。概算中的非主体工程以及主体工程中的细部结构采用综合指标（如铁路单价以元/km 计、遥测水位站单价以元/座计等）或百分率乘以二级项目工程量的方法估算投资；而预算则均要求按三级项目乘以工程单价的方法计算投资。

（3）造价文件的结构。概算是初步设计报告的组成部分，于初设阶段一次完成，概算完整地反映整个建设项目所需的投资。由于施工图的设计工作量大，历时长，故施工图设计大多以满足施工为前提，陆续出图。因此，施工图预算通常以单项工程为单位，陆续编制，各单项工程单独成册，最后汇总成总预算。

施工图预算编制的具体方法有定额单价法、定额实物法、综合单价法。

1. 定额单价法

定额单价法编制施工图预算，就是根据事先编制好的地区统一单位估价表中的各分项工程预算定额单价，乘以相应的各分项工程的工程量，并汇总相加，得到单位工程的人工费、材料费和机械使用费用之和；再加上其他直接费、间接费、间接费、利润和税金，即可得到单位工程的施工图预算。其中，地区单位估价表是由地区造价管理部门根据地区统一预算定额或各专业部门专业定额以及统一单价组织编制的，它是计算建筑安装工程造价的基础。定额单价也叫预算定额基价，是单位估价表的主要构成部分。另外，其他直接费、间接费、间接费和利润是根据统一规定的费率乘以相应的计取基础求得的。

定额单价法编制施工图预算的计算公式为

$$\text{单位工程施工图预算直接费} = \sum(\text{预算定额单价} \times \text{工程量}) \tag{8-18}$$

$$\text{单位工程施工图预算} = \text{基本直接费} + \text{其他直接费} + \text{间接费} + \text{间接费} + \text{利润} + \text{税金}$$
$$\tag{8-19}$$

2. 定额实物法

定额实物法是首先根据施工图纸分别计算出分项工程量；然后从预算定额中查出各相应分项工程所需的人工、材料和机械台班定额用量，再分别将各分项工程的工程量与其相应的定额人工、材料和机械台班需用量相乘，累计其乘积并加以汇总，就得出该单位工程全部的人工、材料和机械台班的总耗用量；再将所得的人工、材料和机械台班总耗用量，各自分别乘以当时当地的工资单价、材料预算价格和机械台班单价，其积的总和就是该单位工程的直接费；根据地区费用定额和取费标准，计算出其他直接费、现场经费、间接费、利润和税金；最后汇总各项费用即得出单位工程施工图预算造价。

定额实物法编制施工图预算，其中直接费的计算公式为

$$\text{单位工程预算基本直接费} = \text{人工费} + \text{材料费} + \text{机械使用费} \tag{8-20}$$

$$\text{人工费} = \sum(\text{工程量} \times \text{人工预算定额用量} \times \text{当时当地人工工资单价}) \tag{8-21}$$

$$\text{材料费} = \sum(\text{工程量} \times \text{材料预算定额用量} \times \text{当时当地材料预算价格}) \tag{8-22}$$

$$\text{机械使用费} = \sum(\text{工程量} \times \text{施工机械台班预算定额用量} \times \text{当时当地机械台班单价})$$
$$\tag{8-23}$$

实物法编制施工图预算的基本步骤如下：

（1）编制前的准备工作。此时要全面收集各种人工、材料、机械台班的当时当地的市场价格，应包括不同品种、规格的材料预算单价；不同工种、等级的人工工日单价；不同种类、型号的施工机械台班单价等。要求获得的各种价格应全面、真实、可靠。

（2）熟悉图纸和预算定额。

（3）了解施工组织设计和施工现场情况。

（4）划分工程项目和计算工程量。

（5）套用定额消耗量，计算人工、材料、机械台班消耗量。根据地区定额中人工、材料、施工机械台班的定额消耗量，乘以各分项工程的工程量，分别计算出各分项工程所需的各类人工工日数量、各类材料消耗数量和各类施工机械台班数量。

（6）计算并汇总单位工程的人工费、材料费和施工机械台班费。

（7）根据地区费用定额和取费标准，计算出其他直接费、现场经费、间接费、利润和税金。

3. 综合单价法

综合单价法是将建筑工程预算费用的一部分费用进行综合，形成分项综合单价。由于地区的差别，有的地区综合价格中综合了直接费和间接费，有的地区综合价格中综合了直接费、间接费和利润。按照单价综合的内容不同，综合单价法可分为全费用综合单价和清单综合单价。

（1）全费用综合单价。全费用综合单价，即单价中综合了分项工程人工费、材料费、机械费，管理费、利润、规费以及有关文件规定的调价、税金以及一定范围的风险等全部费用。以各分项工程量乘以全费用单价的合价汇总后，再加上措施项目的完全价格，就生成了单位工程施工图预算造价。计算公式如下：

$$建筑安装工程施工图预算＝（\sum 分项工程量 \times 分项工程全费用单价）$$
$$＋措施项目完全价格 \tag{8-24}$$

（2）清单综合单价。分部分项工程清单综合单价中综合了人工费、材料费、施工机械使用费、企业管理费、利润，并考虑了一定范围的风险费用，但并未包括措施费、规费和税金，因此它是一种不完全单价。各分部分项工程量乘以该综合单价的合价汇总后，再加上措施项目费、规费和税金后，就是单位工程的施工图预算造价。计算公式如下：

$$建筑安装工程施工图预算＝（\sum 分项工程量 \times 分项工程不完全单价）$$
$$＋措施项目不完全价格＋规费＋税金 \tag{8-25}$$

以上三种编制方法，要求编制人因时因地因不同工程项目择优选用。

四、施工图预算编制程序和编制要点

1. 施工图预算编制程序

（1）收集资料。收集资料是指收集与编制施工图预算有关的资料，如会审通过的施工图设计资料，初步设计概算，修正概算，施工组织设计，现行的与本工程相一致的预算定额，各类费用取费标准，人工、材料、机械价格资料，施工地区的水文、地质情况资料，等等。

（2）熟悉施工图设计资料。全面熟悉施工图设计资料、了解设计意图、掌握工程全貌是准确、迅速地编制施工预算的关键。

（3）熟悉施工组织设计。施工组织设计是指导拟建工程施工准备、施工各现场空间布置的技术文件，同时施工组织设计亦是设计文件的组成部分之一。根据施工组织设计提供的施工现场平面布置、料场、堆场、仓库位置、资源供应及运输方式、施工进度计划、施工方案等资料才能准确地计算人工、材料、机械台班（时）单价及工程数量，正确地选用相应的定额项目，从而确定反映客观实际的工程造价。

（4）了解施工现场情况。了解施工现场情况主要包括：了解施工现场的工程地质和水文地质情况；现场内需拆迁处理和清理的构造物情况；水、电、路情况；施工现场的平面位置；各种材料、生活资源的供应等情况。这些资料对于准确、完整地编制施工图预算有着重要的作用。

（5）计算工程量。计算工程量是施工图预算的关键。

（6）明确预算项目划分。水利水电工程施工图预算应按预算项目表的序列及内容进行划分编制。

（7）编制预算文件。

2. 施工图预算编制要点

水利水电工程施工图预算编制准确，能为工程竣工结算提供直接的参考依据，减轻预算后期的工作量和结算工作量。

施工图预算编制的要点有：

（1）准确计算工程量。工程量的计算是编好施工图预算的主要环节，是整个施工图预算编制过程中最繁杂的一个工序，用时最多，出错可能性也最大，而工程量又是整个施工图预算的主要数据，是计算的基础，因此，一定要抓好工程量计算的准确性。准确计算工程量必须熟悉和详细理解全部施工图纸及所有的设计技术资料，并根据工程量计算规则进行计算，有利于合理准确地按定额有关规定划分项目。针对图纸上发现的问题进行技术交流，对图纸交代不全的问题，可按施工规范及现场提供的施工方法考虑。

（2）准确套价。套价时应熟练掌握定额中的说明、工作内容及单价组成，并利用类似工程预算书、相应定额进行对照套价，减少漏项几率。

（3）对定额缺项的项目，可以依据自身的经验结合实际的施工情况，测定人工、材料、机械消耗量，公正合理地确定符合施工实际的单价。

（4）注意施工图预算编制说明的编写，应将施工图预算编制依据和编制过程中所遇到的某些问题及处理办法，以及整个工程的主要工作量加以系统地说明，以便于完善、补充预算的编制，保证工程施工图预算的准确性。

第三节　施　工　预　算

一、施工预算及其作用

施工预算是施工企业为了加强项目成本管理，根据施工图纸、施工措施及施工定额（或劳动定额）编制的反映企业成本计划的技术经济文件。施工预算反映单位工程或分部分项工程的人工、材料、施工机械台班（时）消耗数和直接费消耗标准。

施工预算的作用主要有以下几个方面：

（1）施工预算是编制施工作业计划的依据。施工作业计划是施工企业计划管理的中心环节，也是计划管理的基础和具体化。编制施工作业计划，必须依据施工预算计算的单位工程或分部分项工程的工程量、劳动力数量和各种资源的数量。

（2）施工预算是施工单位向施工班组签发施工任务单和限额领料的依据。施工任务单是把施工作业计划落实到班组的计划文件，也是记录班组完成任务情况和结算班组工人工资的凭证。施工任务单的内容包括两部分：一部分是下达给班组的工程任务，包括工程名称、工作任务、工程量、计量单位、要求的开工竣工日期等；另一部分是实际任务完成的情况记录和工资结算，包括实际开工和竣工日期、完成工程量、实际工日等。

（3）施工预算是计算超额奖和计算计件工资、实行按劳分配的依据。施工预算所确定的人工、材料、机械使用量与工程量的关系是衡量工人劳动成果、计算应得报酬的依据，它把工人的劳动成果与劳动报酬联系起来，很好地体现了多劳多得的按劳分配原则。

（4）施工预算与施工图预算的人工和主要材料进行对比，分析超支、节约原因，以加强企业管理。施工企业可以通过施工图预算和施工预算的对比分析，找出差距，采取必要的措施。

（5）施工企业签订分包合同，结算工程费用的依据。当施工企业按照相关规定需要对工程进行分包时，施工企业可以依据该分包工程的施工预算对分包费用进行控制并据此对工程费用进行结算。

二、施工预算编制依据

编制施工预算的主要依据有：施工图纸、施工定额及补充定额、施工组织设计或施工方案、有关的手册资料和企业管理水平及经验。

（1）施工图纸。施工图纸和说明书必须是经过建设单位、设计单位和施工单位会审通过的，不能采用未经会审通过的图纸，以免返工。

（2）施工定额及补充定额。施工定额及补充定额包括全国建筑安装工程统一劳动定额和各部、各地区颁发的专业施工定额。凡是已有施工定额可以参照使用的，应参照施工定额编制施工预算中的人工、材料及机械使用费。在缺乏施工定额作为依据的情况下，可按有关规定自行编排补充定额。施工定额是编制施工预算的基础，也是施工预算与施工图预算的主要差别之一。

（3）施工组织设计或施工方案。由施工单位编制详细的施工组织设计，据以确定应采取的施工方法、进度以及所需的人工、材料和施工机械，作为编制施工预算的基础。例如土方开挖，应根据施工图设计，结合具体的工程条件，确定其边坡系数、开挖采用人工还是机械、运土的工具和运输距离等。

（4）有关的手册资料。例如，建筑材料手册，人工、材料、机械台班费用标准等。

（5）企业管理水平及经验。

三、施工预算的编制步骤和方法

1. 编制步骤

编制施工预算和编制施工图预算的步骤相似。首先应熟悉设计图纸及施工定额，对施工单位的人员、劳力、施工技术等有大致了解；对工程的现场情况，施工方式方法要比较清楚；对施工定额的内容，所包括的范围应比较了解。为了便于与施工图预算相比较，编制施工预算时，应尽可能与施工图预算的分部、分项项目相对应。在计算工程量时所采用的计算单位要与定额的计量单位相适应。具备施工预算所需的资料，并已熟悉了基础资料和施工定额的内容后，就可以按以下步骤编制施工预算。

（1）计算工程实物量。工程实物量的计算是编制施工预算的基本工作，要认真、细致、准确，不得错算、漏算和重算。凡是能够利用施工图预算的工程量，就不必再算，但工程项目、名称和单位一定要符合施工定额。工程量的计算必须遵循工程量计算规则，工程量计算完毕经仔细核对无误后，根据施工定额的内容和要求，按工程项目的划分逐项汇总。

（2）按施工图纸进行分项工程计算。套用的施工定额必须与施工图纸的内容相一致。分项工程的名称、规格、计量单位必须与施工定额所列的内容相一致，逐项计算分部分项工程所需人工、材料、机械台班使用量。

（3）工料分析和汇总。计算了工程量之后，按照工程的分项名称顺序，套用施工定额的单位人工、材料和机械台班（时）消耗量，逐一计算出各个工程项目的人工、材料和机械台班（时）的用量，最后同类项目工料相加汇总，便成为一个完整的分部分项工料汇总表。

（4）进行"两算"对比。"两算"是指施工图预算和施工预算，将施工图预算和施工预算进行对比分析，主要为了分析它们之间的差异，分析超支或者节约的原因，找出差距，从而采取必要的措施，以加强企业的造价管理。

（5）编写施工预算说明。以简练的文字说明施工预算的编制依据、对施工图纸的审查意见、现场勘察的主要资料，存在的问题及处理办法等。施工预算说明主要包括以下几个方面的内容：①编制依据，包括采用的图纸名称和编号，采用的施工定额，采用的施工组织设计或施工方案等；②是否考虑了设计修改或会审记录；③遗留项目或暂估项目有哪些，并说明原因和存在的问题，以及处理的方法等；④其他。

施工预算所采用的主要表格可以参考表 8 - 2～表 8 - 5。

表 8 - 2　　　　　　　　　　　　　　　施工预算工程量汇总表

工程名称：

序号	定额	分项工程名称	单位	数量	备注

审核：　　　　　　　　　　　　　制表：

表 8 - 3　　　　　　　　　　　　　　　施工预算工料分析表

工程名称：

定额编号	分部分项工程名称	单位	工程量	工 料 名 称					
				水泥		钢材		木材	
				单位用量	合计用量	单位用量	合计用量	单位用量	合计用量

审核：　　　　　　　　　　　　　制表：

表 8 - 4　　　　　　　　　　　单位工程材料或机械汇总表

工程名称：

序号	分部工程名称	材料或机械名称	规格	单位	数量	单价/元	复价/元

审核：　　　　　　　　　　　　　　制表：

表 8 - 5　　　　　　　　　　　施 工 预 算 表

工程名称：

序号	定额号	分部分项工程名称	单位	数量	预算价值/元				
					单价	合计	其中		
							人工	材料	机械

审核：　　　　　　　　　　　　　　制表：

2. 编制方法

编制施工预算有两种方法，一是实物法，二是实物金额法。

实物法的应用比较普遍。它是根据施工图和说明书按照劳动定额或施工定额规定计算工程量，汇总、分析人工和材料数量，向施工班组签发施工任务单和限额领料单。实行班组核算，与施工图预算的人工和主要材料进行对比，分析超支、节约原因，以加强企业管理。

实物金额法即根据实物法编制施工预算的人工和材料数量分别乘以人工和材料单价，求得直接费，或根据施工定额规定计算工程量、套用施工定额单价，计算直接费。其实物量用于向施工班组签发施工任务单和限额领料单，实行班组核算。直接费与施工图预算的直接费进行对比，以改进企业管理。

四、编制施工预算应注意的问题和编制要点

在编制施工预算过程中应注意以下几个方面的问题：

(1) 材料换算。当施工定额中给出砌筑砂浆和混凝土等级，而没有原材料配合比时，应按定额附录《砂浆配合比》与《混凝土配合比》的使用说明进行换算，求得原材料用量。

(2) 项目划分。编制施工预算的主要目的，是有利于施工企业在现场施工中能够有效地进行施工活动经济分析、项目成本控制与项目经济核算。因此，划分项目应与施工作业安排尽可能的一致，采用定额应符合本企业并接近平均先进水平，使其能够有效地降低实际成本。

(3) 外加工成品、半成品。凡属外单位加工的成品、半成品的工程项目，如金属结构制作厂加工的钢结构构件，混凝土构件厂制作的预制钢筋混凝土构件等，在进行工料分析时，一般另行单独编制施工预算，以便与现场施工的项目区别开来，这样更有利于进行施工管理和经济核算。

另外，施工预算编制过程中应该注意的编制要点主要有：

（1）施工预算的人工、材料、机械使用量及其相应的费用水平，一般应低于施工图预算的水平。如果高于施工图预算的水平，则要调查、分析其原因，并及时提出应对方案包括改变施工方案。

（2）利用施工预算与施工图预算对比，无论是"实物法"还是"实物金额法"，其目的都是节约投资，防止人工、材料和机械使用费的超支，避免发生计划成本亏损。

（3）要及时、认真、实事求是地填写施工预算主要表格（表8-2～表8-5）。

（4）施工预算既要密切结合施工图预算，又要为竣工结算打好基础。对变更工程要做好原始记录、适时调控施工预算但不能突破施工图预算水平。

五、施工预算与施工图预算的对比

施工预算和施工图预算的对比叫"两算"对比，"两算"对比的目的是分析节约或超支的原因，以提出解决问题的措施，为降低成本，提高管理效益提供依据。

1. 施工预算与施工图预算的区别

（1）编制目的不同：施工图预算是业主控制造价、合理使用资金和确定招标控制价的依据；施工预算是施工企业为了加强项目成本管理而编制的。

（2）使用的定额不同：施工图预算用的是预算定额；施工预算用的是施工定额。

（3）工程项目粗细程度不同：施工图预算是以分部分项工程为编制对象；而施工预算是以某一工序、施工过程为编制对象，较施工图预算更细化。

（4）计算范围不同：施工图预算是对工程全部费用进行计算分析，全部费用包括直接费、其他直接费、现场经费、间接费、利润、税金等内容；而施工预算主要是对人、材、机消耗量及费用进行分析。

（5）编制用途不同：施工图预算是确定工程造价、甲乙双方结算的依据；施工预算是施工企业内部组织人力、物力和向工程投入人工、材料和机械设备的依据。

2. "两算"对比的内容

"两算"对比一般只限于直接费，间接费不作对比。

（1）人工：一般施工预算应低于施工图预算10％～5％。

（2）材料：施工预算消耗量总体上低于施工图预算，因为施工操作损耗一般低于预算定额中的材料损耗，且施工预算中扣除了节约材料措施所节约的材料用量。

（3）机械台时：预算定额的机械台时耗用时是综合考虑的；施工定额要求根据实际情况计算，即根据施工组织设计或施工方案规定的进场施工的机械种类、型号、数量、工期计算。

由于施工定额与预算定额的定额水平不一样，施工预算的人工、材料、机械使用量及其相应的费用，一般应低于施工图预算。但有时由于施工方案改变的原因，有可能会出现某一项偏高，不过，总的水平应该是施工预算低于施工图预算。当出现相反情况时，要调查分析原因，必要时要改变施工方案。

复 习 思 考 题

1. 投资估算编制的依据有哪些？如何进行编制？
2. 施工图预算编制的依据有哪些？如何进行编制？
3. 施工预算编制的依据有哪些？如何进行编制？

第九章　水利工程量清单计价

第一节　工程招标与投标报价

一、工程招标的概述

招标投标是市场经济条件下的一种商品交易竞争方式。它是在交易双方自愿同意的基础上，由唯一的买主（或卖主）设定标的（标的就是交易对象，如货物、劳务、建筑工程项目等），招请若干卖主（或买主）通过秘密报价进行竞争，从中选择优胜者与之达成交易协议，然后按协议实现标的。

工程招标投标是国际上广泛采用的分派建设任务的主要交易方式，在世界各国尤其是发达国家和地区得到广泛应用，已经有 200 多年的历史。在进行工程项目施工以及设备、材料采购和服务时，国外的业主大都通过招标方式从投标人中选定其需要的承包商、供应商或设备制造商。虽然招标投标源于商品生产，是市场自由竞争的产物，尤其在价值规律占统治地位的资本主义国家得到发展并不断完善，但从其特征看，它并不是资本主义国家特有的东西，同样也适用于社会主义国家。

水利水电工程是具有一般商品属性和特点的特殊商品，对水利水电工程建设项目施工实行招标投标，可以达到控制建设工期、确保工程质量、降低工程造价和提高投资效益的目的。因此，早在 1995 年水利部就发布了《水利工程建设项目施工招标投标管理规定（试行）》，用以规范我国水利水电工程建设项目招标投标工作。1999 年 8 月 30 日全国人大常委会第十一次会议通过了《中华人民共和国招标投标法》（以下简称《招投标法》），并于 2000 年 10 月 1 日开始执行。水利部根据《招投标法》，于 2001 年 10 月 29 日发布了《水利工程建设项目施工招标投标管理规定》（以下简称《招标投标管理规定》），2002 年 1 月 1 日起开始执行。

《招标投标管理规定》中规定，符合下列具体范围并达到规模标准之一的水利工程建设项目必须进行招标。

具体范围：①关系社会公共利益、公共安全的防洪、排涝、灌溉、水力发电、引（供）水、水土保持、水资源保护等水利工程建设项目；②使用国有资金投资或者国家融资的水利工程建设项目；③使用国际组织或者外国政府贷款、援助资金的水利工程建设项目。

规模标准：①施工单项合同估算价在 200 万元人民币以上的；②重要设备、材料等货物的采购，单项合同估算价在 100 万元人民币以上的；③勘察设计、监理等服务的采购，单项合同估算价在 50 万元人民币以上的；④项目总投资额在 3000 万元人民币以上，但分标单项合同估算价低于规模标准第①、②、③项规定的标准的项目原则上都必须招标。

二、招标的内容和招标的方式

1. 招标内容

建设工程招标，根据具体招标工程项目的条件，可以采用不同的招标方法。招标方法不同，招标的工作内容也各不相同。工程招标按照其内容来分一般有：

（1）全过程招标。全过程招标即从项目建议书开始，包括可行性研究、勘察、设计、工程材料和设备的采购与供应、工程施工、生产准备，直到竣工投产、交付使用，实行全面招标。

（2）勘察、设计招标。勘察、设计招标是指只进行勘察、设计阶段的招标，可以将工程项目的勘察、设计任务一起招标发包，也可以单独进行勘察招标或设计招标。

（3）重要材料、设备招标。重要材料、设备招标就是针对工程项目建设所需的重要材料、设备的采购进行招标。

（4）施工招标。施工招标可根据建设项目的规模大小、技术复杂程度、工期长短、施工现场管理条件等情况，采用全部工程、单项工程（如拦河坝工程）、单位工程（如灌区工程中的分水闸工程）、或者分部工程（如土石方、混凝土工程）等形式进行招标。同一工程中不同的分标项目，可采取不同的招标方式，全部工程不宜分标过多，工程分标应该有利于项目管理、有利于吸引施工企业竞争为原则。

（5）监理招标。监理招标就是指对建设项目的建设监理实行招标，择优选择建设监理单位。

2. 招标方式

常用的招标方式有公开招标、邀请招标和议标。

（1）公开招标。公开招标是指招标人以招标公告的方式邀请不特定的法人或者其他组织投标的招标方式。通常，国家重点水利项目、地方重点水利项目及全部使用国有资金投资或者国有资金投资占控股或者主导地位的项目应当公开招标。招标人应当依照法定程序和方式，公开发布招标公告，提供载有招标工程的主要技术要求、工程量清单、主要合同条款、评标标准和方法，以及开标、评标、决标的程序等内容的招标文件。公开招标时，不得限制合格投标人的数目。经资格审查后认可的投标人不得少于三家。公开招标可使招标人有较大的选择余地，能够在众多的投标企业中选择报价合理、工期较短、信誉良好的企业。

（2）邀请招标。邀请招标是指招标人以投标邀请书的方式要求特定的法人或者其他组织投标的招标方式。采用邀请招标的应当符合以下规定并经主管部门批准，即：项目技术复杂的，有特殊要求或涉及专利权保护的项目；受自然资源或环境限制，新技术或技术规格事先难以确定的项目；应急度汛项目；其他特殊项目。邀请招标由招标人向有承担该工程能力的三个以上的企业发出邀请书，至少要有三个企业参加投标。这种招标方式的优点是招标人对受邀请单位一般都比较了解，双方互相信任，投标人大都具有较为丰富的经验和良好的信誉，招标工作量小。不足之处是有时可能使招标流于形式。

（3）议标。议标是一种商谈式的招标方式，是指不通过公开招标，而由业主或其代理人直接邀请某一个或几个承包商进行协商，选定承包单位。对于不宜公开招标的特殊工程或者项目比较零星的工程，经上级招投标管理机构批准，可以采用议标的方式。

三、水利水电工程施工招标

（一）招标条件

对建设项目施工实行招标的招标人应当具有项目法人资格，具有与招标项目规模和复杂程度相适应的有关方面专业技术力量，具有编制招标文件和组织评标的能力，具有从事同类工程建设项目招标的经验，设有专门的招标机构或者拥有 3 名以上专职招标业务人员，熟悉和掌握招标投标法律、法规、规章。

当招标人不具备上述条件时，应当委托符合相应条件的招标代理机构办理招标事宜。招标代理机构可按国家的有关收费标准收取相关费用。

为了保证建设项目施工招标的顺利进行，招标人在申请施工招标时，实施招标的工程项目应具备下列条件：①初步设计及概算已经批准；②项目建设资金来源已落实，年度投资计划已经安排；③监理单位已确定；④具有能满足招标要求的设计文件，已与设计单位签订适应施工进度要求的图纸交付合同或协议；⑤有关建设项目永久征地、临时征地和移民搬迁的实施、安置工作已经落实或已有明确安排。

（二）施工招标程序

建设项目施工招标工作由招标人按下列程序进行：

（1）招标前，按项目管理权限向水行政主管部门提交招标报告备案。报告具体内容应当包括：招标已具备的条件、招标方式、分标方案、招标计划安排、投标人资质（资格）条件、评标方法、评标委员会组建方案以及开标、评标的工作具体安排等。

（2）编制招标文件。

（3）发布招标信息（招标公告或投标邀请书）。

（4）发售资格预审文件。

（5）按规定日期接受潜在投标人编制的资格预审文件。

（6）组织对潜在投标人资格预审文件进行审核。

（7）向资格预审合格的潜在投标人发售招标文件。

（8）组织购买招标文件的潜在投标人现场踏勘。

（9）接受投标人对招标文件有关问题要求澄清的函件，对问题进行澄清，并书面通知所有潜在投标人。

（10）组织成立评标委员会，并在中标结果确定前保密。

（11）在规定时间和地点，接受符合招标文件要求的投标文件。

（12）组织开标评标会。

（13）在评标委员会推荐的中标候选人中，确定中标人。

（14）向水行政主管部门提交招标投标情况的书面总结报告。

（15）发中标通知书，并将中标结果通知所有投标人。

（16）进行合同谈判，并与中标人订立书面合同。

采用公开招标方式的项目，招标人应当在国家发展和改革委员会指定的媒介发布招标公告，其中大型水利工程建设项目以及国家重点项目、中央项目、地方重点项目同时还应当在《中国水利报》发布招标公告，公告正式媒介发布至发售资格预审文件（或招标文件）的时间间隔一般不少于 10 日。招标人应当对招标公告的真实性负责。招标公告不得限制潜在投标人的数量。采用邀请招标方式的，招标人应当向 3 个以上有投标资格的法人或其他组织发出投标邀请书。投标人少于 3 个的，招标人应当依照规定重新招标。

（三）招标文件的编制

招标文件是工程招标工作的纲领性文件，同时又是投标人编制投标书的依据，也是承包人、发包人签订合同的主要内容。招标文件的编制要符合投资控制、进度控制、质量控制的总体目标，符合发包人的要求及工程项目特点。

在招标文件编写过程中进行造价控制的主要工作在于选定合理的工程计量方法和计价方法。按照我国目前的规定，对于全部使用国有资金投资或国有资金投资为主的大中型建设工程应使用工程量清单计价模式，其他项目可使用定额计价的模式。

1. 工程量清单编制

招标文件内容包括工程量清单。工程量清单是按照国家或地方颁布的计算规则、统一的工程项目划分方法、统一的计量单位、统一的工程量计算规则，根据设计图纸、设计说明、图纸会审记录，考虑招标人的要求、工程项目的特点计算工程量并予以统计、排列，从而得到的清单。它作为投标报价参考文件的重要组成部分提供给投标人，目的在于将投标价格的工程量部分固定不变。

编制工程量清单要注意以下几点。

（1）编制依据。编制工程量清单时必须全面了解工程有关资料，了解业主意图、技术规范、实地勘察现场情况，了解实际施工条件（工程现场的场地、用房、交通等环境条件，水文、地质、气象的具体条件），为计算工程量打好基础，尽量减少日后工程变更。

（2）项目划分。编制工程量清单时要求项目之间界限清楚，项目作业内容、工艺和质量标准清楚，既便于计量，也便于报价；项目划分尽量要细，避免不平衡报价。

（3）工程量清单项目应尽可能周全。不重不漏是招标工程量清单最基本的要求，清单中漏掉的新增项目会引起工程造价失控。因此，在编制招标工程量清单时应该带有一定的预见性，增列一些可能发生的项目，列入少量的工程量。

（4）清单说明言简意赅。清单说明包括工作内容的补充说明、施工工艺特殊要求说明、主要材料规格型号及质量要求说明、现场施工条件、自然条件说明等。尤其是现场施工条件、自然条件说明，应准确表述，便于投标单位与自己所了解的情况对照。

（5）配套表格设计合理，实用直观、具有操作性。配套表格设计既要使投标操作起来不烦琐，又要利于评标操作方便快捷。

2. 报价方法

报价方法一般分为综合单价法和工料单价法。综合单价法针对分部分项内容，综合考虑其工料机成本和各类间接费及利税后报出单价，再根据各分项量价积之和组成工程总价，它一般不反映工料机分析。工料单价法则针对单位工程，汇兑所有分部分项工程各种工料机数量，乘以相应的工料机市场单价，所得总和后再考虑总的间接费和利税后报出总价，它不但包括各种费用计算顺序，而且反映各种工料机市场单价。

建筑工程项目不同于其他政府采购项目，有时由于设计不到位、施工中变更等不可预见因素较多，使工程竣工后产生了由于工程量的变化而引起的造价调整。如果双方在签订合同时对工程量调整后的估价未明确说明，则在工程实施时往往会产生对费用的异议。因此，用工料单价法报价，能较好地解决这种事后争议，即采用工料单价法报价，为工程项目的事后审计工作更为顺利地进行提供了较多依据。但目前国际惯用的报价形式大多是综合单价法，其使用前提较为严格，如图纸设计要详实、变更较少、使用 FIDIC 合同格式等。

3. 标底的编制

标底是指招标人根据招标项目的具体情况，自行编制或委托具有相应资质的工程造价咨询机构代为编制完成招标项目所需的全部费用，是依据国家规定的计价依据和计价办法计算出来的工程造价，并按规定程序审定的招标工程的预期价格。标底是建筑安装工程造价的表现形式之一，一般应控制在批准的总概算及投资包干限额内。标底是评价投标人所投单价和总价合理性的重要参考依据，是对生产建筑产品所消耗的社会必要劳动的估值，是核算成本价的依据，是合同管理中确定合同变更、价格调整、索赔和额外工程的费率和价格的依据。因此，正确计算标底对控制工程造价有重要的意义。

在确定标底时，要进行大量市场行情调查，掌握较多的工程所在地区或条件相近地区同类工程项目的造价资料，经过认真地研究、分析和比较计算，尽量将工程标底控制在低于或等于同类工程社会平均水平上。

(1) 标底编制的原则。在标底的编制过程中，应遵循以下原则：①根据国家统一工程项目划分、计量单位、工程量计算规则及设计图纸、招标文件，并参照国家、行业或地方批准发布的定额和国家、行业、地方规定的技术标准规范及市场价格确定工程量和编制标底；②标底作为招标人的期望价格，应力求与市场的实际变化相吻合，要有利于竞争和保证工程质量；③标底应由直接费、间接费、企业利润、税金等组成，一般应控制在批准的建设工程投资估算或总概算（修正概算）价格以内；④标底应考虑人工、材料、设备、机械台班等价格变化因素，还应包括措施费及不可预见费、预算包干费、考虑现场因素、保险等，采用固定价格的还应考虑工程的风险金等；⑤一个工程只能编制一个标底；⑥工程项目标底完成后应及时封存，在开标前应严格保密，所有接触过工程标底的人员都负有保密责任，不得泄露。

(2) 标底编制的步骤。

1) 准备工作。标底编制的准备工作要求如下：①熟悉施工图设计及说明，如发现图纸中的问题或不明确之处，可要求设计单位进行交底、补充，并做好记录，在招标文件中加以说明；②勘察现场，实地了解现场情况及周围环境，以作为确定施工方案、包干系数和技术措施费等有关费用计算的依据；③了解招标文件中规定的招标范围，材料、半成品和设备的加工订货情况，工程质量和工期要求，物资供应方式，要进行市场调查，掌握材料、设备的市场价格。

2) 收集编制资料。编制标底需收集的资料和依据，包括：建设行政主管部门制定的有关工程造价的文件、规定；设计文件、图纸、技术说明及招标时的设计交底，按设计图纸确定的或招标人提供的工程量清单等相关基础资料；拟采用的施工组织设计、施工方案、施工技术措施等；工程定额、现场环境和条件、市场价格信息等。总之，凡在工程建设实施过程中可能影响工程费用的各种因素，在编制标底价格前都必须予以考虑，收集所有必需的资料和依据，达到标底编制具备的条件。

3）计算标底价格。计算标底价格的程序：①以工程量清单确定划分的计价项目及其工程量，计算整个工程的人工、材料、机械台班需用量；②确定人工、材料、设备、机械台班的市场价格，结合前面的需用量确定整个工程的人工、材料、设备、机械台班等直接费用；③确定工程施工中的措施费用和特殊费用，编制工程现场因素、施工技术措施、赶工措施费用表及其他特殊费用表；④采用固定合同价格的，预测和测算工程施工周期内的人工、材料、设备、机械台班价格波动的风险系数；⑤根据招标文件的要求，按工料单价计算直接工程费，然后计算措施费、间接费、企业利润和税金，编制工程标底价格计算书和标底价格汇总表，或者根据招标文件的要求，通过综合计算完成分部分项工程所发生的直接工程费、措施费、间接费、企业利润、税金，形成综合单价，按综合单价法编制工程标底价格计算书和标底价格汇总表。

4）审核标底价格。计算得到标底价格以后，应再依据工程设计图纸、特殊施工方法、工程定额等对填有单价与合价的工程量清单、标底价格计算书、标底价格汇总表、采用固定价格的风险系数测算明细，以及现场因素、各种施工措施测算明细、材料设备清单等标底价格编制表格进行复查与审核。

四、水利水电工程投标报价

投标报价是承包商采取投标方式承揽工程项目时，计算和确定承包该项工程的投标总价格。业主把承包商的报价作为主要标准来选择中标者，同时也是业主和承包商就工程标价进行承包合同谈判的基础，直接关系到承包商投标的成败。报价是进行工程投标的核心。报价过高会失去承包机会，而报价过低虽然得了标，但会给工程带来亏本的风险。因此，标价过高或过低都不可取，如何做出合适的投标报价，是投标者能否中标的最关键的问题。

（一）报价的主要依据

工程报价的依据主要有：①设计图纸；②工程量表；③合同条件，尤其是有关工期、支付条件、外汇比例的规定；④有关法规；⑤拟采用的施工方案、进度计划；⑥施工规范和施工说明书；⑦工程材料、设备的价格及运费；⑧劳务工资标准；⑨当地生活物资价格水平。

此外，还应考虑各种有关间接费用。

（二）投标报价步骤

承包商通过资格预审，购买到全套招标文件之后，即可根据工程性质、大小，组织一个经验丰富、决策强有力的班子进行投标报价。承包工程有固定总价合同、单价合同、成本加酬金合同等几种主要形式，不同的合同形式的计算报价是有差别的。具有代表性的单价合同报价计算主要分以下 9 个步骤：①研究招标文件；②现场考察；③复核工程量；④编制施工规划；⑤计算工、料、机单价；⑥计算分项工程基本单价；⑦计算间接费；⑧考虑上级企业管理费、风险费，预计企业利润；⑨确定投标价格。

1. 研究招标文件

招标文件是投标的主要依据，承包商在动手计算标价之前和整个投标报价期间，均应组织参加投标报价的人员认真细致的阅读招标文件，仔细地分析研究。首先要弄清楚招标文件的要求和报价内容。其目的是：①弄清楚承包者的责任和报价范围，以避免在报价中发生任何遗漏；②弄清楚各项技术要求，以便确定经济适用而又可能加速工期的施工方案；③弄清楚工程中需使用的特殊材料和设备，以便在计算报价之前调查市场价格，避免因盲目估价而失误；④整理出招标文件中含糊不清的问题，有一些问题应及时请业主或咨询工程师予以澄清。

招标文件内容广泛，承包商应对于可能对投标价计算产生重大影响的以下几个主要方面，加以特别注意。

（1）投标书附件与合同条件在报价时应特别注意考虑下列因素。

1）工期，包括开工日期和施工期限的规定，以及是否有分段、分部竣工的要求。

2）误期损害赔偿费的有关规定。

3）维修期和维修期间的担保金额，这对何时可收回工程"尾款"，承包商的资金利息和保函费用计算有影响。

4）保函的要求，包括投标保函、履约保函、预付款保函、维修期保函等。保函值的要求、保函有效期的规定、允许开保函的银行限制等。

5）保险，是否指定了保险公司，保险种类和最低保险金额。

6）付款条件，是否有预付款及如何扣回，材料设备到达现场并检验合格后是否可以获得部分材料设备预付款，是否按订货、货到工地等分阶段付款。中期付款方法，包括付款比例、保留金比例、保留金最高限额、退回保留金的时间和方法，拖延付款的利息支付；付款的时间规定等。这些是影响承包商计算流动资金及其利息费用的重要因素。

7）税收，是否免税或部分免税，可免何种税收，可否临时进口机具设备而不收海关关税等。

8）货币，支付和结算的货币规定，外汇兑换和汇款的规定，向国外订购的材料设备需用外汇的申请和支付办法。

9）劳务国籍的限制，这对计算劳务成本有用。

10）战争和自然灾害等人为不可抗拒因素造成损害的补偿办法和规定，中途停工的处理办法和补救措施等；有无提前竣工的奖励；争议、仲裁或诉讼法律等的规定。

（2）施工技术、材料和设备要求研究招标文件中要求采用哪国的施工验收规范或是其他国际规范，有无特殊的施工技术要求、有无特殊材料设备技术要求、有无选择代用材料、设备的规定等。以便考虑相应的定额，计算有特殊要求项目的价格。

（3）工程范围和报价要求。

1）应注意对不同种类的合同采取不同的方法和策略。

2）应当仔细研究招标文件中的工程量表的编制体系和方法。

3）讲究永久性工程之外的项目有何报价要求。

4）对某些部位的工程或设备提供，是否必须由业主指定的分包商进行分包。应为"指定的分包商"提供何种条件，承担何种责任，以及计价方法等。

5）对于材料、设备、工资在施工期限内涨价及当地货币贬值有无补偿，即合同有无任何调价条款，以及调价计算公式。

6）承包商的风险。认真研究招标文件中对承包商不利，需承担很大风险的条款和各种规定。

2. 现场考察

在 FIDIC 土木工程施工合同条件中明确规定："应当认为承包商在提交投标书之前，已对现场和其周围环境及与之有关的可用资料进行了视察和检查，已取得上述可能对其投标产生影响或发生作用的风险、意外事件及所有其他情况的全部必要资料""应当认为承包商的投标书以业主提供的可利用的资料和承包商自己进行的上述视察和检查为依据"。这说明现场考察是投标者必须经过的投标程序。按国际惯例，一般认为投标者的报价单是在现场考察的基础上提出的，一旦随投标书提交了报价单，承包商就无权因为现场考察不周、对因素考虑不全而提出改投标报价或提出补偿等要求。现场考察应包括以下内容。

（1）自然地理条件。

1）工程所在地的地理位置、地形、地貌、用地范围。

2）气象、水文情况，包括气温、湿度、风力，年平均和最大降雨量；对于水利和港湾工程，还应搜集河水流量、水位、潮汐、风浪等水文资料。

3）地质情况，表层土和下层土的地质构造及特征，承载能力，地下水情况。

4）地震及其设防烈度，洪水、台风及其他自然灾害情况。

（2）市场情况。

1）建筑和装修材料、施工机械设备、燃料、动力和生活用品的供应情况，价格水平，过去几年的批发价和零售价指数以及今后的变化趋势预测。

2）劳务市场情况，包括工人的技术水平，工资水平，有关劳动保险和福利待遇的规定，在当地雇佣工人的可能性，以及外籍工人是否被允许入境等。

3）银行利率和外汇汇率。

（3）施工条件。

1）施工场地四周情况，布置临时设施、生活营地的可能性。

2）供排水、供电、道路条件、通信设施现状；引接或新修供排水路、电源、通信线路和道路的可能性及最近的路线与距离。

3）附近供应或开采砂、石、填方土壤和其他当地材料的可能性，并了解其规格、品质和适用性。

4）附近的现有建筑工程情况，包括其工程性质、施工方法、劳务来源和当地材料来源等。

5）环境对施工的限制，施工操作中的振动、噪声是否构成违背邻近公众利益而触犯环境保护法令；是否需要申请进行爆破的许可；在繁华地区施工时，材料运输、堆放的限制，对公众安全保护的常用措施；现场周围建筑物是否需要加固、支护等。

（4）其他条件。

1）交通运输，包括陆地、海运、河运和空运的运输交通情况，主要运输工具的购置和租赁价格。

2）编制报价的有关规定，工程所在地国家或地区工程部门颁发的有关费率和取费标准，临时建筑工程的标准和收费。

3）工地现场附近的治安情况。

（5）业主情况。

1) 业主的资信情况，主要是了解其资金来源和支付的可靠性。

2) 履约态度，履行合同是否严肃认真，处理意外情况时是否通情达理，是否谅解承包商的具体困难。

3) 能否秉公办事，是否惯于挑剔、刁难。

(6) 竞争对手情况。了解可能参加投标竞争的公司名称、国别及其与当地合作的公司的名称；了解这些公司的能力和过去几年内的工程承包情况；了解这些公司的突出的优势和明显的弱点；做到知己知彼，制订出合适的投标策略，发挥自己的优势而取胜。

以上是调查考察的一般内容，应针对工程具体情况而增删。考察后要写出简洁明了的考察报告，附有参考资料、结论和建议。

3. 复核工程量

招标文件中通常都附有工程量表，投标者应根据图纸仔细核算工程量，如发现漏项或相差较大时，应通知招标单位要求更正，一般规定，未经招标业主允许，不得修改或变动工程量。如果业主在投标前未予更正，而且是对投标者不利的情况，投标者可在投标时附上声明函件，指出工程量表中的漏项或某项工程量有错误，施工结算应按实际完成量计算。也可按不平衡报价的思路进行报价。有时招标文件中没有工程量表，仅有招标图纸，需要投标者根据设计图纸自行计算，按照自己的习惯或按给定的有关工程量计算方法分项目列出工程量表。在计算中应注意以下几点：

(1) 正确划分各部分工程项目，与当地现行定额项目一致。

(2) 按照一定的计算顺序进行，避免漏算或错算。

(3) 严格按设计图纸标明的尺寸、数据计算。

(4) 在计算中要结合已定的施工方案或施工方法。

(5) 最后进行认真复核检查。

复核工程量要求尽可能准确无误，因为工程量的大小直接影响投标价的高低。对于总价合同，按图纸核算工程量就更为重要，特别是在总价合同条件下，由于工程量错误而导致产生的风险，是由承包商承担的，工程量的漏算或错算有可能带来无法弥补的经济损失。

如果招标的工程是一个大型项目，而投标时间又比较短，则在较短的时间内核算全部工程量，将是十分困难的。即使时间紧迫，承包商至少应当在报价前核算那些工程量较大和造价较高的项目。

在核算完全部工程量表中细目后，投标者应按大项分类汇总主要工程量，以便对这个工程项目施工规模的全面了解，并用以研究采用合适的施工方法，选择适用和经济的施工机具设备，确定合理的施工方案。

4. 编制施工规划

招标文件中要求投标者在报价的同时要附上其施工规划，施工规划内容一般包括工程进度计划和施工方案，业主将根据这些资料评价投标者是否采取了充分和合理的措施，保证按期完成工程施工任务。另外，施工规划对投标者自己也是十分重要的，因为进度安排是否合理，施工方案选择是否恰当，对工程成本与报价有密切关系。制定施工规划的依据是设计图纸、规范、复核的工程量表、现场施工条件、开工、竣工的日期要求、机械设备来源、劳动力来源等。

编制一个好的施工规划可以大大降低标价，提高竞争力。编制的原则是在保证工期和工程质量的前提下，尽可能使工程成本最低，投标价格合理。

（1）工程进度计划。在投标阶段编制的工程进度计划不是工程施工计划，可以粗略一些，一般用直线条计划即可。除招标文件专门规定必须用网络图外，不必采用网络技术，但应考虑和满足以下要求。

1）总工期符合招标文件的要求，如果合同要求分期分批竣工交付使用，应标明分期交付的时间和分批交付的数量。

2）表示各项主要工程的开始和结束时间，例如土方工程、基础工程、混凝土结构工程、屋面工程、装修工程、水电安装工程等的开始和结束时间。

3）体现主要工序相互衔接的合理安排。

4）有利于基本上均衡安排劳动力，尽可能避免现场劳动力数量急剧起落，这样可以提高工效和节省临时设施。

5）有利于充分有效地利用机械设备，减少机械设备占用周期。

6）便于编制资金流动计划，有利于降低流动资金占用量，节省资金利息。

（2）施工方案。制定施工方案要在工期要求、技术可能性、保证质量、降低成本等方面综合考虑，其内容应包括下列几个方面。

1）根据分类汇总的工程数量和工程进度计划中该类工程的施工周期，以及招标文件的技术要求，选择和确定各项工程的主要施工方法和适用、经济的施工方案。

2）根据上述各类工程的施工方法，选择相应的机具设备，并计算所需数量和使用周期。研究确定是采购新设备，或调整现有设备，或在当地租赁设备。

3）研究决定哪些工程由自己组织施工，哪些分包，提出分包的条件设想，以便询价。

4）用概略指标估算直接生产劳务数量，考虑其来源及进场时间安排。如果当地有限制外籍劳务的规定，则应提出当地劳务和外籍劳务的工种分配。另外，从所需直接生产劳务的数量，可结合以往经验估算所需间接劳务和管理人员的数量，并可估算生活性临时设施的数量和标准等。

5）用概略指标估算主要的和大宗的建筑材料的需用量，考虑其来源和分批进场的时间安排，从而可估算现场用于存储、加工的临时设施。如果有些建筑材料，如砂、石等预定就地自行开采，则应估计采砂、石场的设备、人员，并计算自采砂、石的单位成本价格。如有些构件预定在现场自制，应确定相应的设备、人员和场地面积，并计算自制构件的成本价格。

6）根据现场设备、高峰人数和一切生产和生活方面的需要，估算现场用水、用电量，确定临时供电和供排水设施。

7）考虑外部和内部材料供应的运输方式，估计运输和交通车辆的需要和来源。

8）考虑其他临时工程的需要和建设方案，例如进场道路、停车场地等。

9）提出某些特殊条件下保证正常施工的措施，例如降低地下水位以保证基础或地下工程施工的措施和冬季、雨季施工措施等。

10）其他必需的临时设施的安排，例如临时围墙或围篱、警卫设施、夜间照明、现场临时通信设施等。

如果招标文件规定承包商应当提供业主现场代表和驻现场监理工程师的办公室、车辆和测试仪器、办公家具及设备和服务设施时，可以根据招标文件的具体要求，将其作为一个相对独立的子项工程，提出自己的建议和报价。对于小型招标项目，如果招标文件对此并无特殊规定，则可将之包括在承包商的临时工程费用中，一并在工程量表的项目中摊销。

应注意上述施工方案中的各种数字，都是按汇总工程量和概略定额指标估算的，在计算标价过程中，需要按后续计算得出的详细计算数字予以修改、补充和订正。

5. 计算工程报价费用

工程报价的费用组成与现行概（预）算文件中的费用构成基本一致，主要有直接费、间接费、企业利润、税金以及不可预见的费用等。但投标报价和工程概（预）算是有区别的，工程概（预）算文件必须按国家有关规定编制，尤其是各种费用的计算。必须按规定的费率进行，不得任意修改；而投标报价则可根据本企业实际情况进行计算，更能体现企业的实际水平。工程概（预）算文件经设计单位编完后，必须经建设单位或其主管部门、建设银行等审查批准后才能作为建设单位与施工单位结算工程价款的依据，而投标报价可以根据施工单位对工程的理解程度，在预算造价上下浮动，无需预先送建设单位审核。国内工程投标报价费用的组成如下：

（1）直接费。直接费指在工程施工中直接用于工程实体上的人工、材料、设备和施工机械使用费等费用的总和，由人工费、材料费、设备费、施工机械费、其他直接费和分包项目费用组成。

（2）间接费。间接费用是指组织和管理工程施工所需的各项费用，主要由施工管理费和其他间接费组成。其他间接费包括临时设施费，施工机械迁移费、劳动保险基金等。

（3）企业利润和税金。企业利润和税金指按照国家有关部门的规定，建筑施工企业在承担施工任务时应计取的企业利润，以及按规定应计入建筑安装工程造价内的营业税、城市建设维护税等。

（4）不可预见费。不可预见费可由风险因素分析予以确定，一般在投标时可按工程总成本的 3%～5% 计算。

6. 确定投标价格

前面计算出的工程单价，是包含人工费、材料费、机械费和除合同工程量表中单列项目以外的间接费、企业利润、风险费等工程的工程分项单价，将之乘上工程量，再加上工程量表中单列项目费用，即可得出工程总价。但是，这样汇总得出的工程总价还不能作为投标价格，因为按照上述方法算出的工程总价，与根据经验预测的可能中标价格，或通过某些渠道掌握的"标底"相比，往往有出入，甚至可能相差很大。组成总价的各部分费用间的比例也可能不尽合理。造成这种"价差"的原因很多，必须具体分析之后，再对工程总价作出必要的调整。

调整投标总价应当建立在对工程的盈亏预测的基础上。可以用类比方法，把工程的全部人工费、材料费、机械费、间接费分加汇总，计算出各种费用占总价的比例，或者算出单位造价，和以往类似工程相比，从中发现问题。可以用分析的方法，把工、料、机单价，分项工程基本单价和间接费互相对照，看是否有漏算、重复的项目，然后分析费用的各个组成部分，看哪些地方还可通过采取某些措施降低成本、增加盈利。

考虑标价时，应坚持"既能够中标，又有利可图"的原则，同时，既考虑第一次投标成败的得失，又应着眼于长远发展目标，确定最后的投标报价。

在作出投标报价决策和确定报价策略之后，应组织人员重新修正报价计算书，按招标文件的要求正确编报投标文件，并在规定的投标日期和时间内报送投标文件。

第二节 工程量清单概述

一、基本概念

1. 工程量清单的概念

工程量清单是由建设工程招标人发出的，对招标工程的全部项目，按统一的项目编码、工程量计算规则、项目划分和计量单位计算出的工程数量列出的表格。

工程量清单可以由招标人自行编制，也可以由其委托有资质的招标代理机构或咨询单位编制。工程量清单是招标文件的组成部分。

2. 工程量清单的作用

工程量清单除了为潜在的投标人提供必要的信息外，还具有以下作用：

（1）为投标人提供一个公开、公平、公正的竞争环境。工程量清单由招标人统一提供，统一的工程量避免了由于计算不准确、项目不一致等人为因素造成的不公正影响，创造了一个公平的竞争环境。

（2）工程量清单是计价和询标、评标的基础。无论是标底的编制还是企业投标报价，都必须以工程量清单为基础进行。同样也为今后的招标、评标奠定了基础。

（3）为施工过程中支付工程进度款提供依据。根据相关合同条款，工程量清单为施工过程中的进度款支付提供了依据。

（4）为办理工程结算及工程索赔提供了重要依据。

（5）设有标底价格的招标工程，招标人利用工程量清单编制标底价格，供评标时参考。

二、工程量清单编制的准备工作

1. 资料的准备

开始工程量计算的工作之前，必须将相关资料准备齐全。资料包括常用的符号、数据、计算公式、一般通用及常用材料技术参数和基础参考资料等。

（1）基本计算手册，包括平面图形面积、多面体的体积和表面积公式、物料堆体的计算公式、壳体表面积、侧面积的公式，长度、面积、体积单位的换算。

（2）常用建筑材料的性质及数值，包括常用材料和构件的自重、液体平均密度和容量的换算。

（3）熟悉工程量计算的计算规则。

2. 图纸的准备

（1）全套的招标设计图纸，包括设计总说明、施工技术要求、合同条款、施工方案等。

（2）国家现行的标准图集。

（3）设计规范、施工验收规范、质量评定标准、安全操作规程。

3. 定额的准备

（1）基础定额。基础定额是以分项工程表示的人工、材料、机械用量的消耗量标准，是按照正常的施工条件，大多数企业的技术条件、装备水平，按照合理的工期、施工工艺水平、一定的劳动组织条件编制的，反映了社会平均消耗水平。基础定额是统一全国建设工程的项目划分、计量单位、工程量计算规则的国家基础定额，是依据现行的国家标准、设计规范和施工验收规范、质量评定标准、安全操作规程编制的。建筑工程基础定额可以作为地区定额的基础，也可以作为企业编制本企业预算定额和投标报价的基础。

由于市场价格的地区性及经济条件、施工方法的不同，使定额无法确定一个统一的、全国通行的市场价格。所以，基础定额给定的是人工、材料、机械的消耗量标准。各地区按照当地的人工、材料、机械的实际价格进行具体实施。基础定额的特点就是全国统一消耗量标准，统一定额的项目划分、计量单位、工程量计算规则。基础定额是国家定额，是各省市编制地方建设工程定额的依据。

（2）预算定额。预算定额是在正常合理的施工条件下，完成一定计量单位的分项工程所必需的人工、材料、机械台班的消耗量标准。

预算定额是在全国基础定额的基础上，并根据正常的施工条件，国家颁发的施工及验收规范，质量评定标准和安全技术操作规程，施工现场文明安全施工及环境保护的要求，以及现行的标准图、通用图等为依据编制的。预算定额是依据本地区施工企业的装备水平、成熟的施工工艺、合理的劳动组织条件制定的，反映的是社会平均消耗水平。

预算定额的作用：编制施工图预算、进行工程招投标、签订建设工程承包合同、拨付工程款和办理工程竣工结算的依据；统一本地区建设工程预（估）算的依据；统一本地区建设工程预（估）算工程量计算规则、项目划分及计量单位的依据；完成规定计量单位分项工程计价所需的人工、材料、施工机械台班消耗量的标准；编制概算定额和估算指标的基础。

预算定额也是编制工程量清单报价的基础。在施工企业没有编制企业消耗定额的情况下，企业在执行工程量清单报价时，可执行预算定额的人工、材料、机械台班消耗量标准。以人工、材料、机械台班的市场价格或造价管理部门定期公布的材料价格，作为清单单价的重要组成部分。

（3）企业定额。按照《计价规范》的术语解释，企业定额的概念是施工企业根据本企业的施工技术和管理水平，以及有关工程造价资料制定的，并供本企业使用的人工、材料和机械台班消耗量。反映的是平均先进消耗水平，即每完成一个规定计量单位工程项目所消耗的人工、材料、机械台班消耗量少于预算定额的消耗水平。也就是说：企业定额要先进于预算定额，企业定额水平要先进于基础定额，即社会平均消耗量。

三、工程量清单编制的原则、依据和步骤

1. 工程量清单编制的原则

（1）必须遵循市场经济活动的基本原则，即客观、公正、公平的原则。所谓客观、公正、公平的原则，就是要求工程量清单的编制要实事求是，不弄虚作假，招标要机会均等，一律公平地对待所有投标人。

（2）符合国家《计价规范》的原则。项目分项类别、分项名称、清单分项编码、计量单位、分类项目特征、工作内容等，都必须符合《计价规范》的规定和要求。

（3）符合工程量实物分项与描述准确的原则。工程量清单是对招标人和投标人都有很强约束力的重要文件，专业性强，内容复杂，对编制人的业务技术水平和能力要求高，能否编制出完整、严谨、准确的工程量清单，是招标成败的关键。工程量清单是传达招标人要求，便于投标人响应和完成招标工程实体、工程任务目标及相应分项工程数量，全面反映投标报价要求的直接依据。因此，招标人向投标人所提供的清单，必须与设计的施工图纸相符合，能充分体现设计意图，充分反映施工现场的现实施工条件，为投标人能够合理报价创造有利条件，贯彻互利互惠的原则。

（4）工作认真审慎的原则。应当认真学习《计价规范》、相关政策法规、工程量计算规则、施工图纸、工程地质与水文资料和相关的技术资料等。熟悉施工现场情况，注重现场施工条件分析。对初定的工程量清单的各个分项，按有关的规定进行认真核对、审核，避免错漏项、少算或多算工程数量等现象发生，对措施项目与其他措施工程量项目清单也应当认真反复核实，最大限度地减少人为因素的错误发生。重要的问题在于不留缺口，防止日后追加工程投资，增加工程造价。

2. 工程量清单的编制依据

《水利工程工程量清单计价规范》规定："分类分项工程量清单应根据本规范附录 A 和附录 B 规定的项目编码、项目名称、项目主要特征、计量单位、工程量计算规则、主要工作内容和一般适用范围进行编制"。即工程量清单应严格按照《计价规范》编制。综合起来，工程量清单的编制依据有以下几点：

（1）招标设计文件及技术条款。

（2）有关的工程施工规范与工程验收规范。

（3）拟采用的施工组织设计和施工技术方案。

（4）相关的法律、法规及本地区相关的计价条例等。

3. 工程量清单的编制步骤

工程量清单编制的内容，应包括分类分项工程量清单、措施项目清单、其他项目清单，且必须严格按照《计价规范》规定的计价规则和标准格式进行。在编制工程量清单时，应根据规范和招标图纸及其他有关要求对清单项目进行准确详细的描述，以保证投标企业正确理解各清单项目的内容，合理报价。

工程量清单编制程序与步骤：

（1）收集熟悉有关资料文件。

（2）分析图纸确定清单分项。

（3）按分项及计算规则计算清单工程量。

（4）编制分部分项工程量清单。

（5）编制措施项目清单和其他项目清单。

（6）按规范格式整理工程量清单。

四、工程量清单的内容

《水利工程工程量清单计价规范》（GB 50501—2007）中对工程量清单的格式进行了统一规定，其内容有：工程量清单封面、填表须知、总说明、分类分项工程量清单、措施项目清单、其他项目清单、零星工作项清单和其他辅助表格。工程量清单的编写应由招标人完成，除以上规定的内容以外，招标人可根据具体情况进行补充。工程量清单主要有分类分项工程量清单、措施项目清单、其他项目清单、零星工作项目清单四部分，其中分类分项工程量清单是核心。

1. 工程量清单封面

招标人需在工程量清单封面上填写：拟建的工程项目名称、招标人（招标单位）、法定代表人、中介机构法定代表人、造价工程师及注册证号、编制时间。

2. 工程量清单填表须知

招标人在编写工程量清单表格时，必须按照规定的要求完成。具体规定有四条：

（1）工程量清单及其计价格式中所有要求签字、盖章的地方，必须由规定的单位和人员盖章、签字（其中法定代表人也可由其授权委托的代理人签字、盖章）。

（2）工程量清单及其计价格式中的任何内容不得随意删除或涂改。

（3）工程量清单计价格式中列明的所有需要填报的单价和合价，投标人均应填报，未填报的单价和合价，视为此项费用已包含在工程量清单的其他单价及合价中。

（4）金额（价格）均应以_____币表示。

3. 工程量清单总说明

工程量清单总说明主要是招标人用于说明招标工程的工程概况、招标范围、工程量清单编制依据、工程质量的要求、主要材料的价格来源等。

（1）工程概况是指建设规模、工程特征、计划工期、施工现场实际情况、交通运输情况、自然地理条件、环境保护要求等。

（2）工程招标和分包范围。

（3）工程量清单编制依据。

（4）工程质量、材料、施工等的特殊要求，即工程质量要求达到的标准、主要材料的材质等级标准、规格型号、价格要求及其他。

（5）招标人自行采购材料的名称、规格型号、数量等。

（6）预留金、自行采购材料的金额数量。

（7）其他需说明的问题。

4. 分类分项工程量清单

分类分项工程量清单包括项目编码、项目名称、计量单位、工程数量和主要技术条款编码五项内容。编制分类分项工程量清单，主要就是将设计图纸规定要实施完成的工程的全部对象、内容和任务等列成清单，列出分类分项工程的项目名称，计算出相应项目的有效自然（或实体）工程数量，制作完成工程量清单表。

分类分项工程量清单应根据《水利工程工程量清单计价规范》附录 A 和附录 B 规定的统一项目编码、统一项目名称、统一计量单位、统一工程量计算规则进行编制。

（1）项目编码。项目编码用 12 位阿拉伯数字表示，前 9 位为全国统一编码，不得变动，后 3 位是清单项目名称编码，由清单编制人根据设计图纸的要求、拟建工程的实际情况和项目特征设置。各位编码的含义如下：第 1、2 位编码"50"为水利工程分类的顺序码；第 3、4 位编码为水利建筑工程和水利安装工程分类的顺序码，"01"为水利建筑工程、"02"为水利安装工程；第 5、6 位编码为分类工程的顺序码，如"01"为土方开挖工程、"02"为石方开挖工程、"03"为土方填筑工程；第 7、8、9 位编码为分类工程项目名称的顺序码，如"500101001"中的后 3 位"001"为场地平整；第 10、11、12 位编码为具体清单项目名称的顺序码，由工程量清单编制人确定。

（2）项目名称。分部分项工程量清单的项目名称是以工程实体设置的，在编制工程量清单时，以《计价规范》附录中的项目名称为主，考虑到拟建工程项目的规格、型号、材质等特征要求的实际情况，可使其工程量清单的项目名称具体化，以便能够反映出影响实际工程造价的主要因素。

随着科学技术的发展，新材料、新技术、新的施工工艺将不断出现和应用。因此，凡附录中的缺项，在工程量清单编制时，编制人可作补充。补充项目应填写在工程量清单相应分类工程项目之后，并在"项目编码"栏中以"补"字表示。

（3）计量单位，工程数量的计量单位应按规定采用基本单位。

（4）工程数量，工程数量是工程量清单的核心内容。工程量计算是工程量清单编制中工作量最大的工作，需要细致、熟练，计算结果应当准确，能实事求是地反映工程实物的状态、内容和数量，以作为编制标底价格、投标报价等的基础依据。分类分项工程量计算的依据是设计图纸和统一的工程量计算规则。工程量计算规则是指对清单项目工程量的计算规定。除另有说明外，所有清单项目的工程量应以有效实体工程量为准，并以完成后的净值计算，投标人在投标报价时，应在单价中考虑施工中的各种损耗和需要增加的工程量。

5. 措施项目清单

措施项目是指为了完成工程项目施工，发生于工程施工前和施工过程中的技术、生活、安全等方面的非工程实体的项目。在措施项目清单中将这些非工程实体的项目逐一列出。

在编制措施项目清单时，应考虑在工程施工前和施工过程中所将要发生的多种因素，除工程本身的因素外，还要涉及水文、气象、环境、安全等因素和施工企业的实际情况。

"措施项目一览表"所列内容是各专业工程均可列出的措施项目，主要有：环境保护，文明施工，安全防护，小型临时工程，施工企业进退场费，大型施工设备安拆费。

措施项目清单根据拟建工程的具体情况和设计要求列项编制，对《计价规范》中所列项目，可以根据工程的规模、涵盖的内容等具体实际情况，编制人可作增减。

6. 其他项目清单

其他项目清单只列预留金一项，招标人可根据招标工程具体情况进行补充。预留金是招标人为可能发生的工程变更而预留的金额。此处的工程变更主要是指工程量清单漏项、有误引起的工程量增加和施工中的设计变更引起标准提高或工程量增加等。

7. 零星工作项目清单

零星工作项目费是指完成招标人提出的、工程量暂估的零星工作所需的费用。零星工作项目一般不能以实物量计量。为了准确地计价，零星工作项目表应详细列出人工、材料、机械名称和相应数量。人工应按工种列项，材料和机械应按规格、型号列项。

五、工程量清单的格式

工程量清单格式见表9-1～表9-10。

表9-1　　　　　　　　　　　　　　　封　面

_____工程

工程量清单

合同编号：（招标项目合同编号）

招　标　人：_____（单位盖章）

招　标　单　位

法　定　代　表　人

（或委托代理人）：_____（签字盖章）

中　介　机　构

法　定　代　表　人

（或委托代理人）：_____（签字盖章）

造　价　工　程　师

及　注　册　证　号：_____（签字盖职执业专用章）

编　制　时　间：_____

表9-2　　　　　　　　　　　　　　填　表　须　知

1. 工程量清单及其计价格式中所有要求盖章、签字的地方，必须由规定的单位和人员盖章、签字（其中法定代表人也可由其授权的代理人签字、盖章）。

2. 工程量清单及其计价格式中的任何内容不得随意删除或涂改。

3. 工程量清单计价格式中列明的所有需要填报的单价和合价，投标人均应填报，未填报的单价和合价，视为此项费用已包含在工程量清单的其他单价和合价中。

4. 投标金额（价格）均应以_____币表示。

表9-3　　　　　　　　　　　　　　总　说　明

合同编号：（招标项目合同编号）

工程名称：（招标项目名称）　　　　　　　　　　　　　　第　页共　页

表9-4　　　　　　　　　　　　分类分项工程量清单

合同编号：（招标项目合同编号）

工程名称：（招标项目名称）　　　　　　　　　　　　　　第　页共　页

序号	项目编码	项目名称	计量单位	工程数量	主要技术条款编码	备注
1		一级××项目				
1.1		二级××项目				
1.1.1		三级××项目				

续表

序号	项目编码	项目名称	计量单位	工程数量	主要技术条款编码	备注
	50××××××××	最末一级项目				
1.1.2						
2		一级××项目				
2.1		二级××项目				
2.1.1		三级××项目				
	50××××××××	最末一级项目				
2.1.2						

表 9-5 措 施 项 目 清 单

合同编号：（招标项目合同编号）

工程名称：（招标项目名称）

第 页 共 页

序号	项目名称	备 注
1	环境保护措施	
2	文明施工措施	
3	安全防护措施	
4	小型临时工程	
5	施工企业进退场费	
6	大型施工设备安拆费	
	……	

表 9-6 其 他 项 目 量 清 单

合同编号：（招标项目合同编号）

工程名称：（招标项目名称）

第 页 共 页

序号	项目名称	金额/元	备注

表 9-7 零 星 工 作 项 目 量 清 单

合同编号：（招标项目合同编号）

工程名称：（招标项目名称）

第 页 共 页

序号	名称	型号规格	计量单位	备 注
1	人工			

177

续表

序号	名称	型号规格	计量单位	备　注
2	材料			
3	机械			

表9-8　　　　　　　　　招标人供应材料价格表

合同编号：（招标项目合同号）

工程名称：（招标项目名称）　　　　　　　　　　　　　　　第　页　共　页

序号	材料名称	型号规格	计量单位	供应价/元	供应条件	备　注

表9-9　　　　　　　　招标人提供施工设备表（参考格式）

合同编号：（招标项目合同编号）

工程名称：（招标项目名称）　　　　　　　　　　　　　　　第　页　共　页

序号	设备名称	型号规格	设备状况	设备所在地点	计量单位	数量	折旧费 元/台时（台班）	备　注

表9-10　　　　　　　　招标人提供施工设施表（参考格式）

合同编号：（招标项目合同号）

工程名称：（招标项目名称）　　　　　　　　　　　　　　　第　页　共　页

序号	项目名称	计量单位	数量	备　注

第三节　分类分项工程清单计价的编制

一、工程量清单计价概述

（一）工程量清单计价的概念

工程量清单计价是指在建设工程招标时由招标人计算出工程量，并作为招标文件内容提供给投标人，再由投标人根据招标人提供的工程量自主报价的一种计价行为。就投标单位而言，工程量清单计价可称为工程量清单报价。

（二）工程量清单计价的特点

1. 满足竞争的需要

招标过程本身就是一个竞争的过程，招标人给出工程量清单，由投标人报价，报高了中不了标，报低了要赔本，这就体现出企业技术、管理水平的重要，形成企业整体实力的竞争。

2. 提供了一个平等的竞争条件

工程量清单计价模式由招标人提供工程量，为投标人提供了一个平等竞争的条件，投标人根据自身的实力来报不同的单价，符合商品交换的一般性原则。

3. 有利于工程款的拨付和工程造价的最终确定

投标人中标后，投标清单上的单价成了拨付工程款的依据。业主根据投标人完成的工程量，可以很容易地确定进度款的拨付额。工程竣工后，根据实际工程量乘以相应单价，业主很容易确定工程的最终造价。

4. 有利于实现风险的合理分担

采用工程量清单报价方式后，投标人只对自己所报的成本、单价等负责，而由业主承担工程量计算不准确的风险，这种格局符合风险合理分担与责权利关系对等的一般原则。

5. 有利于业主对投资的控制

工程量清单计价模式下，设计变更、工程量的增减对工程造价的影响容易确定，业主能根据投资情况来决定是否变更或进行方案比较，以决定最恰当的处理方法。

（三）工程量清单计价的应用范围

1. 工程项目类型

《水利工程工程量清单计价规范》（GB 50501—2007）是根据《中华人民共和国招标投标法》和现行国家标准《建设工程工程量清单计价规范》（GB 50500—2003）制定的，适用水利枢纽工程、水力发电、引（调）水、供水、灌溉、河湖整治、堤防等新建、扩建、改建、加固工程的招标投标工程。我国水利工程是全部使用国有资金投资或国有资金投资为主的大中型建设工程，在工程发承包和计价过程中往往存在着政府部门行政干预的可能。通过推行工程量清单计价，有利于公平竞争、合理使用资金。

工程量清单计价方式适用于实行招投标的项目。无论水利工程项目的招标主体和资金来源如何，都可以采用清单计价。随着我国水利工程建筑市场的成熟与完善，工程量清单计价将成为主要的计价模式。

2. 适应的工程项目阶段

使用工程量清单计价的阶段主要是：招标文件编制、投标报价的编制、合同价款的确定、工程竣工结算等。当前主要用于工程的招投标活动中。

（1）工程招标阶段。招标人在工程方案、初步设计或部分施工图设计完成后，可以自行编制，也可以委托招标代理人编制工程量清单，作为招标文件的组成部分发放给投标人。在设置标底的情况下，可以根据工程量清单和有关要求、施工现场的实际情况、合理的施工方法以及按照建设行政主管部门制定的有关工程造价计价方法编制标底。

（2）工程投标报价阶段。投标单位接到招标文件后，根据工程量清单和有关要求、施工现场实际情况以及拟定的施工方案或施工组织设计，根据企业定额和市场价格信息，并参照建设行政主管部门发布的社会平均消耗量定额编制报价。

3. 实施工程量清单报价应遵循的原则

（1）实行工程量清单计价招标投标的水利工程，其招标标底、投标报价的编制，合同价款的确定与调整，以及工程价款的结算，均应按《水利工程工程量清单计价规范》执行。

（2）工程量清单计价应包括按招标文件规定完成工程量清单所列项目的全部费用，包括分类分项工程费、措施项目费和其他项目费。

（3）分类分项工程量清单计价应采用工程单价计价。

（4）分类分项工程量清单的工程单价，应根据《计价规范》规定的工程单价组成内容，按招标设计文件、图纸、附录 A 和附录 B 中的"主要工作内容"确定。除另有规定外，对有效工程量以外的超挖、超填工程量，施工附加量，加工、运输损耗量等，所消耗的人工、材料和机械费用，均应摊入相应有效工程量的工程单价之内。

（5）招标工程如设标底，标底应根据招标文件中的工程量清单和有关要求，施工现场情况，合理的施工方案，工程单价组成内容，社会平均生产力水平，按市场价格进行编制。

（6）投标报价应根据招标文件中的工程量清单和有关要求，施工现场情况，以及拟定的施工方案，依据企业定额，按市场价格进行编制。

（7）工程量清单的合同结算工程量，除另有约定外，应按《计价规范》及合同文件约定的有效工程量进行计算。合同履行过程中需要变更工程单价时，按《计价规范》和合同约定的变更处理程序办理。

（8）措施项目清单的金额，应根据招标文件的要求以及工程的施工方案，以每一项措施项目为单位，按项计价。

（9）其他项目清单由招标人按估算金额确定。

（10）零星工作项目清单的单价由投标人确定。

二、工程量清单计价格式

工程量清单计价应采用统一格式，填写工程量清单报价表。工程量清单报价表应由下列内容组成：

（1）封面。

（2）投标总价。

（3）工程项目总价表。

（4）分类分项工程量清单计价表。

（5）措施项目清单计价表。

（6）其他项目清单计价表。

（7）零星工作项目计价表。

（8）工程单价汇总表。

（9）工程单价费（税）率汇总表。

（10）投标人生产电、风、水、砂石基础单价汇总表。

（11）投标人生产混凝土配合比材料费表。

（12）招标人供应材料价格汇总表。

（13）投标人自行采购主要材料预算价格汇总表。

（14）招标人提供施工机械台时（班）费汇总表。

（15）投标人自备施工机械台时（班）费汇总表。

（16）总价项目分类分项工程分解表。

（17）工程单价计算表。

三、工程量清单计价表的填写要求

工程量清单报价表的填写应符合下列规定：

（1）工程量清单报价表的内容应由投标人填写。

（2）投标人不得随意增加、删除或涂改招标人提供的工程量清单中的任何内容。

（3）工程量清单报价表中所有要求盖章、签字的地方，必须由规定的单位和人员盖章、签字（其中法定代表人也可由其授权委托的代理人签字、盖章）。

（4）投标总价应按工程项目总价表合计金额填写。

（5）工程项目总价表填写。表中一级项目名称按招标人提供的招标项目工程量清单中的相应名称填写，并按分类分项工程量清单计价表中相应项目合计金额填写。

（6）分类分项工程量清单计价表填写。

1）表中的序号、项目编码、项目名称、计量单位、工程数量、主要技术条款编码，按招标人提供的分类分项工程量清单中的相应内容填写。

2）表中列明的所有需要填写的单价和合价，投标人均应填写；未填写的单价和合价，视为此项费用已包含在工程量清单的其他单价和合价中。

（7）措施项目清单计价表填写。表中的序号、项目名称，按招标人提供的措施项目清单中的相应内容填写，并填写相应措施项目的金额和合计金额。

（8）其他项目清单计价表填写。表中的序号、项目名称、金额，按招标人提供的其他项目清单中的相应内容填写。

（9）零星工作项目计价表填写。表中的序号、人工、材料、机械的名称、型号规格以及计量单位，按招标人提供的零星工作项目清单中的相应内容填写，并填写相应项目单价。

（10）辅助表格填写。

1）工程单价汇总表，按工程单价计算表中的相应内容、价格（费率）填写。

2）工程单价费（税）率汇总表，按工程单价计算表中的相应费（税）率填写。

3）投标人生产电、风、水、砂石基础单价汇总表，按基础单价分析计算成果的相应内容、价格填写，并附相应基础单价的分析计算书。

4）投标人生产混凝土配合比材料费表，按表中工程部位、混凝土和水泥强度等级、级配、水灰比、相应材料用量和单价填写，填写的单价必须与工程单价计算表中采用的相应混凝土材料单价一致。

5）招标人供应材料价格汇总表，按招标人供应的材料名称、型号规格、计量单位和供应价填写，并填写经分析计算后的相应材料预算价格，填写的预算价格必须与工程单价计算表中采用的相应材料预算价格一致。

6）投标人自行采购主要材料预算价格汇总表，按表中的序号、材料名称、型号规格、计量单位和预算价填写，填写的预算价必须与工程单价计算表中采用的相应材料预算价格一致。

7）招标人提供施工机械台时（班）费汇总表，按招标人提供的机械名称、型号规格和招标人收取的台时（班）折旧费填写；投标人填写的台时（班）费用合计金额必须与工程单价计算表中相应的施工机械台时（班）费单价一致。

8）投标人自备施工机械台时（班）费汇总表，按表中的序号、机械名称、型号规格、一类费用和二类费用填写，填写的台时（班）费合计金额必须与工程单价计算表中相应的施工机械台时（班）费单价一致。

9）工程单价计算表，按表中的施工方法、序号、名称、型号规格、计量单位、数量、单价、合价填写，填写的人工、材料和机械等基础价格，必须与基础材料单价汇总表、主要材料预算价格汇总表及施工机械台时（班）费汇总表中单价相一致；填写的施工管理费、企业利润和税金等费（税）率必须与工程单价费（税）率汇总表中费（税）率相一致。凡投标金额小于投标总报价 1/2000 及以下的工程项目，投标人可不编报工程单价计算表。

（11）总价项目一般不再分设分类分项工程项目，若招标人要求投标人填写总价项目分类分项工程分解表，其表式同分类分项工程量清单计价表。

四、工程量清单计价的编制

1. 工程量清单计价的费用构成

水利工程工程量清单计价的费用构成如下：

（1）分类分项工程费。分类分项工程费是指完成"分类分项工程量清单"项目所需的费用，包括人工费、材料费（消耗的材料费总和）、机械使用费、企业管理费、企业利润、税金以及风险费。

（2）措施项目费。措施项目费是指分类分项工程费以外，为完成该工程项目施工必须采取的措施所需的费用，是"措施项目一览表"确定的工程措施项目金额的总和。具体措施项目包括环境保护费、文明施工费、安全施工费、临时设施费、大型机械设备进出场及安拆费等。以上措施项目费包括：人工费、材料费、机械使用费、企业管理费、企业利润、税金以及风险费。

（3）其他项目费。其他项目费是指除分类分项工程费和措施项目费用以外，该工程项目施工中可能发生的其他费用。其他项目费包括招标人部分的预留金、材料购置费（仅指由招标人购置的材料费），投标人部分的总承包服务费、零星工作项目费的估算金额等。

2. 工程量清单计价的程序

工程量清单计价的基本过程如图 9—1 所示。从计价过程的示意图中可以看出，工程量清单计价过程可以分为两个阶段：工程量清单编制和工程量清单投标报价。

（1）工程量清单编制。在统一的工程量计算规则的基础上，制定工程量清单项目的设置规则，根据具体工程的施工图纸及合同条款计算出各个清单项目的工程量，并按统一格式完成工程量清单编制。

图 9-1 工程量清单计价的基本过程图

（2）工程量清单投标报价。依据工程量清单、国家地区或行业的定额资料、市场信息，招标人或者招标委托人可以制定项目的标底价格，而投标单位则依据招标人提供的工程量清单、合同技术条款，根据企业定额和从各种渠道获得的工程造价信息和经验数据计算得到投标报价。

五、分类分项工程单价编制

1. 分类分项工程单价组成

《水利工程工程量清单计价规范》（GB 505001—2007）规定，分类分项工程单价是完成工程量清单中一个质量合格的规定计量单位项目所需的直接费（包括人工费、材料费、机械使用费和季节、夜间、高原、风沙等原因增加的直接费）、施工管理费、企业利润和税金，并考虑风险因素。

分类分项工程单价是编制水电工程总投资的基础，它的准确程度直接影响到工程投资及工程项目的决策。

分类分项工程单价是指以价格形式表示的完成单位工程量（如 $1.0m^3$、$1.0m^2$、1.0 台、1.0 套、$1.0t$ 等）所耗用的全部费用，包括直接费、施工管理费、企业利润和税金，并考虑风险因素。

分类分项工程单价由"量、价、费"三要素组成。量指完成单价工程量所需的人工、材料和施工机械台时（台班）数量；价指人工预算单价、材料预算价格和机械台时（台班）费等基础单价；费指按规定计入工程单价的施工管理费、企业利润和税金等。

人工、材料和机械台时数量，需根据设计图纸及施工组织设计等资料，正确选用《水利建筑预算定额》或企业自行编制定额的相应子目的规定数量。

人工、材料预算单价和机械台时费，根据人工工资标准及工程材料供应情况和机械台时定额进行计算。

季节、夜间、高原、风沙等原因增加的直接费、施工管理费、企业利润和税金等，按有关规定及地方主管部门规定或企业自身的管理规定的取费标准进行计算。

2. 分类分项工程单价编制步骤

（1）了解工程概况，熟悉招标设计图纸，搜集基础资料，确定取费标准。

（2）根据工程特征和施工组织设计确定的施工条件、施工方法及施工机械配备情况，正确选用预算定额子目或企业定额子目。

（3）根据工程的相关基础单价（或市场询价）和有关费用标准计算直接费、企业管理费、企业利润和税金，并加以汇总得出分类分项工程单价。

分类分项工程单价计算程序参见表9-11。

表9-11　　　　　　　　　　分类分项工程单价计算程序表

序号	项　目	计　算　方　法
一	直接费	1+2+3
1	人工费	$\sum$各项人工工时消耗量×相应人工预算单价
2	材料费	$\sum$各种材料用量定额×相应材料预算单价
3	机械使用费	$\sum$机械台时用量定额×机械台时费
二	企业管理费	一×企业管理费费率
三	企业利润	（一+二）×企业利润率
四	税金	（一+二+三）×计算税率
五	工程单价	一+二+三+四

3. 分类分项工程单价计算

（1）计算施工方案工程量。工程量清单计价模式下，招标人提供的分类分项工程量是按招标设计图示尺寸范围内的有效自然方体积计量。在计算直接工程费时，必须考虑施工方案等各种影响因素，重新计算施工作业量，以施工过程中增加的超挖量与施工附加作业量之和为基数完成计价。施工方案不同，施工作业量的计算方法与计算结果也不相同。例如，某构筑物条形基础土方工程，业主根据基础施工图，按清单工程量计算规则，有效的自然方体积是以基础垫层底面积乘以挖土深度计算工程量，计算得到土方挖方总量为 $300m^3$，投标人根据分类分项工程量清单及地质资料，可采用两种施工方案进行，方案1的工作面宽度各边0.20m、放坡系数为0.35；方案2则是考虑到土质松散，采用挡土板支护开挖，工作面0.3m。按预算定额计算工程量分别为：方案1的土方挖方总量为 $735m^3$；方案2的土方挖方总量为 $480m^3$。因此，同一工程，由于施工方案的不同，工程造价各异。投标单位可根据工程条件选择能发挥自身技术优势的施工方案，力求降低工程造价，确立在投标中的竞争优势。同时，必须注意工程量清单计算规则是针对清单项目的主项的计算方法及计量单位进行确定，对主项以外的工程内容的计算方法及计量单位不作规定，由投标人根据招标图及投标人的经验自行确定。最后综合处理形成分类分项工程量清单的工程单价。

（2）人、材、机数量测算。企业可以按反映企业水平的企业定额或参照政府消耗量定额确定人工、材料、机械台班的耗用量。

（3）市场调查和询价。根据工程项目的具体情况，考虑市场资源的供求状况，采用市场价格作为参考，考虑一定的调价系数，确定人工工资单价、材料预算价格和施工机械台班单价。

（4）计算清单项目分项工程的直接工程费单价。按确定的分项工程人工、材料和机械的消耗量及询价获得的人工工资单价、材料预算单价、施工机械台班单价，计算出对应分类工程单位数量的人工费、材料费和机械费。计算公式：

$$人工费＝\sum 人工工日数×对应的人工工资单价\qquad（9-1）$$

$$材料费＝\sum 材料消耗量×对应的材料预算单价 \qquad (9-2)$$
$$机械费＝\sum 机械台时消耗量×对应的机械台时单价 \qquad (9-3)$$
$$分类工程的直接工程费单价＝\sum (人工费＋材料费＋机械费) \qquad (9-4)$$

（5）计算工程单价。计算工程单价中的企业管理费、企业利润和税金时，可以根据每个分项工程的具体情况逐项估算。一般情况下，采用分摊法计算分项工程中的管理费、企业利润和税金，即先计算出工程的全部管理费、企业利润和税金，然后再分摊到工程量清单中的每个分项工程上。分摊计算时，投标人可以根据以往的经验确定一个适当的分摊系数来计算每个分项工程应分摊的企业管理费、企业利润和税金。

【例 9－1】　某构筑物基础土方工程，土的类别为三类土；条形基础；垫层宽度为 920mm，挖土深度为 1.8m，弃土运距 4km。根据水利工程工程量清单计算规则计算土方工程的工程量及单价。

解：（1）招标人根据招标图计算的清单量。

基础挖土截面积为 $0.92m×1.8m＝1.656m^2$；

基础总长度为 1590.6m；

土方挖方总量为 $2634.034m^3$。

（2）经投标人根据地质资料和施工方案计算工程量。

基础挖土截面积为 $1.53m×1.8m＝2.754m^2$（工作面宽度各边 0.25m，放坡系数为 0.2）；

基础总长度为 1590.6m；

土方挖方总量为 $4380.512m^3$。

采用人工挖土方量为 $4380.512m^3$，根据施工方案除沟边堆土 $1000m^3$ 外，现场堆土 $2170.5m^3$，运距 60m，采用人工运输。余下 $1210.012m^3$ 土方量运到场外，采用装载机装，自卸汽车运，运距 4km。

（3）基础单价和费率见表 9－12。

表 9－12　　　　　　　　　　　　　　　基础单价和费率表

编号	名称及规格	单位	预算价格/元	编号	名称及规格	单位	预算价格/元
一	人工工资			三	施工机械台时费		
1	工长	工时	6.54	1	装载机 3m³	台时	470.63
2	高级工	工时	6.04	2	推土机 88kW	台时	107.53
3	中级工	工时	5.05	3	自卸汽车 20t	台时	167.51
4	初级工	工时	3.05	4	胶轮车	台时	0.90
二	电风水价格			四	取费费率		
1	电	kW·h	0.65	1	企业管理费	%	18.00
2	风	m³	0.10	2	企业利润	%	7.00
3	水	m³	1.00	3	税金	%	3.24

（4）人工挖土 4380.512m³，挖土单价见表 9-13。

表 9-13 人工挖土方单价表

定额编号：《预算定额》10029   定额单位：100m³

编号	名称及规格	单位	数量	单价/元	合价/元	备注
\multicolumn{7}{l}{施工方法：挖土、修底，将土倒运到槽边两侧 0.5m 以外}							
一	直接费				669.90	
(1)	人工费				644.13	
	工长	工时	4.1	6.54	26.81	
	初级工	工时	202.4	3.05	617.32	
(2)	材料费				25.77	
	零星材料费	元	644.13	4%	25.77	
(3)	机械使用费				0.00	

（5）人工挖土人工运输，运距 60m，2170.5m³，挖运土单价见表 9-14。

表 9-14 人工挖土人工运输单价表

定额编号：《预算定额》10015   定额单位：100m³

编号	名称及规格	单位	数量	单价/元	合价/元	备注
\multicolumn{7}{l}{施工方法：挖土、装车，将土倒运到槽边 60m 以外}							
一	直接费				738.72	
(1)	人工费				651.63	
	工长	工时	3.8	6.54	24.85	
	初级工	工时	205.5	3.05	626.78	
(2)	材料费				28.41	
	零星材料费	元	710.31	4%	28.41	
(3)	机械使用费				58.68	
	胶轮车	台时	65.2	0.9	58.68	

（6）装载机装自卸汽车运土（4km）1210.012m³，运土单价见表 9-15。

表 9-15 装载机装自卸汽车运土单价表

定额编号：《预算定额》10416   定额单位：100m³

编号	名称及规格	单位	数量	单价/元	合价/元	备注
\multicolumn{7}{l}{施工方法：3m³ 装载机装，20t 自卸汽车运输}							
一	直接费				1402.70	
(1)	人工费				10.68	
	初级工	工时	3.5	3.05	10.68	
(2)	材料费				53.95	
	零星材料费	元	1348.75	4%	53.95	
(3)	机械使用费				1338.08	

续表

施工方法：3m³装载机装，20t自卸汽车运输					
装载机 3m³	台时	0.65	470.63	305.91	
推土机 88kW	台时	0.33	107.53	35.48	
自卸汽车 20t	台时	5.95	167.51	996.68	

（7）分类分项工程量清单工程单价计算表。

完成单位清单工程量所消耗的人工、机械、材料数量计算方法为：

工长工时＝（4.1×4380.512＋3.8×2170.5＋0×1210.012）÷2634.034＝9.95

初级工工时＝（202.4×4380.512＋205.5×2170.5＋3.5×1210.012）÷2634.034

　　＝507.54

3m³装载机台时＝0.65×1210.012÷2634.034＝0.3

88kW推土机台时＝0.33×1210.012÷2634.034＝0.15

20t自卸汽车台时＝5.95×1210.012÷2634.034＝2.73

胶轮车台时＝65.2×2170.5÷2634.034＝53.73

汇总后得出清单模式下的土方工程的工程量单价计算表见表9-16。

表 9-16　　　　　　　工 程 量 单 价 计 算 表

土 方 开 挖 工 程

单价编号：500101004001　　　　　　　　　　　　　　　　　　　　单位：100m³

序号	名称	型号规格	计量单位	数量	单价/元	合价/元
施工方法：采用人工挖土，沟边、现场堆土，弃土装载机装，自卸汽车运，运距4km						
1	直接费					2367.09
1.1	人工费					1613.07
	工长		工时	9.95	6.54	65.07
	初级工		工时	507.54	3.05	1548.00
1.2	材料费					91.04
	零星材料费			2276.05	4%	91.04
1.3	机械使用费					662.98
	装载机	3m³	台时	0.30	470.63	141.19
	推土机	88kW	台时	0.15	107.53	16.13
	胶轮车		台时	53.73	0.90	48.36
	自卸汽车	20t	台时	2.73	167.51	457.30
2	施工管理费			2367.09	18%	426.08
3	企业利润			2793.17	7%	195.52
4	税金			2988.69	3.24%	96.83
合计						3085.52
单价			元/m³			30.86

法定代表人（或委托代理人）：_____（签字）

第四节　措施项目清单计价的编制

一、措施项目概述

措施项目是指为了完成工程项目施工，发生于工程施工前和施工过程中招标人不要求列示工程量的施工措施项目，是发生于工程施工前和施工过程中的技术、生活、安全等方面的非工程实体的项目，在措施项目清单中将这些非工程实体的项目逐一列出。

在措施项目中，凡能列出工程数量并按单价结算的项目，均应列入分类分项工程量清单，在清单中计价。如混凝土、钢筋混凝土模板及支架，脚手架，施工排水、降水等项目。

措施项目清单按招标文件确定的措施项目名称填写。

其他项目清单是指分类分项工程清单和措施项目清单以外，该工程项目施工可能发生的其他费用。其他项目清单填写，按照招标文件确定的其他项目名称、金额填写。

二、措施项目费计算

措施项目清单的金额，应根据拟建工程的施工方案或施工组织设计，参照规范规定的综合单价组成来确定。措施项目清单中所列的措施项目均以"一项"提出，在计价时，首先应详细分析其所包括的全部工程内容，然后确定其综合单价。

计算措施项目综合单价的方法有费率法、参数法、实物量法和分包法。

（1）费率法计价。费率法计价是指按国家或工程项目所在地的地方管理规定进行计算，国家及各省市在进行建设项目管理时，制定了建筑安装工程环境保护措施、文明施工措施、安全防护措施的取费标准和计算基数。如江苏省 2006 年规定，现场管理费中含文明工地及安全生产管理费 0.2%～0.5%，工程规模大取小值，工程规模小取大值。

（2）参数法计价。参数法计价是指按一定的基数乘系数的方法或自定义公式进行计算。这种方法简单明了，但最大的难点是公式的科学性、准确性难以把握。系数高低直接反映投标人的施工水平。这种方法主要适用于施工过程中必须发生，但在投标时很难具体分项预测，又无法单独列出项目内容的措施项目，如小型临时工程费、施工企业进退场费等，按此方法计价。

（3）实物量法计价。实物量法计价就是根据需要消耗的实物工程量与实物单价计算措施费。比如，脚手架搭拆费可根据脚手架摊销量和脚手架价格及搭、拆、运输费计算，租赁费可按脚手架每日租金和搭设周期及搭、拆、运输费计算。

（4）分包法计价。在分包价格的基础上增加投标人的管理费及风险费进行计价的方法，这种方法适合可以分包的独立项目，如大型机械设备进出场及安拆费的计算。

在对措施项目计价时，每一项费用都要求是综合单价，但是并非每个措施项目内人工费、材料费、机械费、管理费和企业利润都必须有。

三、其他项目费计算

由于工程建设标准的高低、工程复杂程度、工期的长短、工程的组成内容各不相同，且这些因素直接影响到其他项目清单中的具体内容，在施工前很难预料在施工过程中会发生什么变更。所以招标人将这部分费用以其他项目费的形式列出，由投标人按规定组价，包括在总价内。

　　水利工程工程量清单计价规范中其他项目清单只列预留金一项，由招标人按估算金额确定。预留金部分是非竞争性项目，要求投标人按招标人提供的数量和金额列入报价，不允许投标人对价格进行调整。

　　预留金主要是考虑到可能发生的工程量变化和费用增加而预留的金额。预留金的计算应根据招标设计文件的深度、设计质量的高低、拟建工程的成熟程度及工程风险的性质来确定其额度。设计深度深、设计质量高、已经成熟的工程设计，一般预留工程总造价的3%～5%。在初步设计阶段，工程设计不成熟的，最少要预留工程总造价的10%～15%作为预留金。预留金的支付与否、支付额度以及用途，都必须通过监理工程师的批准。

四、零星项目单价计算

　　零星工作项目清单，是招标人根据招标工程具体情况，对工程实施过程中可能发生的变更或新增加的零星项目，列出人工（按工种）、材料（按名称和型号规格）、机械（按名称和型号规格）的计量单位，由投标人计算人工、材料、机械单价，作为工程变更或新增加的零星项目工程费的计算依据，并随工程投标文件报送招标人。

　　人工单价按工程所在地的劳动力市场价格按工种分别报价，如木工、混凝土工、钢筋工等；材料单价应按零星工作项目所需的材料名称和型号规格按材料预算价格，并考虑一定的价格上涨因素；机械单价按所需机械设备名称和型号规格以企业定额计算台班单价，同时应考虑一定燃料价格的上涨因素。

第五节　某水利工程清单报价编制案例

一、工程量清单报价的依据

　　（1）招标文件（包括工程量清单、招标图纸、标准与规范等）。反映建设工程项目的规模、内容、标准、功能等的工程技术文件是进行工程计价的重要依据，包括施工图纸、设计资料等相关资料。投标人在编制投标文件以前应该认真研究招标文件的有关要求，并对此作出实质性的响应，否则定为废标。

　　（2）施工组织设计或施工方案。

　　（3）招标会议记录。

　　（4）询价结果及已掌握的市场价格信息。按照工程所在地的市场价格信息编制投标报价，可以真实、准确地反映拟建工程的成本价，也体现了通过市场竞争来确定价格的原则。投标人应该注意进行人工、材料、施工机械台班询价及分包询价，搜集、熟悉要素市场的供求状况和价格动态，整理与应用市场价格信息。投标人也可利用各地区、各部门提供的市场价格信息。

　　（5）国家、地方政府管理部门有关价格计算的规定。按照国家、地方政府统一发布的计价办法编制投标价格，可以使各投标人提交的投标价格口径一致，各投标价格具有可比性。

（6）企业定额。企业定额是施工企业自主制订的用于本企业的分项工程实物消耗量标准，反映企业实际水平。按企业定额确定各分部分项工程的实物消耗量，体现施工企业以自身的实力参与竞争。投标人应该根据本企业的实际情况制订本企业的实物消耗量定额。如果施工企业尚未制订企业定额，也可参照建设行政主管部门制订的统一实物消耗量定额。

（7）风险管理规则、竞争态势的预测和盈利期望。

二、工程量清单报价的程序

1. 复核或计算工程量

一般情况下，投标人必须按招标人提供的工程量清单进行组价，并按照综合单价的形式进行报价。但投标人在以招标人提供的工程量清单为依据来组价时，必须把施工方案及施工工艺造成的工程增量以价格的形式包括在综合单价内。工程量清单中的各分类分项工程量并不十分准确，若设计深度不够则可能有较大的误差，而工程量的多少是选择施工方法、安排人力和机械、准备材料必须考虑的因素，自然也影响分类工程的单价，因此一定要对工程量进行复核。有经验的投标人在计算施工工程量时就对工程量清单中的工程量进行审核，以便确定招标人提供的工程量的准确度和采用不平衡报价方法。

另一方面，在实行工程量清单计价时，建设工程项目分为三部分进行计价：分类分项工程项目计价、措施项目计价及其他项目计价。招标人提供的工程量清单是分类分项工程项目清单中的工程量，但措施项目中的工程量及施工方案工程量招标人不提供，必须由投标人在投标时按设计文件、合同技术条款、施工组织设计、施工方案进行二次计算。投标人由于考虑不全面而造成低价中标亏损，招标人不予承担。因此这部分用价格的形式分摊到报价内的量必须要认真计算和全面考虑。

2. 确定单价，计算合价

在投标报价中，复核或计算各个分类分项工程的工程量后，就需要确定每一个分类分项工程的单价，并按照工程量清单报价的格式填写，并计算出合价。

按照工程量清单报价的要求，单价应是包含人工费、材料费、机械费、企业管理费、企业利润、税金及风险费的综合单价。人工、材料、机械费用应该是根据分类分项工程的人工、材料、机械消耗量及其相应的市场价格计算而得。企业管理费是投标人进行组织工程施工的全部管理费用，与以往的计价方式相比，企业管理费可以有参照现场经费和间接费确定能够反映自身企业管理水平费率。企业利润是投标人的预期利润，确定企业利润取值的目标是考虑既可以获得最大的可能利润，又要保证投标价格具有一定的竞争性。投标人应根据市场竞争情况确定在该工程上的利润率。风险费对投标人来说是个未知数。如果预计的风险没有全部发生，则可能预计的风险费有剩余，这部分剩余和利润加在一起就是盈余；如果风险费估计不足，则由利润来补贴。在投标时，应该根据工程规模及工程所在地的实际情况，由有经验的专业人员对可能的风险因素进行逐项分析后确定一个比较合理的费用比率。

一般来说，企业应建立自己的标准价格数据库，并据此计算工程的投标价格。在应用单价数据库针对某一具体工程进行投标报价时，需要对选用的单价进行审核评价与调整，使之符合拟投标工程的实际情况，反映市场价格的变化。

3. 确定分包工程费

来自分包人的工程分包费是投标价格的一个重要组成部分，有时总承包人投标价格中的相当部分来自于分包工程费。因此，在编制投标价格时需要有一个合适的价格来衡量分包人的价格，需要熟悉分包工程的范围，对分包人的能力进行评估。

4. 确定投标价格

将分类分项工程的合价、措施项目费等汇总后就可以得到工程的总价，但计算出来的工程总价还不能作为投标价格。因为计算出来的价格可能存在重复计算或漏算，也有可能某些费用的预估有偏差，因此需要对计算出来的工程总价作某些必要的调整。在对工程进行盈亏分析的基础上，找出计算中的问题并分析降低成本的措施，结合企业的投标策略，最后确定投标报价。

由于工程量清单报价是国际通行的报价方法，因此，我国工程量清单报价的程序与国际工程报价的程序基本相同，报价程序图如图 9-2 所示。

图 9-2 水利工程投标报价程序图

三、水利工程工程量清单报价案例

某水利枢纽是某水流域骨干防洪工程之一，工程开发的主要任务是防洪，兼顾发电、灌溉、航运等其他综合利用要求。水库总库容 14.39 亿 m^3，防洪库容 7.83 亿 m^3，正常蓄水位 140m。枢纽由碾压混凝土重力坝、泄洪消能建筑物、坝后式电站厂房、灌溉渠首、斜面升船机（预留）等建筑物组成。其中河床段为碾压混凝土重力坝，大坝由表、底孔泄洪，消能方式为坝后宽尾墩加消力池消能。右岸挡水坝段布置坝后式电站厂房，左、右岸挡水坝段非溢流坝内各布置一个灌溉渠首。拦河大坝为碾压混凝土重力坝，坝轴线长351m，共分为 18 个坝段，坝顶高程 148m，河床建基面高程 60m，最大坝高 88m。电站采用右岸坝后式厂房，输水线路采用一机一管的布置形式，由进水口、引水钢管、主厂房、尾水渠等组成，电站装机 2×60MW。

现根据招标文件、招标代理机构的答疑文件、工程量清单计价规范、招标设计图、施工组织设计等有关规定进行报价。有关清单报价见表 9 - 17～表 9 - 34。

表 9 - 17	封　面

某水利枢纽大坝　工程

工程量清单报价表

合　同　编　号：ZS -建筑- ×××

投　标　人：_____（略）_____（单位盖章）

法　定　代　表　人

（或委托代理人）：_____（略）_____（签字盖章）

造　价　工　程　师

及　注　册　证　号：_____（略）_____（签字盖职执业专用章）

编　制　时　间：_____（略）_____

表 9 - 18	投 标 总 价 表

投 标 总 价

工　程　名　称：某水利枢纽大坝工程

合　同　编　号：ZS -建筑- ×××

投标总价（大写）：叁亿叁仟捌佰壹拾捌万贰仟捌佰零玖元

（小写）：338182809 元

投　标　人：_____（略）_____（单位盖章）

法　定　代　表　人

（或委托代理人）：_____（略）_____（签字盖章）

编　制　时　间：_____（略）_____

表 9 - 19	工 程 项 目 总 价 表

合同编号：ZS -建筑- ×××

工程名称：某水利枢纽工程　　　　　　　　　　　　　　　　　　　　第　页、共　页

序号	工程项目名称	金额/元
1	水利建筑工程	277797146
1.1	施工导流和水流控制	21120072
1.2	土石方明挖	8768879
1.3	边坡支护	946670
1.4	基础缺陷处理	2670411
1.5	钻孔、灌浆、排水工程	14337615

续表

序号	工程项目名称	金额/元
1.6	土石方填筑工程	216076
1.7	混凝土工程	229463648
1.8	砌体工程	273775
2	水利安装工程	15415134
2.1	机电设备安装工程	7609663
2.2	金属结构设备安装工程	7805471
3	措施项目	29532407
3.1	环保、安全、文明施工措施	182410
3.2	临时工程	6371533
3.3	施工企业进退场费	1744608
3.4	暂定金	19800000
3.5	工程保险	1433856
4	其他项目	15438122
4.1	备用金	15000000
4.2	招标代理服务费	438122
	合计	338182809

法定代表人（或委托代理人）：＿＿（略）＿＿签字

表 9-20　　　　　　　　　　分类分项工程量清单计价表

合同编号：ZS-建筑-×××

工程名称：某水利枢纽工程

第　页、共　页

序号	项目编码	项目名称	计量单位	工程数量	单价/元	合价/元	主要技术条款编码
1		建筑工程				277797146	
1.1		施工导流和水流控制				21120072	
1.1.1		开挖				196118	
1.1.1.1		上游围堰过水断面开挖				140634	
1.1.1.1.1	500101004001	抽槽开挖	m^3	6000	12.48	74880	第 2.2.2 款
1.1.1.1.2	500101002001	覆盖层开挖	m^3	7800	8.46	65988	第 2.2.2 款
1.1.1.1.3	500102007001	导流洞封堵岩石开挖	m^3	650	85.36	55484	第 2.4.2 款
1.1.2		填筑				7014211	
1.1.2.1		上游围堰过水断面填筑				7014211	
1.1.2.1.1	500103008001	大块石 $D=0.7\sim1.0\mathrm{m}$	m^3	29000	24.18	701220	第 7.7.3 款

序号	项目编码	项目名称	计量单位	工程数量	单价/元	合价/元	主要技术条款编码
1.1.2.1.2	500103009001	石渣料	m³	14000	19.08	267120	第7.7.5款
		（以下略）					
1.1.3		混凝土工程				9007107	
1.1.3.1		上游围堰混凝土工程				7908600	第8.4.5款
1.1.3.1.1	500109001001	混凝土防冲板C20	m³	32000	243.39	7788480	第8.3.2款
1.1.3.1.2	500106001001	防冲板锚固筋单根长4m	根	2600	46.20	120120	
1.1.3.2		导流洞封堵				1098507	
1.1.3.2.1	500109001002	C25混凝土二级配	m³	4000	264.18	1056720	第8.4.3款
1.1.3.2.2	500106001002	φ25mm锚杆单根长4m	根	250	89.80	22450	第8.3.3款
1.1.4		防渗				1083622	
1.1.4.1		上游围堰过水部分防渗				972583	
1.1.4.1.2	500108003001	堰基高喷灌浆钻孔进尺旋喷孔距60cm	m	4000	68.38	273520	第5.7.5款
1.1.4.1.4	500108003002	左岸堰肩防渗钻孔进尺	m	2500	111.55	278875	第5.7.6款
1.1.4.2		导流洞封堵灌浆				69938	
1.1.4.2.1	500107006001	固结灌浆	m	800	57.80	46240	第5.6.1款
1.1.4.2.3	500107011001	接缝灌浆	m²	250	36.68	9170	第5.5.7款
1.1.4.3		左岸堰肩溶洞处理				41101	
1.1.4.3.1	500102011001	岩石开挖	m³	200	85.36	17072	第4.4.2款
1.1.4.3.2	500109001003	混凝土回填	m³	100	218.52	21852	第8.4.5款
		（以下略）					

法定代表人（或委托代理人）：＿＿＿（略）＿＿＿签字

表 9－21　　　　　　　　　　　　**分类分项工程量清单计价表**

合同编号：ZS-建筑-×××

工程名称：某水利枢纽工程

第　页、共　页

项目编号	项目编码	项目名称	计量单位	数量	单价/元	合价/元	主要技术条款编码
1.2		土石方明挖					
1.2.1		大坝土石方明挖				5476825	
1.2.1.1	500101002002	覆盖层明挖	m³	14900	10.35	154215	第3.6.1款
1.2.1.2	500102011002	石方明挖	m³	134890	39.46	5322759	第4.3.3款
		（以下略）					
1.4		基础缺陷处理				2670411	
1.4.1		断层处理				2525460	

续表

项目编号	项目编码	项目名称	计量单位	数量	单价/元	合价/元	主要技术条款编码
1.4.1.1	500101004003	石方槽挖	m³	8000	46.43	371440	第8.4.3款
1.4.1.2	500109001004	回填混凝土（C20）	m³	8000	234.40	1875200	第8.4.6款
1.4.1.3	500111001002	钢筋（Ⅱ级）	t	60	4647.00	278820	第8.3.2款
		（以下略）					
1.7		混凝土坝工程				229463648	
1.7.1		大坝混凝土				203354908	
1.7.1.1	500109001005	基础垫层混凝土（C20W8F100）	m³	25900	252.08	6528872	第8.4.3款
1.7.1.2	500109001006	富胶防渗混凝土（C20W8F100）	m³	80590	204.23	16458896	第8.4.6款
		（以下略）					
2		安装工程					
2.1		机电设备安装工程				2266796	
2.1.1	500201017001	大坝供电和照明安装	项	1	540518	540518	
2.1.2	500201020001	接地系统	t	7	11505	80535	
2.1.3		控制系统安装					
2.1.3.1	500201024001	表孔控制系统安装	套	5	5486	27430	
2.1.3.2	500201024002	底孔控制系统安装	套	4	5486	21944	
		（以下略）					
2.2		金属结构设备安装工程				7805471	
2.2.1		闸门及启闭机安装					
2.2.1.1		一期埋件（包括插筋）制作、安装、采购					
2.2.1.1.1	500202007001	溢流底孔事故检修门一期插筋 φ20mm 制作	t	12	4040.00	48480	
2.2.1.1.2	500202007002	溢流底孔弧形工作门一期埋件 φ60mm 圆钢及型钢	t	16	4893.00	78288	
		（以下略）					

法定代表人（或委托代理人）：＿＿＿（略）＿＿＿签字

表 9-22　　　　　　　　　　　措施项目清单计价表

合同编号：ZS-建筑-×××

工程名称：某水利枢纽工程

第　页、共　页

序号	项　目　名　称	金额/元
1	环保、文明、安全措施	182410
1.1	环境保护措施	19720

续表

序号	项目名称	金额/元
1.2	文明施工措施	14790
1.3	安全防护措施	147900
2	临时工程	6371533
2.1	施工交通	2001125
2.1.1	场内施工临时道路和停车场修建	484003
2.1.2	场内发包人指定道路的管理、维护	253789
2.1.3	场内交通临时加固和加扩措施	1263333
2.2	施工供电	512323
2.3	施工供水	208638
2.4	混凝土系统	3088210
2.5	施工修配加工设施	273149
2.6	仓库和堆料场	105670
2.7	临时房屋建筑和公用设施	34632
2.8	左岸施工区域管理	147786
3	施工企业进退场费	1744608
3.1	进场费	486303
3.2	退场费	1258305
4	暂定金	19800000
4.1	大坝安全监测工程	9500000
4.2	施工期安全监测工程	800000
4.3	机电及金结设备安装工程	9500000
5	工程保险	1433856
5.1	工程一切险	1413856
5.2	第三者责任险	20000
合计		29532407

法定代表人（或委托代理人）：＿＿（略）＿＿签字

表 9－23　　　　　　　　　　**其他项目清单计价表**

合同编号：ZS-建筑-×××

工程名称：某水利枢纽工程

第　页、共　页

序号	项目名称	金额/元	备注
1	备用金	15000000	
2	招标代理服务费	438122	
合计		15438122	

法定代表人（或委托代理人）：＿＿（略）＿＿签字

表 9－24 　　　　　　　　零星工作项目计价表

合同编号：ZS－建筑－×××

工程名称：某水利枢纽工程

序号	名称	型号规格	计量单位	单价/元	备 注
1	人工				
(1)	工长		工时	8.63	
(2)	高级工		工时	7.97	
(3)	中级工		工时	6.67	
(4)	普工		工时	4.03	
2	材料				
(1)	混凝土150号（二）	C15	m³	156.57	
(2)	混凝土150号（三）	C15	m³	125.38	
(3)	混凝土200号（二）	C20	m³	179.24	
(4)	混凝土200号（三）	C20	m³	173.73	
(5)	混凝土250号（二）	C25	m³	187.46	
(6)	混凝土250号（三）	C25	m³	168.00	
(7)	混凝土300号（二）	C30	m³	192.87	
3	机械				
(1)	单斗挖掘机	液 4.0m³	台时	621.23	
(2)	单斗挖掘机	液 2.0m³	台时	294.03	
(3)	推土机	59kW	台时	82.01	
(4)	自卸汽车	15t	台时	184.42	
(5)	载重汽车	5t	台时	72.76	
(6)	汽车起重机	8t	台时	109.14	
(7)	锚杆钻机	MZ65Q	台时	92.2	
(8)	地质钻机	300 型	台时	53.57	
(9)	搅拌楼	2×4.5	台时	1457.43	
(10)	混凝土泵	30m³/h	台时	108.08	
(11)	风（砂）水枪		台时	32.99	
(12)	推土机	132kW	台时	210.47	
(13)	推土机	74kW	台时	115.14	
(14)	自卸汽车	20t	台时	221.11	
(15)	液压履带钻机	孔径 64～102mm	台时	253.89	
(16)	潜孔钻	100 型	台时	146.52	
(17)	混凝土喷射机	4～5m³/h	台时	101.68	
(18)	灰浆搅拌机		台时	18.19	

法定代表人（或委托代理人）：＿＿（略）＿＿签字

表 9 - 25

合同编号：ZS－建筑－×××
工程名称：某水利枢纽工程

工程单价汇总表

第　页、共　页

序号	项目编码	项目名称	计量单位	人工费	材料费	机械使用费	施工管理费	企业利润	税金	合计
1		建筑工程								
1.1		土方开挖工程								
1.1.1	500101002001	覆盖层开挖	m³	0.08	0.25	6.15	1.17	0.54	0.27	8.45
1.1.2	500101002002	覆盖层明挖	m³	0.09	0.31	7.54	1.43	0.66	0.32	10.35
1.1.3	500101004001	抽槽开挖	m³	0.08	0.37	9.13	1.72	0.79	0.39	12.48
1.2		石方开挖工程								
1.2.1	500102007001	导流洞封堵岩石开挖	m³	24.91	15.06	25.51	11.79	5.41	2.68	85.35
1.2.2	500102011002	石方明挖	m³	2.46	11.82	15.99	5.45	2.50	1.24	39.46
		（略）								
2		安装工程								
2.1		金属结构设备安装工程								
2.1.1	500202007001	溢流底孔事故检修门一期埋筋	t	254	2728	226	449.12	256.00	126.79	4040
2.1.2	500202005003	溢流表孔事故检修门体	t	575	134	216	287.5	84.88	42.03	1339
		（略）								

法定代表人（或委托代理人）：　　　　　　　　签字

（略）

表 9 - 26　　　　　　　　　　　**工程单价费（税）率汇总表**

合同编号：ZS-建筑-×××

工程名称：某水利枢纽工程

序号	工程类别	工程单价费（税）率			备注
		施工管理费	企业利润	税金	
一	建筑工程				
	取费基数	直接费	直接费＋施工管理费	直接费＋施工管理费＋企业利润	
1	土方	18.00％	7.00％	3.24％	
2	石方	18.00％	7.00％	3.24％	
3	混凝土	13.00％	7.00％	3.24％	
4	钻孔灌浆及锚固	14.00％	7.00％	3.24％	
5	砂石备料	8.00％	7.00％	3.24％	
6	其他	14.00％	7.00％	3.24％	
二	安装工程				
	取费基数	人工费	直接费＋施工管理费	直接费＋施工管理费＋企业利润	
1	机电设备安装工程	50.00％	7.00％	3.24％	
2	金属结构设备安装工程	50.00％	7.00％	3.24％	

法定代表人（或委托代理人）：＿＿＿（略）＿＿签字

表 9 - 27　　　　　　**投标人生产电、风、水、砂石基础单价汇总表**

合同编号：ZS-建筑-×××

工程名称：某水利枢纽工程

单位：元

序号	名称	型号规格	计量单位	人工费	材料费	机械使用费	合计	备注
1	电		度				0.62	外购电电价
2	风		m³				0.11	
3	水		m³				0.5	
4	人工砂							
	常态混凝土用砂		t				42.53	外购加运费
	RCC混凝土用砂		t				42.88	外购加运费
5	碎石	5～20mm	t				28.99	外购加运费
6	碎石	20～40mm	t				28.99	外购加运费
7	碎石	40～80mm	t				27.03	外购加运费

法定代表人（或委托代理人）：＿＿＿（略）＿＿签字

表 9-28
合同编号：ZS-建筑-×××
工程名称：某水利枢纽工程

投标人生产混凝土配合比材料费表

第　页、共　页

序号	工程部位	混凝土强度等级	水泥强度等级	级配	水灰比	预算材料量/(kg/m³)						引气减水剂/kg	水/m³	单价/(元/m³)	备注
						水泥	粉煤灰	砂	石/kg 5~20mm	20~40mm	40~80mm				
1	层间水泥浆		42.5		0.52	1170							0.608	304.5	
2	C20W8F100垫层	C20	42.5	3	0.52	184	67	664	466	466	480	0.75	0.13	131.04	
3	C20W8F100富胶	C20	42.5	2	0.53	87	107	780	624	763		0.71	0.103	108.84	
4	C20W8F100变态	C20	42.5	2	0.53	90.5	111	780	624	763		0.71	0.107	110.43	
5	C15W6F50碾压	C15	42.5	3	0.59	74	74	670	446	595	446		0.088	97.95	
6	C20W8F100迎水常态	C20	42.5	3	0.50	214	54	610	448	448	461	0.94	0.134	135.73	
7	C25W6F100常态	C25	42.5	3	0.48	211	70	629	461	466	476	0.98	0.135	138.07	
8	C35W6F100抗冲	C35	42.5	3	0.42	287	32	580	610	745			0.134	197.5	
9	C25W6F100常态	C25	42.5	2	0.48	194	65	547	496	496	511	0.78	0.124	131.25	
10	C30W6F100外包	C30	42.5	2	0.46	205	65	547	496	496	511	0.78	0.124	134.57	
11	C35F100预制	C35	42.5	1、2	0.44	343		678	1387				0.15	158.31	
12	C25F100预制	C25	42.5	1、2	0.52	289		733	1382				0.15	146.45	
13	C30W6F100二期	C30	42.5	2	0.48	310		699	1389				0.15	150.68	
14	C20W6F100路面	C20	42.5		0.57	261		757	1376				0.15	140.03	
15	C35F100支座	C35	42.5	1	0.44	389		723	1242				0.17	167.99	
16	C35二期	C35	42.5		0.44	343		678	1387				0.15	158.31	
17	C15F100廊道封堵	C10	42.5		0.62	201		623	1635				0.125	126.22	

法定代表人（或委托代理人）：　　　签字　　　　（略）

表 9 - 29　　　　　　　　　　　**招标人供应材料价格汇总表**

合同编号：ZS-建筑-×××

工程名称：某水利枢纽工程　　　　　　　　　　　　　　　　　第　页、共　页

序号	材料名称	型号规格	计量单位	供应价/元	预算价/元
1	溢流底孔事故检修门体		t		
2	溢流底孔事故检修门二期埋件		t		
3	溢流底孔弧形工作门体		t		
4	溢流底孔弧形工作门二期埋件		t		
5	溢流表孔事故检修门体		t		
6	溢流表孔事故检修门二期埋件		t		
7	溢流表孔弧形工作门体		t		
8	溢流表孔弧形工作门二期埋件		t		
	（略）				

表 9 - 30　　　　　　　　　　**投标人自行采购主要材料预算价格汇总表**

合同编号：ZS-建筑-×××

工程名称：某水利枢纽工程　　　　　　　　　　　　　　　　　第　页、共　页

序号	材料名称	型号规格	计量单位	预算价/元	备注
1	圆钢		t	2631.00	
2	螺纹钢	（20Mn）	t	2631.00	
3	钢板	16MnR　$\sigma=10mm$	t	4045.00	
4	钢板	16MnR　$\sigma=12mm$	t	4045.00	
5	钢板	16MnR　$\sigma=13mm$	t	4045.00	
6	水泥	32.5 号普通硅酸盐水泥	t	209.00	
7	水泥	42.5 号普通硅酸盐水泥	t	260.00	
8	水泥	42.5 号中热水泥	t	302.07	
9	粉煤灰	粉煤灰（Ⅱ级）	t	62.07	
10	天然砂	中粗	m^3	42.94	
11	钢绞线		kg	6.44	
12	板枋材		m^3	1188.00	
13	圆木		m^3	627.00	
14	0 号柴油	0 号柴油	kg	3.06	
15	柴油（—10 号）	柴油（—10 号）	kg	3.26	
16	汽油		kg	3.16	
		（略）			

法定代表人（或委托代理人）：　（略）　签字

表 9 - 31　　　　　　　　　　**招标人提供施工机械台时（班）费汇总表**

合同编号：ZS-建筑-×××

工程名称：某水利枢纽工程　　　　　　　　　　　　　　　　　第　页、共　页

单位：元/台时（班）

序号	机械名称	型号规格	招标人收取的折旧费	投标人应计算的费用						合计
				维修费	安拆费	人工	柴油	电	小计	
	无									

表 9-32

合同编号：ZS-建筑-×××

工程名称：某水利枢纽工程

投标人自备施工机械台时费汇总表

第　页、共　页

单位：元/台时

序号	机械名称	型号规格	一类费用				二类费用							三类费用	合计
			折旧费	维修费	安拆费	小计	人工	汽油	柴油	电	风	水	小计		
1	挖掘机	单斗　液 4.0m³	216.72	103.49		320.21	13.64	0.00	136.78	0.00	0.00	0.00	150.42		470.63
2	挖掘机	单斗　油 1.0m³	28.77	29.63	2.42	60.82	13.64	0.00	43.45	0.00	0.00	0.00	57.09		117.91
3	钢筋调直机	4～14kW	1.60	2.69	0.44	4.73	6.57	0.00	0.00	4.46	0.00	0.00	11.03		15.76
4	载重汽车	载重量 5.0t	7.77	10.86		18.63	6.57	22.76	0.00	0.00	0.00	0.00	29.32	7.17	55.12
5	自卸汽车	载重量 5.0t	10.73	5.37		16.10	6.57	0.00	27.85	0.00	0.00	0.00	34.41	7.17	57.68
6	自卸汽车	载重量 20t	50.53	32.84		83.37	6.57	49.57	0.00	0.00	0.00	0.00	56.14	28.00	167.51
	（略）														

法定代表人（或委托代理人）：　　（略）　　签字

表 9 - 33

工 程 单 价 计 算 表

土 方 开 挖 工 程

单价编号：500101002001 定额单位：100m³

编号	名称	型号规格	计量单位	数量	单价/元	合价/元
		施工方法：挖掘机挖装，自卸汽车运输				
一	直接费					648
1	基本直接费					648
(1)	人工费					8
	工长		工时		6.54	0
	高级工		工时		6.04	0
	中级工		工时		5.05	0
	初级工		工时	2.5	3.05	8
(2)	材料费					25
	零星材料费		元	623	4%	25
(3)	机械使用费					615
	挖掘机	液压 单斗 4m³	台时	0.24	470.63	113
	推土机	功率 88kW	台时	0.15	107.53	16
	自卸汽车	载重量 20t	台时	2.9	167.51	486
二	企业管理费		元	648	18.00%	117
三	企业利润		元	765	7.00%	54
四	税金		元	819	3.24%	27
合计			元			846
单价			元			8.46

法定代表人（或委托代理人）：＿＿（略）＿＿签字

表 9 - 34

工 程 单 价 计 算 表

土 方 开 挖 工 程

单价编号：500101002002 定额单位：100m³

编号	名称	型号规格	计量单位	数量	单价/元	合价/元
		施工方法：挖掘机挖装，自卸汽车运输				
一	直接费					794
1	基本直接费					794
(1)	人工费					9
	工长		工时		6.54	0
	高级工		工时		6.04	0
	中级工		工时		5.05	0
	初级工		工时	2.8	3.05	9
(2)	材料费					31
	零星材料费		元	763	4%	31

续表

施工方法：挖掘机挖装，自卸汽车运输						
（3）	机械使用费					754
	挖掘机 4m³	液压 单斗 4m³	台时	0.36	470.63	169
	推土机 88kW	功率 88kW	台时	0.18	107.53	19
	自卸汽车 20t	载重量 20t	台时	3.38	167.51	566
二	企业管理费		元	794	18.00％	143
三	企业利润		元	937	7.00％	66
四	税金		元	1003	3.24％	32
合计			元			1035
单价			元			10.35

法定代表人（或委托代理人）：＿＿＿（略）＿＿签字

复 习 思 考 题

1. 工程量清单的概念是什么？

2. 工程量清单编制的原则、依据和步骤是什么？

3. 简述分类分项工程量清单计价编制过程。

4. 简述措施项目清单计价编制过程。

第十章 水利工程造价电算

第一节 工程造价计算机辅助系统

一、工程造价计算机辅助系统的概念

工程造价计算机辅助系统是将计算机技术运用到工程概预算编制与管理工作中的软件系统，是通过对造价所需要的各种数据进行存贮、加工、分析、处理和维护，从而实现快速准确地编制工程概预算的计算机管理信息系统。

随着工程造价管理改革的不断深入，需要分析和计算的数据越来越多，应用现代信息技术辅助工程概预算与投标报价编制，已成为水利水电工程造价管理中重要和不可缺少的组成部分。

二、应用计算机进行工程造价管理的优势

（1）计算速度快，易于编制与修改。计算机运算可节省工程造价编制时间，提高工程造价的编审效率，并可及时动态调整，适应市场的变化，改变概预算跟不上施工需要的局面。实践表明，电算化比手算可提高工效几倍甚至几十倍。

另外，投标报价的计算是一个非常复杂的工作，而且一个工程的报价并不是只作一次简单的计算就能够完成的。利用计算机对工程估价并对报价数据进行分析、计算和核查，以很快的速度更改参数和重新计算总造价，对投标人来说极为重要。

（2）计算结果准确。计算机运算的准确性，可大大提高编审工程概预算的质量。

工程造价涉及各种经济数据，量大且面广，既用到材料预算价格、定额中的工料机消耗，又牵涉到各种取费文件、工程量计算规则等。人工方式进行编制和审核，发生差错的几率大，准确性难以保证，而造价软件的准确性一般是通过验证的，而用计算机程序进行处理，只要输入的原始数据准确无误，其他工作由计算机自动完成，从而保证了计算过程和计算结果的准确性。

（3）生成数据齐全，打印结果标准规范。计算机应用程序输出结果完整、齐全，为技术经济分析提供了重要数据。

计算机可以根据用户不同层次、不同程度的需要给出相应的帮助，提醒用户不要错项、漏项和缺项，保证项目的完整性。

计算机应用程序形成的工程造价文件是按照一定格式制作的，不仅统一而且规范。

商用软件或专门定制的软件包是按一定规范或专门要求制作的，其输出结果清晰、美观、标准。

（4）能记录和保存数据，便于修改和对历史数据进行统计分析。计算机可以快速方便地存取历史数据，通过对历史数据的处理分析可形成各种有价值的技术经济数据，为投标前和合同实施过程提供重要的依据。

工程概预算的工作性质决定了需要存储和使用大量的预算用数据，这些数据包括各种定额消耗量数据、材料价格数据、施工机械设备数据、分包商的数据、企业管理数据等，所有这些数据都必须按照一定的格式保存起来，并能在需要时及时地提取与刷新。

（5）便于概预算数据的呈报与远程传送。作为工程概预算的结果按照一定的格式输出报表也是不可缺少的。另外由于工程造价要涉及业主、招标代理、监理工程师、承包人等各个责任主体，运用现代信息技术，在各单位间高效能地传递概预算信息也非常重要。采用市面上销售的某些打印传真一体机，通过电话线就可实现计算机之间报表的远程传送，利用互联网更能方便地进行数据通信。并且网上招标与投标、网上报表传递等系统已在各地出现，是行业发展的方向。

因此，现代计算机信息技术不仅可大幅度地提高工程造价的工作效率，而且可使工程造价的结果更加准确、迅速和可靠。

三、工程概预算对计算机辅助系统的要求

计算机辅助系统若要满足工程造价的要求，就必须具备下面全部或其中大部分功能：

（1）用各种不同的方法计算工程量表中的分类工程单价。

（2）用计算出来的分类工程单价对工程量表中全部有关项目进行造价计算。

（3）增加和累加工程量表和分项工程的造价。

（4）提供各种综合报表和工程项目清单。

（5）存贮各种资源及其需要使用的施工方法等信息的能力。

（6）存贮正在研究中的合同所需要的劳动力和施工设备的综合预算价格表。

（7）存贮各种材料预算价格和分包商价格，以及其他与合同有关的数据。

（8）存贮工程造价中每个分类工程单价的详尽组成部分，并在必要时对这些数据进行修正、校核和重新处理的能力。

（9）帮助概预算人员与公司内外各单位交换信息。

（10）提高概预算人员的技能，增加他们对施工过程的了解。

（11）减少价格估算中可能出现的错误。

（12）快速分解工程量表的各个分类分项工程，并提出其详细组成部分。

（13）提出工程所需资源范围详细情况的综合报表。

（14）通过对全部概预算组成部分进行金额加减来实现总标价的快速调整。

（15）编制出可以报送业主的全部划定价格的工程量表。

（16）存贮与管理各种企业定额数据。

第二节　不同类型的工程估价与报价软件系统

目前，辅助造价人员进行工程概预算与报价的计算机软件系统有三种：商用估价与报价软件；为企业定制开发的工程概预算与报价系统和 Excel 等功能强大的办公软件；由造价人员自己设计的软件辅助系统。

一、商用造价软件

商用造价软件在我国已非常普及，仅预算编制软件就有很多种，专用于工程量清单计价的应用软件发展也非常迅速。

采用商业软件的好处是价格一般比较便宜，容易买到，买后马上就可使用，并且其功能及稳定性大多已经过验证。但也不可避免地存在一些缺点，如：

（1）可买的商业软件不一定完全满足用户的要求。

（2）用户不能根据需要对软件作出改动，开发商一般也不会为满足用户的特殊需求而修改软件，用户只能期望系统再次升级时，把自己需要的功能写进去。

（3）商用软件很难与企业其他的管理软件实现数据的交换与共享。

（4）一旦供应商停止营业或服务，系统的使用便很难有保障。

尽管如此，多数企业还是会选择合理的价格购买一套功能良好的商用造价软件。软件的选择应考虑是否满足公司近期及长远的需要，使用是否方便，服务是否可靠等。对于支持工程概预算与报价的软件仅具有"套定额""取费"等简单的功能是不够的，更主要的是看软件能否根据实际灵活准确地进行工程造价估算，协助用户做好报价的分析与调整。

二、定制开发的工程概预算与报价软件

由于可购买的商用软件不一定能较好地满足自身的要求，有一定实力的企业也可选择自己组织人员或委托有开发经验的软件开发公司专门设计开发一个新的、适合本企业使用的估价与报价系统。这种做法的优点是：

（1）由于专门为本公司概预算与报价人员开发，系统能包括他们所需要的各种功能。

（2）概预算与报价人员有机会参与系统的开发，软件的质量能够保证，并符合本公司的习惯。

（3）可在一个总体设计下与企业其他的管理信息系统一起开发，实现数据共享。

但是，专门定制开发也有一些缺点：①系统研发与维护的费用比现成商用软件要高得多；②系统的研发需要一定的周期，可能需要很长的时间才能投入使用；③如果需求不明确，得不到公司相关部门的大力支持，开发的软件可能很不实用，或者根本就不能使用。

专门进行的概预算与报价系统的开发应在对用户需求充分了解的情况下进行，开发的过程一般分为系统分析、系统设计、系统实施与系统评价四个阶段。由于应用软件是一种知识密集的"逻辑产品"，规模大、复杂程度高，在投入使用之前，各个开发过程又处于一种非可视状态，既看不见也摸不着，因此，较之其他物理产品而言，软件的开发和管理更难以控制和把握。因此工程概预算与报价系统的开发一定要按照一种科学的开发过程，采用一系列正确的方法和技术，分阶段、按步骤、由抽象到具体逐步完成。这样才有利于达到系统的目标和要求。否则，急于求成，盲目建设，必将付出惨痛的代价，甚至以失败而告终，浪费大量的人力、物力与财力。

应当指出的是，再好的工程概预算与报价软件，不管是商用软件还是定制开发的软件，也只能辅助而不能代替造价人员进行工程的概预算与报价。在这一过程中起决定作用的还是人的知识、经验与判断。软件能够提供的只是一个分析计算平台，高水平的造价人员加上功能完善的计算机辅助软件，才能实现准确快速的工程估价和编制出有竞争力的工程报价。

三、利用 Excel 电子表格

利用微软推出 Microsoft Excel 通用电子表格软件，也能实现工程概预算的计算与分析。Excel 的功能非常强大，它不仅能够对大量数据进行快速的计算和处理，而且还能按照所需要的形式对这些数据进行组织，如分类、筛选、排序、统计等，其方便的数据库管理功能则能存贮、查询与调用大量的材料及定额数据，为预算与报价编制人员带来了极大的方便。

Excel 文档称为工作簿，工作簿由多个（默认 3 个）工作表组成，工作表又是由若干个行和列组成的网格。行和列分别有行号和列标，行号位于行的左侧，从上到下依次为 1、2、3、4、…；列标位于列的上方，从左到右依次为 A、B、C、D、…。某行和某列的相交处就是单元格，相应的行号和列标构成单元格的地址。例如第三行第三列单元格的地址就表示为 C3。一个工作表最多可容纳 65536 行×256 列数据。

有不少专业化施工企业，由于需要计算的项目数量少，通过熟练地运用 Excel 便可实现工程概预算灵活快速的计算，其做法是先把常发生的数据保存起来，需要时打开这些项目，经简单的修改和重新计算，就可完成报价编制，这些企业往往不需要购买专门的预算与报价编制管理软件。

第三节　水利水电工程工程量清单计价系统

一、系统简介

"水利水电工程工程量清单计价系统"是北京峡光公司依据其多年水利水电工程造价咨询及相关的工作经验，并结合 2007 年 7 月 1 日国家颁布的《水利工程工程量清单计价规范》（GB 50501—2007）自主研发的一款针对水利水电工程造价的行业性软件。

系统结合一线用户的需求，实现了功能丰富、灵活，操作简捷，单机、联网作业等功能特点。软件适用于水利水电行政各级主管部门以及水利水电设计、建设、施工、监理单位、招标代理机构及造价咨询等单位，在设计建设各个阶段编制投资控制管理文件。

二、系统的主要功能

（1）支持联网多用户共同作业及单机作业。系统采用 CS（客户端-服务器）的模式开发，支持多用户对同一工程数据以数据共享的方式进行联合作业，也支持用户单机作业，同时支持任意数据服务器指定，可以实现方便的移动办公。

（2）支持多套定额交叉引用、调整、换算。系统支持多套国家及地方颁布的定额，支持用户补充定额。对于多套定额中用到的人工、材料、机械等数据项目，由造价专家进行了统一。在套用定额时可方便地进行多种定额交叉引用，造价工程师可以方便快速的引用定额，而无需考虑不同定额间人、材、机数据项目间规格、型号、计量单位等存在的差异。支持多套定额主辅有序，可以对定额引用的优先顺序自由指定，以区分主要定额及辅助定额。支持用户根据工程实际，可通过人、材、机系数调整、构成数量调整、取费类别调整、构成增减、构成替换等多种调整方式对定额进行调整。

（3）支持价区功能。水利水电工程投资大，规模大，在工程建设过程中很容易有跨行政区域或工程施工覆盖面内价格水平不同的情况出现，于是本系统内引入了"价区（价格区域）"的概念。不同的价格区域在本系统中可以定义为不同的"价区"。人工、材料在不同的价区内可以有不同的价格也可以多个价区共享同一价格；施工机械在某价格区域内作业时使用该价区的人工材料，得到该价格区域内施工台班费用；工程单价对价区的支持为，一个工程单价对应一个价区，引用该价区内的人、材、机，对于多价格区域某工程单价结构相同的情况，可以建立共享组成的链接单价，这样可以实现工程单价组成相同，不同价格区域内价格不同。

（4）支持灵活定制工程单价的取费方法。在工程造价过程中，会出现一些有特殊要求的工程单价取费计算方式，为满足这一需求，本系统实现了工程单价取费方法的灵活定制功能，并实现了检测公式拼写及循环引用等常规错误。通过该功能，还可以定制工程单价的输出形式。

（5）支持灵活定制电、风、水、砂石料、混凝土等材料的单价构成。用户可以通过编辑公式、添加引用等方式进行灵活定制电、风、水、砂石料、混凝土等材料的单价构成，系统实现了对用户编辑的公式进行智能分析，检测循环引用及对这些材料最深层次的分解，该过程将自动完成而无需用户手工计算分解系数。

（6）支持工程量清单内循环引用，支持指定计算精度的递归计算。用户可以通过编辑公式的方式对清单内各项目间进行循环引用，系统根据用户指定的计算精度和最大计算次数进行递归计算，用户通过该功能可以轻松完成一些有特殊要求的计算。

（7）支持界面数据显示精度及计算精度的自由控制。系统对所有的数据显示及计算都可以进行小数位数的精度控制。系统将数据分为人工材料、材料构成、机械、机械构成、工程单价、工程单价构成、工程量清单等几个不同单元，各单元独立控制，用户可以根据工程的不同需求进行灵活定制。计算结果可以实现最大 15 位小数精度。

（8）支持深层次的工料分析。系统实现了对工程量清单、工程单价、机械、材料等各级计算构成进行分解统计，对用户编辑的计算公式进行智能分析，可以根据用户的定制，实现中间任意层及最深层次的分解统计，可以满足各种工程对于工料机统计的需求。

（9）支持灵活的数据查询。系统实现了字符查询、汉语拼音首字母查询等两种查询方式以及两种查询方式的模糊查询。该功能可以让用户能够快速准确的定位数据，提高工作效率。

（10）支持自由定制的报表功能。系统的数据报表完全自由定制，包括输出数据源、数据源间的关系、数据报表格式等自由定制；支持 Excel 的格式设定操作。除了系统默认的标准报表的基础模板外，用户可以根据需要新建模板，或定制、修改基础模板，以满足各种特殊报表的需求。

三、系统的应用

（一）系统界面

系统的主程序窗口如图 10-1 所示，主程序窗口主要由菜单栏、工具栏、数据区、资源面板、信息面板及状态栏组成。

（二）基础价格

1. 人工材料

点击主窗口菜单【价格＼人工及材料】或主窗口工具栏上■【人工材料】按钮，打开"人工材料"编辑面板，如图 10-2 所示。面板由"人工及材料类别""人工及材料单价"列表及"构成"编辑区等三个区域组成。可以进行人工、材料分类定义，编辑人工及材料类别表，增加、删除人工和材料，更改人工、材料类别。

图 10-1 主程序窗口

图 10-2 "人工材料"编辑面板

2. 电、风、水构成模板

　　计算工程施工用电、风、水价时，根据工程需要，可以直接输入综合价格，也可以按一定的计算规则计算出电、风、水的价格。如果采用计算价格，在相应材料的"构成模板"字段内选择"电风水"构成模板，同时将"自动计算"字段设定为真。

　　电、风、水构成模板体系结构如图 10-3 所示。

3. 砂石料构成模板

对于工程中使用的砂石料，根据工程需要，可以直接输入综合价格。若砂石料由承包商自行采备时，砂石料单价根据料源情况、开采条件和工艺流程计算。如果采用计算价格，在相应材料的"构成模板"字段内选择"砂石料"构成模板，同时将"自动计算"设定为真。选择该种材料，在材料表下方显示出"砂石料"构成模板的编辑面板。

砂石料构成模板体系结构如图 10-4 所示。

图 10-3　电、风、水构成模板体系结构　　　　图 10-4　砂石料构成模板体系结构

4. 施工机械

点击主窗口菜单【价格\机械】或主窗口工具栏上![机械图标]【机械】按钮，打开"机械"编辑面板，如图 10-5 所示。面板由"机械类别""机械单价"列表及"构成"编辑区等三个区域组成。可以进行机械分类定义，编辑机械类别，编辑机械、机械组表。

![图10-5 施工机械编辑面板]

图 10-5　施工机械编辑面板

编辑机械类别表的操作主要有新增同级类别、新增子级类别、改变分类级别、删除类别节点、改变节点相对位置等。

机械、机械组表的编辑操作主要有新增机械、删除机械、新增机械版本、新增机械

组、删除机械组、改变机械类别、改变机械组类别等。

（三）工程单价

1. 取费方法及费率

点击主窗口菜单【造价＼计算方法及费率】，打开工程单价取费管理面板，如图10-6所示。

图10-6　单价取费管理面板

面板由上、下两部分组成，上部为取费类型列表，分为五种类型："水利工程＼建筑工程""水利工程＼安装工程""水电工程＼建筑工程""水电工程＼安装工程"和"其他＼无取费项目"。下部包含三个选项卡：取费方法、费率数值、费率类别管理。

每种取费类型对应不同的取费计算方法，系统根据水利水电工程各相关规定，默认设定了相对应的取费方法，一般不需要用户进行修改。如果取费方法内的明细内容不能满足工程需要，用户可以对表内的文字、明细结构、计算方法等进行调整。

取费方法表中各明细数据项都必须定义一种数据类型，除子项合、人工（集合）、材料（集合）、机械（集合）、未计价装置性材料（集合）、子单价（集合）、其他费用（集合）等类型不需要编辑计算公式外，其他数据类型都需要编辑相应的计算公式或取费基数。

新建工程后，系统默认定义了工程各取费类型中常用的费率类别，通过"费率类别管理"面板，用户可以根据工程需要进行新增、修改或删除费率类别。还可以调整各费率类别的前后顺序。

费率数值面板用来设定费率类别中各取费项目的取费数值。

2. 编制工程单价

点击主窗口菜单【造价＼工程单价】或点击主窗口工具栏■按钮，打开工程单价面板，如图10-7所示。

工程单价
筛选：　　　　　🔍 套价 🔧 调整系数 📋 工程量清单

	编号 ▲	名称	数量	单位	单价	费率类别	
1	12.1.1	大石	1.00	t	13.346	土石方工程	默认
2	12.1.2	中石	1.00	t	22.446	土石方工程	默认
3	12.1.3	小石	1.00	t	25.035	土石方工程	默认
4	12.1.4	喷混凝土骨料（5～15）	1.00	t	23.725	土石方工程	默认
5	12.2	砂	1.00	t	24.783	土石方工程	默认
6	2.1.1.1	土方明挖	100.00	m³	10.467	土石方工程	默认

单价组成
	编号
1	100230　人工挖倒沟通

单价分析表
单价分析表 | 定额组成 | 单价分析表子表

序号	名称及规格	单位	数量	单价	合价
1	一　直接费				11.109
2	1　碎石原料回采	m³	0.752	7.336	5.517
3	2　粗碎（鄂式破碎机）	m³	0.747	2.682	2.004
4	3　预筛分中碎（圆锥破）	m³	0.726	3.638	2.641
5	4　成品骨料装车	m³	0.726	1.304	0.947
6	二　施工管理费	%	9.770	11.109	1.085
7	三　企业利润	%	6.000	12.194	0.732
8	四　税金	%	3.250	12.926	0.420
9	合价				13.346
10	单价				13.346

施工方法
人工挖倒沟通通槽土方，Ⅰ、Ⅱ类土，上口宽度2～4m，深度1～

图 10-7　工程单价面板

面板由工程单价列表、单价组成面板和单价分析表面板组成。

编制工程单价步骤为：新建单价、选择费率类别、选用定额、对定额人、材、机消耗量进行调整、计算工程单价。用户还可以进行复制工程单价、制作链接单价等操作。

（四）工程量清单

1. 编辑工程量清单

点击主窗口菜单【造价＼工程量清单】，或点击工具栏 📋【工程量清单】按钮，打开工程量清单编辑面板，如图 10-8 所示。可以编辑清单数据表结构，编辑套价公式，编辑工程类型。

工程量清单
筛选：　　　　　🔍 导出 导入 整理编号 工程单价

序号	名称	单位	数量	单价	合价	编号	套价公式	类型	备注
1	1	右岸导流隧洞土建工程（导0-				94752263.646	G15604		
2	1.1	导流洞进口段（导0-134.473m				21773405.188	G15605		
3	1.1.1	土方开挖工程				1596772.251	G15606		
4	1.1.1.1	土方开挖	m³	152553.0	10.467	1596772.251	500101002001	[2.1.1.1]	一般土方开挖
5	1.1.1.2	土方运输每增（减）0.5km	m³		0.508			[2.1.1.2]	报单价
6	1.1.2	石方开挖工程				4794079.536	G15608		
7	1.1.2.1	一般石方开挖	m³	186453.0	25.712	4794079.536	500102001001	[2.1.2.1]	一般石方开挖
8	1.1.2.2	石方运输每增（减）0.5km	m³		0.620		G15611	[2.1.2.2]	报单价
9	1.1.3	土石方填筑工程				39165.000	G15612		
10	1.1.3.1	土石方填筑		3000.000	13.055	39165.000	500103016001	[2.1.11]	其他土石方填
11	1.1.4	砌筑工程				411045.000	G15614		
12	1.1.4.1	浆砌石M7.5		3000.000	137.015	411045.000	500105003001	[2.1.10]	浆砌块石
13	1.1.5	锚喷支护工程				2675307.676	G15616		
14	1.1.5.1	锚杆 Φ28，L=4.5m，入岩=4.4m	根	2533.000	122.572	310474.876	500106001001	[2.1.3.1]	注浆粘结锚杆
15	1.1.5.2	锚杆 Φ28，L=9m，入岩=8.9m	根	465.000	513.030	238558.950	500106001002	[2.1.3.2]	注浆粘结锚杆
16	1.1.5.3	锚筋桩 3Φ28，L=12m	根	53.000	1723.938	91368.714	500106001003	[5.1.3.8]	注浆粘结锚杆
17	1.1.5.4	自进式锚杆 Φ25，L=4.5m	根	100.000	412.282	41228.200	500106006001	[2.1.3.2]	其他粘结锚杆
18	1.1.5.5	预应力锚索1000kN，L=25～35	束	30.000	10347.057	310411.710	500106007001	[2.1.3.5]	锚索头预应力	30根
19	1.1.5.6	喷混凝土C20，厚10cm	m³	2116.000	586.359	1240735.644	500106011001	[2.1.4.1]	岩石面喷混凝	素喷
20	1.1.5.7	喷混凝土C20，厚10cm	m³	710.000	598.016	424591.360	500106011002	[2.1.4.2]	岩石面喷混凝	挂网
21	1.1.5.8	排水孔 φ45			16.443		500107013001	[2.1.6]	排水孔	

图 10-8　工程量清单编辑面板

2. 导入导出清单

点击清单编辑面板工具栏内 【导入】按钮，运行"导入工程量清单向导"。点击清单编辑面板工具栏内 【导出】按钮，系统将清单导出至 Excel 中。按系统提示操作即可。

（五）统计分析

点击主窗口菜单【造价 \ 统计分析】命令，或点击主窗口工具栏 【统计分析】按钮，打开模板编辑面板，如图 10-9 所示。可以进行各种统计分析。

图 10-9 统计分析编辑面板

面板左侧为模板列表，右侧为包含模板设计和结果表两个选项卡。

第四节 凯云水利水电工程造价管理系统

一、系统简介

凯云水利水电工程造价管理系统是北京凯云创智软件技术有限公司研制开发，它由水利水电工程报价软件、水利工程工程量清单计价软件、水利水电工程概（估）算软件、水利水电工程定额管理平台等四个软件组成。能按照单价法、工程量清单计价法、企业定额法等多种计价方式灵活地编制水利水电工程概预算和投标报价。

二、系统的主要功能

（1）水利水电工程报价软件。水利水电工程报价软件主要适用于水利水电项目业主、施工单位编制招标标底、投标报价。系统运行稳定，速度快，扩展性强，能充分满足国内不同地区、不同企业对水利水电项目标底制作和投标报价编制的需要，可利用该报价软件按各种编制办法和招标文件快捷而准确地编制水利水电工程报价。

（2）水利工程工程量清单计价软件。为配合水利计价规范在全国范围推广应用，并满足水利工程采用工程量清单进行招标投标的需要，凯云公司率先在全国范围推出《凯云水利工程工程量清单计价软件》。该软件包含了我国从 20 世纪 80 年代至今几乎所有的水利工程定额，软件继承了《凯云水利水电工程报价软件》的所有优点，并结合水利计价规范，可适用于全国范围水利工程工程量清单招标与投标编制工作。

（3）水利水电工程概（估）算软件。水利水电工程概（估）算软件适用于水利设计单位的工程造价相关部门以及从事工程造价咨询等业务的单位编制水利水电工程投资估算、设计概算、分标概算、执行概算等。系统运行稳定，操作简单，工程造价人员通过该软件的使用可以大幅减轻劳动强度和工作压力，提高造价编制效率和质量。软件还包括了水利部颁布的水土保持概算定额，适用于水保部门编制水土保持项目的投资估算、设计概算等。

（4）水利水电工程定额管理平台。用户可通过该平台对行业定额、地方定额以及企业定额进行管理，同时可根据企业的实际生产、管理水平而快速准确地编制适合本企业实际情况的企业定额及各种计算模板，为企业报价提供依据。

三、系统的主要特点

（1）快速、准确、灵活编制工程报价。系统界面简捷友好，简单易用，无需专门培训，定额版本全，兼容部颁及各地方水利、水电定额及编制办法。适用面广，可满足全国水利、水电及水土保持工程的招投标造价编制需求。兼容 Excel，清单、附表及单价分析表等能实现一键导入或导出。

（2）完备的定额管理功能。系统设置独立的定额管理模块，可灵活修改、调整已有定额库，用户可自定义企业定额及材料计算公式、费率文件。

（3）灵活的工程单价编制、清单管理和报表汇总。系统具有自定义单价取费费率和取费模板文件相结合特点，可满足不同报价工程需要。定额选择灵活直观，任一报价工程均可套用所有版本定额。子单价调整方便、快捷、准确，一目了然。具有强大的单价调整日志管理功能。能够详细分析清单项目人工、材料、机械用量。

（4）灵活的报价资料导入、导出。可以从其他项目或者文件中把项目的一部分或者全部资料导入，可以将窗口中的数据以电子文件的形式输出，便于数据的兼容与共享。报表灵活，允许用户自由调整各种报表格式，导出到 Excel 可保持完整格式。

（5）强大的网络协同作业功能。系统具有支持对同一工程实施多人联网作业功能，提高报价编制效率和质量。对不同用户进行权限划分，有效保证数据共享、安全保密。系统自动协同多用户同时对同一项目的操作。

四、系统的应用（水利水电工程报价软件为例）

凯云水利水电工程报价软件主页面可分为项目、视图、工具、窗口、帮助五个主菜单栏。

（一）项目菜单

项目菜单设有新建项目、打开项目、另存为、项目管理下拉子菜单。

1. 新建项目

单击【项目＼新建】或 新建，会弹出如图 10－10 所示的对话框。

填写项目名称，并从定额版本下拉列表中选择相应的定额版本。

单击【确定】，系统导入该项目的定额数据，即可进入编制报价模块。

2. 打开项目

（1）单击【项目\打开】或 ，在打开项目窗口中显示当前登录用户有权限修改的所有项目。

（2）选择指定项目打开，则系统加载该报价项目所有资料。

3. 另存为

把当前打开项目另存为指定名称的报价项目并自动打开新项目，同时关闭当前项目。

4. 项目管理

打开项目管理，在列表中显示当前用户可以管理的全部报价项目（图 10-11）。

图 10-10　新建项目窗口

图 10-11　项目管理窗口

（二）项目属性

打开新建项目后，第一个页面显示该项目的属性（图 10-12），包括填写项目的工程名称、编制人、时间、单个等基本信息；选择材料单价的计算公式、是否限价（图 10-13）；单价统调系数的设置等。

图 10-12　项目属性窗口

图 10-13　材料单价计算公式窗口

（三）取费管理

建立项目时系统自动导入该项目对应定额版本的所有工程取费，用户可对取费分类列表进行增删和修改，并在费用明细中，对相应分类设置费用的计算基础，并设置是否取费，或填写了缺省的取费（图 10-14）。

图 10-14　取费管理界面

（四）人工单价

建立报价项目时系统自动建立与所选定额对应的全部人工名称，打开人工单价页面，如图 10-15 所示。点页面上"计算当前"按钮，软件自动计算所有人工分类的单价，然后通过明细区域中的选择框"是否计价"来选择人工单价或者根据项目的实际情况在人工预算单价列直接填写人工单价，人工工资地区系数、工程类别、工种级别三项分别默认为六类工资区、枢纽工程和工长，调整上述参数请在【选择参数】和【人工系数】中操作。

代号	名称	地区系数	工程类别	级别	单位	预算单价	限价	备注	使用量
A0001	人工	六类工资区	枢纽工程	工长	工日	3.5100	0		94491.39
A0002	机械工	六类工资区	枢纽工程	中级工	工日	2.5500	0		0
A0003	安装工	六类工资区	枢纽工程	工长	工日	0	0		0
A0004	综合工	六类工资区	枢纽工程	工长	工日	0	0		0
A0005	抹面	六类工资区	枢纽工程	工长	工日	0	0		0
A0006	拌和	六类工资区	枢纽工程	工长	工日	0	0		0
A0007	技工	六类工资区	枢纽工程	工长	工日	0	0		0

编号	名称	单位	计算公式	计算式	单价	是否计价
1	基本工资	元/工日	基本工资标准*地区工资系数*12月/年应工作天数*1.068	550*1*12月/251*1.068	28.0800	
2	辅助工资	元			91.7100	
(1)	地区津贴	元/工日	地区津贴标准*12月/年应工作天数*1.068	0*12月/251*1.068	0	
(2)	施工津贴	元/工日	施工津贴标准*365天*95%/年应工作天数*1.068	5.3*365天*95%/251*1.068	7.8200	
(3)	夜餐津贴	元/工日	(中班夜餐津贴标准+夜班夜餐津贴标准)/2*夜餐津贴系数	(3.5+4.5)/2*0.3	1.2000	
(4)	节日加班津贴	元/工日	基本工资*3*10/年应工作天数*35%	28.08*3*10/251*35%	1.1700	
3	工资附加费	元/工日			59.3100	
(1)	职工福利基金	元/工日	(基本工资+辅助工资)*职工福利基金费率	(28.08+0)*0.14	3.9300	
(2)	工会经费	元/工日	(基本工资+辅助工资)*工会经费费率	(28.08+0)*0.02	0.5600	
(3)	养老保险费	元/工日	(基本工资+辅助工资)*养老保险费率	(28.08+0)*0	0	
(4)	医疗保险费	元/工日	(基本工资+辅助工资)*医疗保险费率	(28.08+0)*0.04	1.1200	
(5)	工伤保险费	元/工日	(基本工资+辅助工资)*工伤保险费率	(28.08+0)*0.015	0.4200	
(6)	职工失业保险基金	元/工日	(基本工资+辅助工资)*职业失业保险基金费率	(28.08+0)*0.02	0.5600	
(7)	住房公积金	元/工日	(基本工资+辅助工资)*住房公积金费率	(28.08+0)*0	0	
4	人工工日预算单价	元/工日	基本工资+辅助工资+工资附加费	28.08+0+0	28.0800	
5	人工工时预算单价	元/工时	人工工日预算单价/日工作时间	28.08/8	3.5100	

图 10-15　人工单价界面

（五）材料单价

材料单价窗口分为三部分：材料分类（单击 材料分类列表 可隐藏、显示此列）、材料单价库列表（左侧上表）、材料库列表（左侧下表）（图 10 - 16）。

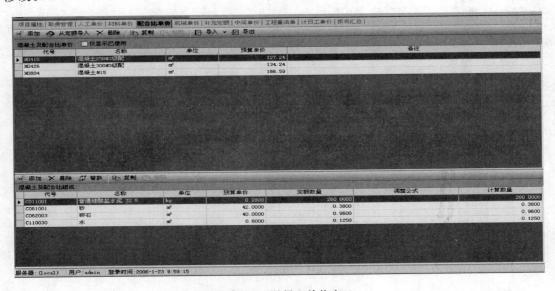

图 10 - 16　材料单价界面

（六）配合比单价

配合比单价窗口分为两部分：配合比单价列表、配合比材料组成列表（图 10 - 17）。用户可以添加配合比、从定额导入配合比，也可以进行混凝土及配合比材料组成的修改。

图 10 - 17　混凝土单价窗口

（七）机械单价

机械单价窗口分为三部分：机械分类、机械单价、机械费用组成列表。系统提供按机械分类、关键字进行查询的方法。单击工具栏中 按钮，系统导入机械台时/台班费用（图 10 - 18）。

图 10 - 18　机械单价界面

（八）补充定额

根据项目编制需要可编制补充定额（图 10 - 19）。

图 10 - 19　补充定额界面

添加的方法有两种方法：直接添加，这种方法的操作同机械单价的添加方法相同；另外一种方法是通过 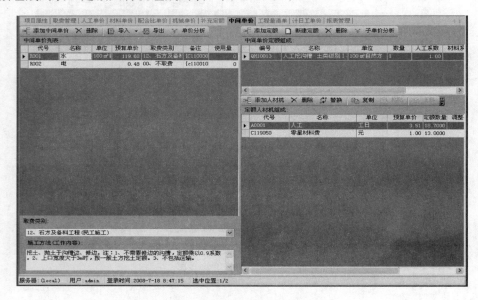 从中间单价添加 的方法进行添加，这种方式可以把中间单价的组成带过来，然后在这基础上进行完善。

（九）中间单价

根据工程实际情况，用户可编制中间单价，如混凝土运输（水平、垂直）、混凝土搅拌、石方运输等，以便在编制工程单价时调用。其包括三个列表：中间单价列表、中间单价定额组成列表、定额人材机组成列表（图10-20）。

图10-20 中间单价界面

（十）工程量清单

点击"工程量清单"窗口，系统进入工程量清单界面，该界面中上半部分是工程量清单，下半部分则是工程量清单对应的工程单价列表、单价定额的组成列表和定额人材机的组成列表（图10-21）。

选中工程量清单列表中的任意节点，如果该节点套用了工程单价，则在单价列表中自动选中与该清单节点套用单价对应的单价行。

工程量清单可以从Excel文件导入，也可以建立新的工程量清单组，系统设置了工程量清单管理项目，对清单进行修改。

编制工程单价步骤分为：添加单价或者新建单价、选择定额或新建新定额、选择取费类别、对定额人材机进行调整、计算定额费用、计算工程单价费用。在编制单价过程中可实现选择定额、填写施工方法、选取取费类别、修改定额数量以及定额的人材机械调整系数、添加子单价等功能。

（十一）计日工单价

根据项目实际需要编制计日工单价。计日工单价分为人材机三种单价，可分别编制单价（图10-22）。

图 10-21 工程量清单界面

图 10-22 计日工单价列表的调整

在左边列表中列出了当前项目所有的人材机，可一次选中多项，单击"添加"，则所有选中的人材机选中到右边的表格。根据工程实际情况，直接在计日工单价中的输入具体数值或选中多个后单击 系数 按钮，输入相应的系数，则系统自动根据预算单价和系数计算出计日工单价。

（十二）报表管理

"报表管理"界面，左侧窗口显示工程造价管理系统常用的各种报表类型（为树型结构表），右侧窗口显示报表明细（图 10-23）。

图 10－23　报表管理窗口

在"报表管理"界面左侧报表类型列表中选一报表名称则在右边窗口中显示对应的报表，如果是第一次打开该项目对应的报表，则自动生成系统默认的报表格式。右侧的报表明细窗口里，有【重新生成】【保存】【导出】【页面设置】【预览】【报表选项】【模板管理】七个按钮，可按用户的要求导出 Excel 文档格式的投标报价表格。

附录1 水利基本建设工程项目划分

第一部分 建 筑 工 程

I		枢 纽 工 程		
序号	一级项目	二级项目	三级项目	备注
一	挡水工程			
1		混凝土坝（闸）工程		
			土方开挖	
			石方开挖	
			土石方回填	
			模板	
			混凝土	
			钢筋	
			防渗墙	
			灌浆孔	
			灌浆	
			排水孔	
			砌石	
			喷混凝土	
			锚杆（索）	
			启闭机室	
			温控措施	
			细部结构工程	
2		土（石）坝工程		
			土方开挖	
			石方开挖	
			土料填筑	
			砂砾料填筑	
			斜（心）墙土料填筑	
			反滤料、过渡料填筑	
			坝体堆石填筑	
			铺盖填筑	
			土工膜（布）	
			沥青混凝土	
			模板	
			混凝土	
			钢筋	
			防渗墙	
			灌浆孔	
			灌浆	
			排水孔	
			砌石	

序号	一级项目	二级项目	三级项目	备注
			枢　纽　工　程	
			喷混凝土	
			锚杆（索）	
			面（趾）板止水	
			细部结构工程	
二	泄洪工程			
1		溢洪道工程		
			土方开挖	
			石方开挖	
			土石方回填	
			模板	
			混凝土	
			钢筋	
			灌浆孔	
			灌浆	
			排水孔	
			砌石	
			喷混凝土	
			锚杆（索）	
			启闭机室	
			温控措施	
			细部结构工程	
2		泄洪洞工程		
			土方开挖	
			石方开挖	
			模板	
			混凝土	
			钢筋	
			灌浆孔	
			灌浆	
			排水孔	
			砌石	
			喷混凝土	
			锚杆（索）	
			钢筋网	
			钢拱架、钢格栅	
			细部结构工程	
3		冲砂孔（洞）工程		
4		放空洞工程		
5		泄洪闸工程		
三	引水工程			
1		引水明渠工程		
			土方开挖	
			石方开挖	
			模板	
			混凝土	
			钢筋	

I		枢　纽　工　程		
序号	一级项目	二级项目	三级项目	备注
			砌石	
			锚杆（索）	
			细部结构工程	
2		进（取）水口工程		
			土方开挖	
			石方开挖	
			模板	
			混凝土	
			钢筋	
			锚杆（索）	
			细部结构工程	
3		引水隧道工程		
			土方开挖	
			石方开挖	
			模板	
			混凝土	
			钢筋	
			灌浆孔	
			灌浆	
			锚杆（索）	
			排水孔	
			砌石	
			喷混凝土	
			锚杆（索）	
			钢筋网	
			钢拱架、钢格栅	
			细部结构工程	
4		调压井工程		
			土方开挖	
			石方开挖	
			模板	
			混凝土	
			喷浆	
			灌浆孔	
			灌浆	
			砌石	
			钢筋	
			锚杆（索）	
			细部结构工程	
5		高压管道工程		
			土方开挖	
			石方开挖	
			模板	
			混凝土	
			钢筋	
			灌浆孔	

序号	I 枢　纽　工　程			
	一级项目	二级项目	三级项目	备注
			灌浆	
			砌石	
			锚杆（索）	
			钢筋网	
			钢拱架、钢格栅	
			细部结构工程	
四	发电厂（泵站）工程			
1		地面厂房工程		
			土方工程	
			石方开挖	
			土石方回填	
			模板	
			混凝土	
			钢筋	
			灌浆孔	
			灌浆	
			砌石	
			锚杆（索）	
			温控措施	
			厂房建筑	
			细部结构工程	
2		地下厂房工程		
			石方开挖	
			模板	
			混凝土	
			钢筋	
			灌浆孔	
			灌浆	
			排水孔	
			喷混凝土	
			锚杆（索）	
			钢筋网	
			钢拱架、钢格栅	
			温控措施	
			厂房装修	
			细部结构工程	
3		交通洞工程		
			土方开挖	
			石方开挖	
			模板	
			混凝土	
			钢筋	
			灌浆孔	
			灌浆	
			喷混凝土	
			锚杆（索）	

Ⅰ	枢　纽　工　程			
序号	一级项目	二级项目	三级项目	备注
			钢筋网	
			钢拱架、钢格栅	
			细部结构工程	
4		出线洞（井）工程		
5		通风洞（井）工程		
6		尾水洞工程		
7		尾水洞调压井工程		
8		尾水渠工程		
			土方开挖	
			石方开挖	
			土石方回填	
			模板	
			混凝土	
			钢筋	
			砌石	
			锚杆（索）	
			细部结构工程	
五	升压变电站工程			
1		变电站工程		
			土方开挖	
			石方开挖	
			土石方回填	
			模板	
			混凝土	
			钢筋	
			砌石	
			钢材	
			细部结构工程	
2		开关站工程		
			土方开挖	
			石方开挖	
			土石方回填	
			模板	
			混凝土	
			钢筋	
			砌石	
			钢材	
			细部结构工程	
六	航运工程			
1		上游引航道工程		
			土方开挖	
			石方开挖	
			土石方回填	
			模板	
			混凝土	
			钢筋	

I		枢 纽 工 程		
序号	一级项目	二级项目	三级项目	备注
			砌石	
			锚杆（索）	
			细部结构工程	
2		船闸（升船机）工程		
			土方开挖	
			石方开挖	
			土石方回填	
			模板	
			钢筋	
			混凝土	
			灌浆孔	
			灌浆	
			锚杆（索）	
			控制室	
			温控措施	
			细部结构工程	
3		下游引航道工程		
七	鱼道工程			
八	交通工程			
1		公路工程		
2		铁路工程		
3		桥梁工程		
4		码头工程		
九	房屋建筑工程			
1		辅助生产建筑		
2		仓库		
3		办公用房		
4		值班宿舍及文化福利建筑		
5		室外工程		
十	供电设施工程			
十一	其他建筑工程			
1		安全观测设施工程		
2		照明线路工程		
3		通信线路工程		
4		厂坝（闸、泵站）区供水、供热、排水等公共设施		
5		劳动安全与工业卫生设施		
6		水文、泥沙监测设施工程		
7		水情自动测报系统工程		
8		其他		

Ⅱ	引　水　工　程			
序号	一级项目	二级项目	三级项目	备注
一	渠（管）道工程			
1		××-××段干渠（管）工程		含附属小型建筑物
			土方开挖	
			石方开挖	
			土石方回填	
			模板	
			混凝土	
			钢筋	
			输水管道	各类管道（含钢管）
			管道附件及阀门	项目较多时可另附表
			管道防腐	
			砌石	
			垫层	
			土工布	
			草皮护坡	
			细部结构工程	
2		××-××段支渠（管）工程		
二	建筑物工程			
1		泵站工程（扬水站、排灌站）		
			土方开挖	
			石方开挖	
			土石方回填	
			模板	
			混凝土	
			钢筋	
			砌石	
			厂房建筑	
			细部结构工程	
2		水闸工程		
			土方开挖	
			石方开挖	
			土石方回填	
			模板	
			混凝土	
			钢筋	
			灌浆孔	
			灌浆	
			砌石	
			启闭机室	
			细部结构工程	
3		渡槽工程		
			土方开挖	
			石方开挖	
			土石方回填	
			模板	
			混凝土	
			钢筋	

Ⅱ			引 水 工 程	
序号	一级项目	二级项目	三级项目	备注
			预应力锚索（筋）	钢绞线、钢丝束、钢筋
			渡槽支撑	或高大跨渡槽措施费
			砌石	
			细部结构工程	
4		隧洞工程		
			土方开挖	
			石方开挖	
			土石方回填	
			模板	
			混凝土	
			钢筋	
			灌浆孔	
			灌浆	
			砌石	
			喷混凝土	
			锚杆（索）	
			钢筋网	
			钢拱架、钢格栅	
			细部结构工程	
5		倒虹吸工程		含附属调压、检修设施
6		箱涵（暗渠）工程		含附属调压、检修设施
7		跌水工程		
8		动能回收电站工程		
9		调蓄水库工程		
10		排水涵（渡槽）		或排泄涵（渡槽）
11		公路交叉（穿越）建筑物		
12		铁路交叉（穿越）建筑物		
13		其他建筑物工程		
三	交通工程			
1		对外公路		
2		运行管理维护道路		
四	房屋建筑工程			
1		辅助生产建筑		
2		仓库		
3		办公用房		
4		值班宿舍及文化福利建筑		
5		室外工程		
五	供电设施工程			
六	其他建筑工程			
1		安全监测设施工程		
2		照明线路工程		
3		通信线路工程		
4		厂坝（闸、泵站）区供水、供热、排水等公用设施		
5		劳动安全与工业卫生设施		
6		水文、泥沙监测设施工程		
7		水情自动测报系统工程		
8		其他		

Ⅲ	河 道 工 程			
序号	一级项目	二级项目	三级项目	备注
一	河湖整治与堤防工程			
1		××-×× 段堤防工程		
			土方开挖	
			土方填筑	
			模板	
			混凝土	
			砌石	
			土工布	
			防渗墙	
			灌浆孔	
			灌浆	
			草皮护坡	
			细部结构工程	
2		××-×× 段河道（湖泊）整治工程		
3		××-×× 段河道疏浚工程		
二	灌溉工程			
1		××-×× 段渠（管）道工程		
			土方开挖	
			土方填筑	
			模板	
			混凝土	
			砌石	
			土工布	
			输水管道	
			细部结构工程	
三	田间工程			
1		××-×× 段渠（管）道工程		
2		田间土地平整		根据设计要求计划
四	建筑物工程			
1		水闸工程		
2		泵站工程（扬水站、排灌站）		
3		其他建筑物		
五	交通工程			
六	房屋建筑工程			
1		辅助生产厂房		
2		仓库		
3		办公用房		
4		值班宿舍及文化福利建筑		
5		室外工程		
七	供电设施工程			
八	其他建筑工程			
1		安全监测设施工程		
2		照明线路工程		
3		通信线路工程		
4		厂坝（闸、泵站）区供水、供热、排水等公用设施		
5		劳动安全与工业卫生设施		
6		水文、泥沙监测设施工程		
7		其他		

三级项目划分要求及技术经济指标

序号	三级项目			经济技术指标
	分类	名称示例	说明	
1	土石方开挖	土方开挖	土方开挖与砂砾石开挖分列	元/m³
		石方开挖	明挖与暗挖、平洞与斜井、竖井分列	元/m³
2	土石方回填	土方填筑		元/m³
		石方填筑		元/m³
		砂砾石填筑		元/m³
		斜（心）墙土料填筑		元/m³
		反滤料、过渡料填筑		元/m³
		坝体（坝址）堆石填筑		元/m³
		铺盖填筑		元/m³
		土工膜		元/m²
		土工布		元/m²
3	砌石	砌石	干砌石、浆砌石、抛石、铅丝（钢筋）笼块石等分列	元/m³
		砖墙		元/m³
4	混凝土与模板	模板	不同规格形状和材质的模板分列	元/m²
		混凝土	不同工程部位、不同标号、不同级配的混凝土分列	元/m³
		沥青混凝土		元/m³（m²）
5	钻孔与灌浆	防渗墙		元/m²
		灌浆孔	使用不同钻孔机械及钻孔的不同用途分列	元/m
		灌浆	不同灌浆种类分列	元/m（m²）
		排水孔		元/m
6	锚固工程	锚杆		元/根
		锚索		元/束（根）
		喷混凝土		元/m³
7	钢筋	钢筋		元/t
8	钢结构	钢衬		元/t
		构架		元/t
9	止水	面（趾）板止水		元/m
10	其他	启闭机室		元/m²
		控制室（楼）		元/m²
		温控措施		元/m³
		厂房装修		元/m²
		细部结构工程		元/m³

第二部分   机电设备及安装工程

I		枢 纽 工 程		
序号	一级项目	二级项目	三级项目	技术经济指标
一	发电设备及安装工程			
1		水轮机设备及安装工程		
			水轮机	元/台
			调速器	元/台
			油压装置	元/台套
			过滤限制器	元/台套
			自动化元件	元/台套
			透平油	元/t
2		发电机设备及安装工程		
			发电机	元/台
			励磁装置	元/台套
			自动化元件	元/台套
3		主阀设备及安装工程		
			蝴蝶阀（球阀、锥形阀）	元/台
			油压装置	元/台
4		起重设备及安装工程		
			桥式起重机	元/t（台）
			转子吊具	元/t（具）
			平衡梁	元/t（副）
			轨道	元/双 10m
			滑触线	元/三相 10m
5		水力机械辅助设备及安装工程		
			油系统	
			压气系统	
			水系统	
			水力量测系统	
			管路（管子、附件、阀门）	
6		电气设备及安装工程		
			发电电压设备	
			控制保护系统	
			直流系统	
			厂用电系统	
			电工试验设备	
			35kV 及以下动力电缆	
			控制和保护电缆	
			母线	
			电线架	
			其他	
二	升压变电设备及安装工程			
1		主变压器设备及安装工程		

I		枢 纽 工 程		
序号	一级项目	二级项目	三级项目	技术经济指标
			变压器	元/台
			轨道	元/双 10m
2		高压电器设备及安装工程		
			高压断路器	
			电流互感器	
			电压互感器	
			隔离开关	
			110kV 及以上高压电缆	
3		一次拉线及其他安装工程		
三	公用设备及安装工程			
1		通信设备及安装工程		
			卫星通信	
			光缆通信	
			微波通信	
			载波通信	
			生产调度通信	
			行政管理通信	
2		通风采暖设备及安装工程		
			通风机	
			空调机	
			管路系统	
3		机修设备及安装工程		
			车床	
			刨床	
			钻床	
4		计算机监控系统		
5		工业电视系统		
6		管理自动化系统		
7		全厂接地及保护网		
8		电梯设备及安装工程		
			大坝电梯	
			厂房电梯	
9		坝区馈电设备及安装工程		
			变压器	
			配电装置	
10		厂坝区供水、排水、供热设备及安装工程		
11		水文、泥沙监测设备及安装工程		
12		水情自动测报系统设备及安装工程		
13		视频安防监控设备及安装工程		
14		安全监测设备及安装工程		
15		消防设备		
16		劳动安全与工业卫生设备及安装工程		
17		交通设备		

续表

II	引水工程及河道工程			
序号	一级项目	二级项目	三级项目	技术经济指标
一	泵站设备及安装工程			
1		水泵设备及安装工程		
2		电动机械设备及安装工程		
3		主阀设备及安装工程		
4		起重设备及安装工程		
			桥式起重机	元/t（台）
			平衡梁	元/t（副）
			轨道	元/双 10m
			触滑线	元/三相 10m
5		水力机械辅助设备及安装工程		
			油系统	
			压气系统	
			水系统	
			水力量测系统	
			管路（管子、附件、阀门）	
6		电气设备及安装工程		
			控制保护系统	
			盘柜	
			电缆	
			母线	
二	水闸设备及安装工程			
		电气一次设备及安装工程		
		电气二次设备及安装工程		
三	电站设备及安装工程			
四	供电设备及安装工程			
		变电站设备及安装工程		
五	公用设备及安装工程			
1		通信设备及安装工程		
			卫星通信	
			光缆通信	
			微波通信	
			载波通信	
			生产调度通信	
			行政管理通信	
2		通风采暖设备及安装工程		
			通风机	
			空调机	
			管路系统	
3		机修设备及安装工程		
			车床	
			刨床	
			钻床	

Ⅱ		引水工程及河道工程		
序号	一级项目	二级项目	三级项目	技术经济指标
4		计算机监控系统		
5		管理自动化系统		
6		全厂接地及保护网		
7		厂坝区供水、排水、供热设备及安装工程		
8		水文、泥沙监测设备及安装工程		
9		水情自动测报系统设备及安装工程		
10		视频安防监控设备及安装工程		
11		安全监测设备及安装工程		
12		消防设备		
13		劳动安全与工业卫生设备及安装工程		
14		交通设备		

第三部分　金属结构设备及安装工程

Ⅰ		枢　纽　工　程		
序号	一级项目	二级项目	三级项目	技术经济指标
一	挡水工程			
1		闸门设备及安装工程		
			平板门	元/t
			弧形门	元/t
			埋件	元/t
			闸门、埋件防腐	元/t（m²）
2		启闭设备及安装工程		
			卷扬式启闭机	元/t（台）
			门式启闭机	元/t（台）
			油压启闭机	元/t（台）
			轨道	元/双 10m
3		拦污设备及安装工程		
			拦污栅	元/t
			清污机	元/t（台）
二	泄洪工程			
1		闸门设备及安装工程		
2		启闭设备及安装工程		
3		拦污设备及安装工程		
三	引水工程			
1		闸门设备及安装工程		
2		启闭设备及安装工程		
3		拦污设备及安装工程		
4		压力钢管制作及安装工程		
四	发电厂工程			
1		闸门设备及安装工程		

续表

I		枢　纽　工　程		
序号	一级项目	二级项目	三级项目	技术经济指标
2		启闭设备及安装工程		
五	航运工程			
1		闸门设备及安装工程		
2		启闭设备及安装工程		
3		升船机设备及安装工程		
六	鱼道工程			
II		引水工程及河道工程		
一	泵站工程			
1		闸门设备及安装工程		
2		启闭设备及安装工程		
3		拦污设备及安装工程		
二	水闸（涵）工程			
1		闸门设备及安装工程		
2		启闭设备及安装工程		
3		拦污设备及安装工程		
三	小水电站工程			
1		闸门设备及安装工程		
2		启闭设备及安装工程		
3		拦污设备及安装工程		
4		压力钢管制作及安装工程		
四	调蓄水库工程			
五	其他建筑工程			

第四部分　施 工 临 时 工 程

序号	一级项目	二级项目	三级项目	技术经济指标
一	导流工程			
1		导流明渠工程		
			土方开挖	元/m³
			石方开挖	元/m³
			模板	元/m²
			混凝土	元/m³
			钢筋	元/t
			锚杆	元/根
2		导流洞工程		
			土方开挖	元/m³
			石方开挖	元/m³
			模板	元/m²
			混凝土	元/m³
			钢筋	元/t
			喷混凝土	元/m³
			锚杆（索）	元/根（束）
3		土石围堰工程		

序号	一级项目	二级项目	三级项目	技术经济指标
			土方开挖	元/m³
			石方开挖	元/m³
			堰体填筑	元/m³
			砌石	元/m³
			防渗	元/m³
			堰体拆除	元/m³
			其他	
4		混凝土围堰工程		
			土方开挖	元/m³
			石方开挖	元/m³
			模板	元/m³
			混凝土	元/m³
			防渗	元/m³
			堰体拆除	元/m³
			其他	
5		蓄水期下游断流补偿设施工程		
6		金属结构制作及安装工程		
二	施工交通工程			
1		公路工程		元/km
2		铁路工程		元/km
3		桥梁工程		元/延米
4		施工支洞工程		
5		码头工程		
6		转运站工程		
三	施工供电工程			
1		220kV供电线路		元/km
2		110kV供电线路		元/km
3		35kV供电线路		元/km
4		10kV供电线路（引水及河道）		元/km
5		变配电设施设备（场内除外）		元/座
四	施工房屋建筑工程			
1		施工仓库		
2		办公、生活及文化福利建筑		
五	其他施工临时工程			

注 凡永久与临时相结合的项目列入相应永久工程项目内。

第五部分 独 立 费 用

序号	一级项目	二级项目	三级项目	技术经济指标
一	建设管理费			
二	工程建设监理费			
三	联合试运转费			
四	生产准备费			
1		生产及管理单位提前进厂费		
2		生产职工培训费		
3		管理用具购置费		

序号	一级项目	二级项目	三级项目	技术经济指标
4		备品备件购置费		
5		工器具及生产家具购置费		
五	科研勘测设计费			
1		工程科学研究试验费		
2		工程勘测设计费		
六	其他			
1		工程保险费		
2		其他税费		

附录 2 概 算 表 格

一、工程概算总表

工程概算总表是由工程部分的总概算表与建设征地移民补偿、环境保护工程、水土保持工程的总概算表汇总而成（附表 2-1）。其中：

表中 Ⅰ 为工程部分总概算表，按项目划分的五部分填表并列示至一级项目。

表中 Ⅱ 为建设征地移民补偿总概算表，列示至一级项目。

表中 Ⅲ 为环境保护工程总概算表。

表中 Ⅳ 为水土保持工程总概算表。

表中 Ⅴ 包括静态总投资（Ⅰ～Ⅳ项静态投资合计）、价差预备费、建设期融资利息、总投资。

附表 2-1　　　　　工 程 概 算 总 表　　　　　单位：万元

序号	工程或费用名称	建安工程费	设备购置费	独立费用	合计
Ⅰ	工程部分投资				
	第一部分　建筑工程				
	……				
	第二部分　机电设备及安装工程				
	……				
	第三部分　金属结构设备及安装工程				
	……				
	第四部分　施工临时工程				
	……				
	第五部分　独立费用				
	……				
	一至五部分投资合计				
	基本预备费				
	静态总投资				
Ⅱ	建设征地移民补偿投资				
一	农村部分补偿费				
二	城（集）镇部分补偿费				
三	工业企业补偿费				
四	专业项目补偿费				
五	防护工程费				
六	库底清理费				
七	其他费用				
	一至七项小计				
	基本预备费				
	有关税费				
	静态投资				

序号	工程或费用名称	建安工程费	设备购置费	独立费用	合计
Ⅲ	环境保护工程投资				
	静态投资				
Ⅳ	水土保持工程投资				
	静态投资				
Ⅴ	工程投资总计（Ⅰ～Ⅳ合计）				
	静态总投资				
	价差预备费				
	建设期融资利息				
	总投资				

二、工程部分概算表

工程部分概算表包括工程部分总概算表、建筑工程概算表、设备及安装工程概算表、分年度投资表、资金流量表。

1. 工程部分总概算表

工程部分总概算表按项目划分的五部分填表并列至一级项目。五部分之后的内容为：一至五部分投资合计、基本预备费、静态投资。见附表 2-2。

附表 2-2　　　　　　　　　**工程部分总概算表**　　　　　　　单位：万元

序号	工程或费用名称	建安工程费	设备购置费	独立费用	合计	占一至五部分投资/%
	各部分投资					
	一至五部分投资合计					
	基本预备费					
	静态投资					

2. 建筑工程概算表

建筑工程概算表按项目划分列至三级项目。本表适用于编制建筑工程概算、施工临时工程概算和独立费用概算。见附表 2-3。

附表 2-3　　　　　　　　　　**建 筑 工 程 概 算 表**

序号	工程或费用名称	单位	数量	单价/元	合计/万元

3. 设备及安装工程概算表

设备及安装工程概算表按项目划分列至三级项目。本表适用于编制机电和金属结构设备及安装工程概算。见附表 2-4。

附表 2-4　　　　　　　　　　**设备及安装工程概算表**

序号	名称及规格	单位	数量	单价/元		合计/万元	
				设备费	安装费	设备费	安装费

4. 分年度投资表

分年度投资表可视不同情况按项目划分列至一级项目或二级项目。见附表 2-5。

附表 2-5   **分 年 度 投 资 表**   单位：万元

序号	项　　目	合计	建设工期/年							
			1	2	3	4	5	6	7	…
Ⅰ	工程部分投资									
一	建筑工程									
1	建筑工程									
	×××工程（一级项目）									
2	施工临时工程									
	×××工程（一级项目）									
二	安装工程									
1	机电设备安装工程									
	×××工程（一级项目）									
2	金属结构设备安装工程									
	×××工程（一级项目）									
三	设备购置费									
1	机电设备									
	×××设备									
2	金属结构设备									
	×××设备									
四	独立费用									
1	建设管理费									
2	工程建设监理费									
3	联合试运转费									
4	生产准备费									
5	科研勘测设计费									
6	其他									
	一至四部分合计									
	基本预备费									
	静态投资									
Ⅱ	建设征地移民补偿投资									
	……									
	静态投资									
Ⅲ	环境保护工程投资									
	……									
	静态投资									

序号	项　目	合计	建设工期/年							
			1	2	3	4	5	6	7	…
Ⅳ	水土保持工程投资									
	……									
	静态投资									
Ⅴ	工程投资总计（Ⅰ～Ⅳ合计）									
	静态总投资									
	价差预备费									
	建设期融资利息									
	总投资									

5. 资金流量表

资金流量表可视不同情况按项目划分列至一级或二级项目。见附表2-6。

附表 2-6　　　　　资 金 流 量 表　　　　　单位：万元

序号	项　目	合计	建设工期/年							
			1	2	3	4	5	6	7	…
Ⅰ	工程部分投资									
一	建筑工程									
1	建筑工程									
	×××工程（一级项目）									
2	施工临时工程									
	×××工程（一级项目）									
二	安装工程									
1	机电设备安装工程									
	×××工程（一级项目）									
2	金属结构设备安装工程									
	×××工程（一级项目）									
三	设备购置费									
	……									
四	独立费用									
	……									
	一至四项合计									
	基本预备费									
	静态投资									
Ⅱ	建设征地移民补偿投资									
	……									
	静态投资									

序号	项 目	合计	建设工期/年							
			1	2	3	4	5	6	7	…
Ⅲ	环境保护工程投资									
	……									
	静态投资									
Ⅳ	水土保持工程投资									
	……									
	静态投资									
Ⅴ	工程投资总计（Ⅰ～Ⅳ合计）									
	静态总投资									
	价差预备费									
	建设期融资利息									
	总投资									

三、工程部分概算附表

工程部分概算附表包括建筑工程单价汇总表、安装工程单价汇总表、主要材料预算价格汇总表、其他材料预算价格汇总表、施工机械台时费汇总表、主要工程量汇总表、主要材料量汇总表、工时数量汇总表。

1. 建筑工程单价汇总表

见附表 2-7。

附表 2-7　　　　　　　　　建筑工程单价汇总表　　　　　　　　　单位：元

单价编号	名称	单位	单价	其　中							
				人工费	材料费	机械使用费	其他直接费	间接费	企业利润	材料补差	税金

2. 安装工程单价汇总表

见附表 2-8。

附表 2-8　　　　　　　　　安装工程单价汇总表　　　　　　　　　单位：元

单价编号	名称	单位	单价	其　中								
				人工费	材料费	机械使用费	装置性材料费	其他直接费	间接费	企业利润	材料补差	未计价装置性材料费	税金

3. 主要材料预算价格汇总表

见附表 2-9。

附表 2 - 9   主要材料预算价格汇总表   单位：元

序号	名称及规格	单位	预算价格	其 中			
				原价	运杂费	运输保险费	采购及保管费

4. 其他材料预算价格汇总表

见附表 2 - 10。

附表 2 - 10   其他材料预算价格汇总表   单位：元

序号	名称及规格	单位	原价	运杂费	合计

5. 施工机械台时费汇总表

见附表 2 - 11。

附表 2 - 11   施工机械台时费汇总表   单位：元

序号	名称及规格	台时费	其 中				
			折旧费	修理及替换设备费	安拆费	人工费	动力燃料费

6. 主要工程量汇总表

见附表 2 - 12。

附表 2 - 12   主 要 工 程 量 汇 总 表

序号	项目	土石方明挖 /m³	石方洞挖 /m³	土石方填筑 /m³	混凝土 /m³	模板 /m²	钢筋 /t	帷幕灌浆 /m	固结灌浆 /m

7. 主要材料量汇总表

见附表 2 - 13。

附表 2 - 13   主 要 材 料 量 汇 总 表

序号	项目	水泥 /t	钢筋 /t	钢材 /t	木材 /m³	炸药 /t	沥青 /t	粉煤灰 /t	汽油 /t	柴油 /t

8. 工时数量汇总表

见附表 2 - 14。

附表 2 - 14   工 时 数 量 汇 总 表

序号	项 目	工时数量	备 注

四、工程部分概算附件附表

工程部分概算附件附表包括人工预算单价计算表、主要材料运输费用计算表、主要材料预算价格计算表、混凝土材料单价计算表、建筑工程单价表、安装工程单价表、资金流量计算表。

1. 人工预算单价计算表

见附表 2-15。

附表 2-15　　　　　　　　　　　人工预算单价计算表

艰苦边远地区类别		定额人工等级	
序号	项目	计算式	单价/元
1	人工工时预算单价		
2	人工工日预算单价		

2. 主要材料运输费用计算表

见附表 2-16。

附表 2-16　　　　　　　　　　　主要材料运输费用计算表

编号		1	2	3	材料名称				材料编号	
交货条件					运输方式	火车	汽车	船运	火车	
交货地点					货物等级				整车	零担
交货比例/%					装载系数					
编号		运输费用项目		运输起讫地点	运输距离/km		计算公式		合计/元	
1		铁路运杂费								
		公路运杂费								
		水路运杂费								
		综合运杂费								
2		铁路运杂费								
		公路运杂费								
		水路运杂费								
		综合运杂费								
3		铁路运杂费								
		公路运杂费								
		水路运杂费								
		综合运杂费								
		每吨运杂费								

3. 主要材料预算价格计算表

见附表 2-17。

附表 2-17　　　　　　　　　　　主要材料预算价格计算表

编号	名称及规格	单位	原价依据	单位毛重/t	每吨运费/元	价格/元				
						原价	运杂费	采购及保管费	保险费	预算价格

4. 混凝土材料单价计算表

见附表 2-18。

附表 2-18　　　　　　　　　　**混凝土材料单价计算表**　　　　　　　单位：m³

编号	名称及规格	单位	预算量	调整系数	单价/元	合价/元

5. 建筑工程单价表

见附表 2-19。

附表 2-19　　　　　　　　　　**建 筑 工 程 单 价 表**

单价编号		项目名称			
定额编号			定额单位		
施工方法		（填写施工方法、土或岩石类别、运距等）			
编号	名称及规格	单位	数量	单价/元	合价/元

6. 安装工程单价表

见附表 2-20。

附表 2-20　　　　　　　　　　**安 装 工 程 单 价 表**

单价编号		项目名称			
定额编号			定额单位		
型号规格					
编号	名称及规格	单位	数量	单价/元	合价/元

7. 资金流量计算表

见附表 2-21。

附表 2-21　　　　　　　　　　**资 金 流 量 计 算 表**　　　　　　　单位：万元

序号	项目	合计	建设工期/年							
			1	2	3	4	5	6	7	…
Ⅰ	工程部分投资									
一	建筑工程									
（一）	×××工程									
1	分年度完成工作量									
2	预付款									
3	扣回预付款									
4	保留金									
5	偿还保留金									
（二）	×××工程									

序号	项 目	合计	建设工期/年							
			1	2	3	4	5	6	7	…
	……									
二	安装工程									
	……									
三	设备购置费									
	……									
四	独立费用									
	……									
五	一至四项合计									
1	分年度费用									
2	预付款									
3	扣预付款									
4	保留金									
5	偿还保留金									
	基本预备费									
	静态投资									
Ⅱ	建设征地移民补偿投资									
	……									
	静态投资									
Ⅲ	环境保护工程投资									
	……									
	静态投资									
Ⅳ	水土保持工程投资									
	……									
	静态投资									
Ⅴ	工程投资总计（Ⅰ～Ⅳ合计）									
	静态总投资									
	价差预备费									
	建设期融资利息									
	总投资									

五、投资对比分析报告附表

1. 总投资对比表

格式参见附表 2-22，可根据工程情况进行调整。可视不同情况按项目划分列至一级项目或二级项目。

附表 2-22   总 投 资 对 比 表   单位：万元

序号	工程或费用名称	可研阶段投资	初步设计阶段投资	增减额度	增减幅度/%	备注
(1)	(2)	(3)	(4)	(4)－(3)	[(4)－(3)]/[3]	
Ⅰ	工程部分投资					
	第一部分　建筑工程					
	……					
	第二部分　机电设备及安装工程					
	……					
	第三部分　金属结构设备及安装工程					
	……					
	第四部分　施工临时工程					
	……					
	第五部分　独立费用					
	……					
	一至五部分投资合计					
	基本预备费					
	静态总投资					
Ⅱ	建设征地移民补偿投资					
一	农村部分补偿费					
二	城（集）镇部分补偿费					
三	工业企业补偿费					
四	专业项目补偿费					
五	防护工程费					
六	库底清理费					
七	其他费用					
	一至七项小计					
	基本预备费					
	有关税费					
	静态投资					
Ⅲ	环境保护工程投资					
	静态总投资					
Ⅳ	水土保持工程投资					
	静态投资					
Ⅴ	工程投资总计（Ⅰ～Ⅳ合计）					
	静态总投资					
	价差预备费					
	建设期融资利息					
	总投资					

2. 主要工程量对比表

格式参见附表 2-23，可根据工程情况进行调整。应列示主要工程项目的主要工程量。

附表 2-23　　　　　　　　　　主 要 工 程 量 对 比 表

序号	工程或费用名称	单位	可研阶段	初步设计阶段	增减数量	增减幅度/%	备注
(1)	(2)	(3)	(4)	(5)	(5)-(4)	[(5)-(4)]/[4]	
1	挡水工程						
	石方开挖						
	混凝土						
	钢筋						
	……						

3. 主要材料和设备价格对比表

格式参见附表 2-24，可根据工程情况进行调整。设备投资较少时，可不附设备价格对比。

附表 2-24　　　　　　　　　　主要材料和设备价格对比表　　　　　　　　　　单位：元

序号	工程或费用名称	单位	可研阶段	初步设计阶段	增减数量	增减幅度/%	备注
(1)	(2)	(3)	(4)	(5)	(5)-(4)	[(5)-(4)]/[4]	
1	主要材料价格						
	水泥						
	油料						
	钢筋						
	……						
2	主要设备价格						
	水轮机						
	……						

六、其他说明

编制概算小数点后位数取定方法：

基础单价、工程单价单位为"元"，计算结果精确到小数点后两位。

一至五部分概算表、分年度概算表及总概算表单位为"万元"，计算结果精确到小数点后两位。

计量单位为"m^3""m^2""m"的工程量精确到整数位。

附录3　艰苦边远地区类别划分

	行　政　单　位
一类地区 （373 个 县、市、区）	**1. 新疆（1个）**
	乌鲁木齐市：东山区
	2. 宁夏（11个）
	银川市：兴庆区、灵武市、永宁县、贺兰县
	石嘴山市：大武口区、惠农区、平罗县
	吴忠市：利通区、青铜峡市
	中卫市：沙坡头区、中宁县
	3. 甘肃（14个）
	兰州市：红古区
	白银市：白银区
	天水市：秦州区、麦积区
	庆阳市：西峰区、庆城县、合水县、正宁县、宁县
	平凉市：崆峒区、泾川县、灵台县、崇信县、华亭县
	4. 陕西（45个）
	延安市：延长县、延川县、子长县、安塞县、志丹县、吴起县、甘泉县、富县、宜川县
	铜川市：宜君县
	渭南市：白水县
	咸阳市：永寿县、彬县、长武县、旬邑县、淳化县
	宝鸡市：陇县、太白县
	汉中市：宁强县、略阳县、镇巴县、留坝县、佛坪县
	榆林市：榆阳区、神木县、府谷县、横山县、靖边县、绥德县、吴堡县、清涧县、子洲县
	安康市：汉阴县、石泉县、宁陕县、紫阳县、岚皋县、平利县、镇坪县、白河县
	商洛市：商州区、商南县、山阳县、镇安县、柞水县
	5. 云南（36个）
	昆明市：东川区、晋宁县、富民县、宜良县、嵩明县、石林彝族自治县
	曲靖市：麒麟区、宣威市、沾益县、陆良县
	玉溪市：江川县、澄江县、通海县、华宁县、易门县
	保山市：隆阳县、昌宁县
	昭通市：水富县

	行　政　单　位
一类地区 （373 个 县、市、区）	思茅市：翠云区、潜尔哈尼族彝族自治县、景谷彝族傣族自治县
	临沧市：临翔区、云县
	大理白族自治州：永平县
	楚雄彝族自治州：楚雄市、南华县、姚安县、永仁县、元谋县、武定县、禄丰县
	红河哈尼族彝族自治州：蒙自县、开远市、建水县、弥勒县
	文山壮族苗族自治州：文山县
	6. 贵州（34 个）
	贵阳市：清镇市、开阳县、修文县、息烽县
	六盘水市：六枝特区
	遵义市：赤水市、遵义县、绥阳县、凤冈县、湄潭县、余庆县、习水县
	安顺市：西秀区、平坝县、普定县
	毕节地区：金沙县
	铜仁地区：江口县、石阡县、思南县、松桃苗族自治县
	黔东南苗族侗族自治州：凯里市、黄平县、施秉县、三穗县、镇远县、岑巩县、锦屏县、麻江县
	黔南布依族苗族自治州：都匀市、贵定县、瓮安县、独山县、龙里县
	黔西南布依族苗族自治州：兴义市
	7. 四川（24 个）
	广元市：朝天区、旺苍县、青川县
	泸州市：叙永县、古蔺县
	宜宾市：筠连县、珙县、兴文县、屏山县
	攀枝花市：东区、西区、仁和区、米易县
	巴中市：通江县、南江县
	达州市：万源市、宣汉县
	雅安市：荥经县、石棉县、天全县
	凉山彝族自治州：西昌市、德昌县、会理县、会东县
	8. 重庆（4 个）
	黔江区、武隆县、巫山县、云阳县
	9. 海南（7 个）
	五指山市、昌江黎族自治县、白沙黎族自治县、琼中黎族苗族自治县、陵水黎族自治县、保亭黎族苗族自治县、乐东黎族自治县
	10. 广西（36 个）
	南宁市：横县、上林县、隆安县、马山县
	桂林市：全州县、灌阳县、资源县、平乐县、恭城瑶族自治县
	柳州市：柳城县、鹿寨县、融安县
	梧州市：蒙山县
	防城港市：上思县

	行　政　单　位
	崇左市：江州区、扶绥县、天等县
	百色市：右江区、田阳县、田东县、平果县、德保县、田林县
	河池市：金城江区、宜州市、南丹县、天峨县、罗城仫佬族自治县、环江毛南族自治县
	来宾市：兴宾区、象州县、武宣县、忻城县
	贺州市：昭平县、钟山县、富川瑶族自治县
	11. 湖南（6 个）
	张家界市：桑植县
	永州市：江华瑶族自治县
	邵阳市：城步苗族自治县
	怀化市：麻阳苗族自治县、新晃侗族自治县、通道侗族自治县
	12. 湖北（10 个）
	十堰市：郧县、竹山县、房县、郧西县、竹溪县
	宜昌市：兴山县、秭归县、长阳土家族自治县、五峰土家族自治县
	神农架林区
	13. 黑龙江（32 个）
	哈尔滨市：尚志市、五常市、依兰县、方正县、宾县、巴彦县、木兰县、通河县、延寿县
一类地区 （373 个 县、市、区）	齐齐哈尔市：龙江县、依安县、富裕县
	大庆市：肇州县、肇源县、林甸县
	伊春市：铁力市
	佳木斯市：富锦市、桦南县、桦川县、汤原县
	双鸭山市：友谊县
	七台河市：勃利县
	牡丹江市：海林市、宁安市、林口县
	绥化市：北林区、安达市、海伦市、望奎县、青冈县、庆安县、绥棱县
	14. 吉林（14 个）
	长春市：榆树市
	白城市：大安市、镇赉县、通榆县
	松原市：长岭县、乾安县
	吉林市：舒兰市
	四平市：伊通满族自治县
	辽源市：东辽县
	通化市：集安市、柳河县
	白山市：八道江区、临江市、江源县
	15. 辽宁（14 个）
	沈阳市：康平县
	朝阳市：北票市、凌源市、朝阳县、建平县、喀喇沁左翼蒙古族自治县

行 政 单 位
阜新市：彰武县、阜新蒙古族自治县
铁岭市：西丰县、昌图县
抚顺市：新宾满族自治县
丹东市：宽甸满族自治县
锦州市：义县
葫芦岛市：建昌县
16. 内蒙古（23个）
呼和浩特市：赛罕区、托克托县、土默特左旗
包头市：石拐区、九原区、土默特右旗
赤峰市：红山区、元宝山区、松山区、宁城县、巴林右旗、敖汉旗
通辽市：科尔沁区、开鲁县、科尔沁左翼后旗
鄂尔多斯市：东胜区、达拉特旗
乌兰察布市：集宁区、丰镇市
巴彦淖尔市：临河区、五原县、磴口县
兴安盟：乌兰浩特市
17. 山西（41个）
太原市：娄烦县
大同市：阳高县、灵丘县、浑源县、大同县
朔州市：平鲁区
长治市：平顺县、壶关县、武乡县、沁县
晋城市：陵川县
忻州市：五台县、代县、繁峙县、宁武县、静乐县、神池县、五寨县、苛岚县、河曲县、保德县、偏关县
晋中市：榆社县、左权县、和顺县
临汾市：古县、安泽县、浮山县、吉县、大宁县、永和县、隰县、汾西县
吕梁市：中阳县、兴县、临县、方山县、柳林县、岚县、交口县、石楼县
18. 河北（21个）
石家庄市：灵寿县、赞皇县、平山县
张家口市：宣化县、蔚县、阳原县、怀安县、万全县、怀来县、涿鹿县、赤城县
承德市：承德县、兴隆县、平泉县、滦平县、隆化县、宽城满族自治县
秦皇岛市：青龙满族自治县
保定市：涞源县、涞水县、阜平县

一类地区
（373个县、市、区）

行　政　单　位
1. 新疆（11 个）
乌鲁木齐市：天山区、沙依巴克区、新市区、水磨沟区、头屯河区、达坂城区、乌鲁木齐县
昌吉回族自治州：昌吉市、阜康市、米泉市
石河子市
2. 青海（6 个）
西宁市：城中区、城东区、城西区、城北区
海东地区：乐都县、民和回族土族自治县
3. 甘肃（40 个）
兰州市：永登县、皋兰县、榆中县
嘉峪关市
金昌市：金川区、永昌县
白银市：平川区、靖远县、会宁县、景泰县
天水市：清水县、秦安县、甘谷县、武山县
武威市：凉州区
酒泉市：肃州区、玉门市、敦煌市
张掖市：甘州区、临泽县、高台县、山丹县
定西市：安定区、通渭县、临洮县、漳县、岷县、渭源县、陇西县
陇南市：武都区、成县、宕昌县、康县、文县、西和县、礼县、两当县、徽县
临夏回族自治州：临夏市、永靖县
4. 陕西（3 个）
榆林市：定边县、米脂县、佳县
5. 云南（59 个）
昆明市：禄劝彝族苗族自治县、寻甸回族自治县
曲靖市：马龙县、罗平县、师宗县、会泽县
玉溪市：峨山彝族自治县、新平彝族傣族自治县、元江哈尼族彝族傣族自治县
保山市：施甸县、腾冲县、龙陵县
昭通市：昭阳区、绥江县、威信县
丽江市：古城区、永胜县、华坪县
思茅市：墨江哈尼族自治县、景东彝族自治县、镇沅彝族哈尼族拉祜族自治县、江城哈尼族彝族自治县、澜沧拉祜族自治县
临沧市：凤庆县、永德县
德宏傣族景颇族自治州：潞西市、瑞丽市、梁河县、盈江县、陇川县
大理白族自治州：祥云县、宾川县、弥渡县、云龙县、洱源县、剑川县、鹤庆县、漾濞彝族自治县、南涧彝族自治县、巍山彝族回族自治县
楚雄彝族自治州：双柏县、牟定县、大姚县
红河哈尼族彝族自治州：绿春县、石屏县、泸西县、金平苗族瑶族傣族自治县、河口瑶族自治县、屏边苗族自治县

左侧纵栏：二类地区（337 个县、市、区）

行　政　单　位

	行　政　单　位
	文山壮族苗族自治州：砚山县、西畴县、麻栗坡县、马关县、丘北县、广南县、富宁县
	西双版纳傣族自治州：景洪市、勐海县、勐腊县
	6. 贵州（36 个）
	六盘水市：钟山区、盘县
	遵义市：仁怀市、桐梓县、正安县、道真仡佬族苗族自治县、务川仡佬族苗族自治县
	安顺市：关岭布依族苗族自治县、镇宁布依族苗族自治县、紫云苗族布依族自治县
	毕节地区：毕节市、大方县、黔西县
	铜仁地区：德江县、印江土家族苗族自治县、沿河土家族自治县、万山特区
	黔东南苗族侗族自治州：天柱县、剑河县、台江县、黎平县、榕江县、从江县、雷山县、丹寨县
	黔南布依族苗族自治州：荔波县、平塘县、罗甸县、长顺县、惠水县、三都水族自治县
	黔西南布依族苗族自治州：兴仁县、贞丰县、望谟县、册亨县、安龙县
	7. 四川（13 个）
	绵阳市：北川羌族自治县、平武县
	雅安市：汉源县、芦山县、宝兴县
	阿坝藏族羌族自治州：汶川县、理县、茂县
	凉山彝族自治州：宁南县、普格县、喜德县、冕宁县、越西县
二类地区（337 个县、市、区）	**8. 重庆（7 个）**
	城口县、巫溪县、奉节县、石柱土家族自治县、彭水苗族土家族自治县、酉阳土家族苗族自治县、秀山土家族苗族自治县
	9. 广西（22 个）
	桂林市：龙胜各族自治县
	柳州市：三江侗族自治县、融水苗族自治县
	防城港市：港口区、防城区、东兴市
	崇左市：凭祥市、大新县、宁明县、龙州县
	百色市：靖西县、那坡县、凌云县、乐业县、西林县、隆林各族自治县
	河池市：凤山县、东兰县、巴马瑶族自治县、都安瑶族自治县、大化瑶族自治县
	来宾市：金秀瑶族自治县
	10. 湖南（8 个）
	湘西土家族苗族自治州：吉首市、泸溪县、凤凰县、花垣县、保靖县、古丈县、永顺县、龙山县
	11. 湖北（8 个）
	恩施土家族苗族自治州：恩施市、利川市、建始县、巴东县、宣恩县、咸丰县、来凤县、鹤峰县
	12. 黑龙江省（67 个）
	齐齐哈尔市：建华区、龙沙区、铁锋区、昂昂溪区、富拉尔基区、碾子山区、梅里斯达斡尔族区、讷河市、甘南县、克山县、克东县、拜泉县
	黑河市：爱辉区、北安市、五大连池市、嫩江县
	大庆市：杜尔伯特蒙古族自治县

	行 政 单 位
二类地区 （337个县、 市、区）	伊春市：伊春区、南岔区、友好区、西林区、翠峦区、新青区、美溪区、金山屯区、五营区、乌马河区、汤旺河区、带岭区、乌伊岭区、红星区、上甘岭区、嘉荫县
	鹤岗市：兴山区、向阳区、工农区、南山区、兴安区、东山区、萝北县、绥滨县
	佳木斯市：同江市、抚远县
	双鸭山市：尖山区、岭东区、四方台区、宝山区、集贤县、宝清县、饶河县
	七台河市：桃山区、新兴区、茄子河区
	鸡西市：鸡冠区、恒山区、滴道区、梨树区、城子河区、麻山区、虎林市、密山市、鸡东县
	牡丹江市：穆棱市、绥芬河市、东宁县
	绥化市：兰西县、明水县
	13. 吉林（11个）
	白山市：抚松县、靖宇县、长白朝鲜族自治县
	延边朝鲜族自治州：延吉市、图们市、敦化市、珲春市、龙井市、和龙市、汪清县、安图县
	14. 内蒙古（39个）
	呼和浩特市：武川县、和林格尔县、清水河县
	包头市：白云矿区、固阳县
	乌海市：海勃湾区、海南区、乌达区
	赤峰市：林西县、阿鲁科尔沁旗、巴林左旗、克什克腾旗、翁牛特旗、喀喇沁旗
	通辽市：库伦旗、奈曼旗、扎鲁特旗、科尔沁左翼中旗
	呼伦贝尔市：海拉尔区、满洲里市、扎兰屯市、阿荣旗
	鄂尔多斯市：准格尔旗、鄂托克旗、杭锦旗、乌审旗、伊金霍洛旗
	乌兰察布市：卓资县、兴和县、凉城县、察哈尔右翼前旗
	巴彦淖尔市：乌拉特前旗、杭锦后旗
	兴安盟：突泉县、科尔沁右翼前旗、科尔沁右翼中旗、扎赉特旗
	锡林郭勒盟：锡林浩特市、二连浩特市
	15. 山西（3个）
	大同市：天镇县、广灵县
	朔州市：右玉县
	16. 河北（4个）
	张家口市：张北县、崇礼县
	承德市：丰宁满族自治县、围场满族蒙古族自治县

行　政　单　位
1. 新疆（29个）
五家渠市
克拉玛依市：克拉玛依区、独山子区、白碱滩区、乌尔禾区
阿拉尔市
阿克苏地区：阿克苏市、温宿县、库车县、沙雅县
吐鲁番地区：鄯善县、吐鲁番市
哈密地区：哈密市
博尔塔拉蒙古自治州：博乐市、精河县
昌吉回族自治州：呼图壁县、玛纳斯县、奇台县、吉木萨尔县
巴音郭楞蒙古自治州：库尔勒市、轮台县、博湖县、焉耆回族自治县
伊犁哈萨克自治州：伊宁市、伊宁县、奎屯市
塔城地区：塔城市、乌苏市、沙湾县
2. 宁夏（8个）
吴忠市：盐池县、同心县
固原市：原州区、西吉县、隆德县、泾源县、彭阳县
中卫市：海原县
3. 青海（8个）
西宁市：大通回族土族自治县、湟源县、湟中县
海东地区：平安县、互助土族自治县、循化撒拉族自治县
海南藏族自治州：贵德县
黄南藏族自治州：尖扎县
4. 甘肃（18个）
天水市：张家川回族自治县
武威市：民勤县、古浪县
酒泉市：金塔县、安西县
张掖市：民乐县
庆阳市：环县、华池县、镇原县
平凉市：庄浪县、静宁县
临夏回族自治州：临夏县、康乐县、广河县、和政县
甘南藏族自治州：临潭县、舟曲县、迭部县
5. 云南（20个）
曲靖市：富源县
昭通市：鲁甸县、盐津县、大关县、永善县、镇雄县、彝良县
丽江市：玉龙纳西族自治县、宁蒗彝族自治县
思茅市：孟连傣族拉祜族佤族自治县、西盟佤族自治县
临沧市：镇康县、双江拉祜族佤族布朗族傣族自治县、耿马傣族佤族自治县、沧源佤族自治县

三类地区（131个县、市、区）

	行　政　单　位
三类地区 （131 个县、 市、区）	怒江傈僳族自治州：泸水县、福贡县、兰坪白族普米族自治县
	红河哈尼族彝族自治州：元阳县、红河县
	6. 贵州（7 个）
	六盘水市：水城县
	毕节地区：织金县、纳雍县、赫章县、威宁彝族回族苗族自治县
	黔西南布依族苗族自治州：普安县、晴隆县
	7. 四川（9 个）
	乐山市：金口河区、峨边彝族自治县、马边彝族自治县
	攀枝花市：盐边县
	阿坝藏族羌族自治州：九寨沟县
	甘孜藏族自治州：泸定县
	凉山彝族自治州：盐源县、甘洛县、雷波县
	8. 黑龙江（5 个）
	黑河市：逊克县、孙吴县
	大兴安岭地区：呼玛县、塔河县、漠河县
	9. 内蒙古（24 个）
	包头市：达尔罕茂明安联合旗
	通辽市：霍林郭勒市
	呼伦贝尔市：牙克石市、额尔古纳市、新巴尔虎右旗、新巴尔虎左旗、陈巴尔虎旗、鄂伦春自治旗、 鄂温克族自治旗、莫力达瓦达斡尔族自治旗
	鄂尔多斯市：鄂托克前旗
	乌兰察布市：化德县、商都县、察哈尔右翼中旗、察哈尔右翼后旗
	巴彦淖尔市：乌拉特中旗
	兴安盟：阿尔山市
	锡林郭勒盟：多伦县、东乌珠穆沁旗、西乌珠穆沁旗、太仆寺旗、镶黄旗、正镶白旗、正蓝旗
	10. 河北（3 个）
	张家口市：康保县、沽源县、尚义县
四类地区 （90 个县、 市、区）	1. 新疆（37 个）
	图木舒克市
	喀什地区：喀什市、疏附县、疏勒县、英吉沙县、泽普县、麦盖提县、岳普湖县、伽师县、巴楚县
	阿克苏地区：新和县、拜城县、阿瓦提县、乌什县、柯坪县
	吐鲁番地区：托克逊县
	克孜勒苏柯尔克孜自治州：阿图什市
	博尔塔拉蒙古自治州：温泉县
	昌吉回族自治州：木垒哈萨克自治县
	巴音郭楞蒙古自治州：尉犁县、和硕县、和静县

	行　政　单　位
四类地区 （90 个县、 市、区）	伊犁哈萨克自治州：霍城县、巩留县、新源县、察布查尔锡伯自治县、特克斯县、尼勒克县
	塔城地区：额敏县、托里县、裕民县、和布克赛尔蒙古自治县
	阿勒泰地区：阿勒泰市、布尔津县、富蕴县、福海县、哈巴河县
	2. 青海（12 个）
	海东地区：化隆回族自治县
	海北藏族自治州：海晏县、祁连县、门源回族自治县
	海南藏族自治州：共和县、同德县、贵南县
	黄南藏族自治州：同仁县
	海西蒙古族藏族自治州：德令哈市、格尔木市、乌兰县、都兰县
	3. 甘肃（9 个）
	武威市：天祝藏族自治县
	酒泉市：肃北蒙古族自治县、阿克塞哈萨克族自治县
	张掖市：肃南裕固族自治县
	临夏回族自治州：东乡族自治县、积石山保安族东乡族撒拉族自治县
	甘南藏族自治州：合作市、卓尼县、夏河县
	4. 云南（3 个）
	昭通市：巧家县
	怒江傈僳族自治州：贡山独龙族怒族自治县
	迪庆藏族自治州：维西傈僳族自治县
	5. 四川（20 个）
	阿坝藏族羌族自治州：马尔康县、松潘县、金川县、小金县、黑水县
	甘孜藏族自治州：康定县、丹巴县、九龙县、道孚县、炉霍县、新龙县、德格县、白玉县、巴塘县、乡城县
	凉山彝族自治州：布拖县、金阳县、昭觉县、美姑县、木里藏族自治县
	6. 内蒙古（9 个）
	呼伦贝尔市：根河市
	乌兰察布市：四子王旗
	巴彦淖尔市：乌拉特后旗
	锡林郭勒盟：阿巴嘎旗、苏尼特左旗、苏尼特右旗
	阿拉善盟：阿拉善左旗、阿拉善右旗、额济纳旗
五类地区 （37 个县、 市、区）	1. 新疆（16 个）
	喀什地区：莎车县
	和田地区：和田市、和田县、墨玉县、洛浦县、皮山县、策勒县、于田县、民丰县
	哈密地区：伊吾县、巴里坤哈萨克自治县
	巴音郭楞蒙古自治州：若羌县、且末县
	伊犁哈萨克自治州：昭苏县

行 政 单 位	
阿勒泰地区：青河县、吉木乃县	
2. 青海（10 个）	
海北藏族自治州：刚察县	
海南藏族自治州：兴海县	
黄南藏族自治州：泽库县、河南蒙古族自治县	
果洛藏族自治州：玛沁县、班玛县、久治县	
玉树藏族自治州：玉树县、囊谦县	
海西蒙古族藏族自治州：天峻县	
3. 甘肃（2 个）	
甘南藏族自治州：玛曲县、碌曲县	
4. 云南（1 个）	
迪庆藏族自治州：香格里拉县	
5. 四川（8 个）	
阿坝藏族羌族自治州：壤塘县、阿坝县、若尔盖县、红原县	
甘孜藏族自治州：雅江县、甘孜县、稻城县、得荣县	

五类地区（37 个县、市、区）对应上表内容。

行 政 单 位	
1. 新疆（5 个）	
喀什地区：塔什库尔干塔吉克自治县、叶城县	
克孜勒苏柯尔克孜自治州：阿克陶县、阿合奇县、乌恰县	
2. 青海（7 个）	
果洛藏族自治州：甘德县、达日县、玛多县	
玉树藏族自治州：杂多县、称多县、治多县、曲麻莱县	
3. 云南（1 个）	
迪庆藏族自治州：德钦县	
4. 四川（3 个）	
甘孜藏族自治州：石渠县、色达县、理塘	

六类地区（16 个县、市、区）对应上表内容。

附录 4　西藏自治区特殊津贴地区类别划分

类别	地市名称	包　括　范　围
二类区	拉萨	拉萨市城关区及所属办事处，堆龙德庆县，墨竹工卡县（不含直孔区和门巴区），曲水县，达孜县，尼木县县驻地、尚日区、吞区、尼木区
二类区	山南	乃东县，琼结县（不含加麻区），措美县当巴区、乃西区，加查县，贡嘎县（不含东拉区），洛扎县（不含色区和蒙达区），曲松县（不含贡康沙区、邛多江区），桑日县（不含真纠区），扎囊县，错那县勒布区、觉拉区，隆子县县驻地、三安曲林区、加玉区、新巴区，浪卡子县卡拉区
二类区	日喀则	日喀则市，萨迦县孜松区、吉定区，江孜县卡麦区、重孜区，拉孜县拉孜区、扎西岗区、彭错林区，定日县卡选区、绒辖区，聂拉木县县驻地，吉隆县吉隆区，亚东县县驻地、下司马镇、下亚东区、上亚东区，谢通门县县驻地、恰嘎区，仁布县县驻地、仁布区、德吉林区，白朗县（不含汪丹区），南木林县多角区、艾马岗区、土布加区，樟木口岸
二类区	林芝	林芝县，朗县，米林县，察隅县，波密县，工布江达县（不含加兴区、金达乡）
二类区	昌都	昌都县（不含妥坝区、拉多区、面达区），左贡县（不含川妥区、美玉区），察雅县（不含括热区、宗沙区），八宿县（不含邦达区、同卡区、夏雅区），芒康县（不含戈波区），贡觉县县驻地、波洛区、香具区、哈加区，边坝县（不含恩来格区），江达县（不含德登区、青泥洞区、字嘎区、邓柯区、生达区），洛隆县（不含腊久区），类乌齐县县驻地、桑多区、尚卡区、甲桑卡区、丁青县（不含嘎塔区）
三类区	拉萨	墨竹工卡县门巴区、直孔区，林周县，尼木县安岗区、帕古区、麻江区，当雄县（不含纳木错区）
三类区	山南	桑日县真纠区，琼结县加麻区，措美县县驻地、当许区，洛扎县色区、蒙达区，曲松县贡康沙区、邛多江区，错那县县驻地、洞嘎区、错那区，隆子县甘当区、扎日区、俗坡下区、雪萨区，浪卡子县（不含卡拉区、张达区、林区）
三类区	日喀则	定结县县驻地、陈塘区、萨尔区、定结区、金龙区，萨迦县（不含孜松区、吉定区），江孜县（不含卡麦区、重孜区），拉孜县县驻地、曲下区、温泉区、柳区，定日县（不含卡达区、绒辖区），康马县，聂拉木县（不含县驻地），吉隆县（不含吉隆区），亚东县帕里镇、堆纳区，谢通门县塔玛区、查拉区、德来区，昂仁县（不含桑桑区、查孜区、措麦区），萨嘎县旦嘎区，仁布县帕当区、然巴区、亚德区，白朗县汪丹区，南木林县（不含多角区、艾玛岗区、土布加区）
三类区	林芝	墨脱县，工布江达县加兴区、金达乡
三类区	昌都	昌都县妥坝区、拉多区、面达区，芒康县戈波区，贡觉县则巴区、拉妥区、木协区、罗麦区、雄松区，八宿县邦达区、同卡区、夏雅区，左贡县田妥区、美玉区，边坝县恩来格区，洛隆县腊久区，江达县德登区、青泥洞区、字嘎匠、邓柯区、生达区，察雅县括热区、宗沙区，类乌齐县长毛岭区、卡玛多（巴夏）、类乌齐区
三类区	那曲	嘉黎县尼屋区，巴青县县驻地、高口区、益塔区、雅安多区，索县，比如县（不含下秋卡区、恰则区）

类别	地市名称	包 括 范 围
四类区	拉萨	当雄县纳木错区
	山南	贡嘎县东拉区，浪卡子县张达区、林区，措美县哲古区，隆子县雪萨乡
	日喀则	定结县的德吉区（日屋区），谢通门县春哲（龙桑）区、南木切区，昂仁县桑桑区、查孜区、措麦区，仲巴县，岗巴县，萨嘎县（不含旦嘎区）
	昌都	丁青县嘎塔区
	那曲	那曲县，嘉黎县（不含尼屋区），申扎县，巴青县江绵区、仓来区、巴青区、本索区，聂荣县，尼玛县，比如县下秋卡区、恰则区，班戈县，安多县
	阿里	噶尔县，日土县，扎达县，普兰县，革吉县，改则县，措勒县

参 考 文 献

［1］ 水利部水利建设经济定额站. 水利工程设计概（估）算编制规定（工程部分）［M］. 北京：中国水利水电出版社，2015.

［2］ 中华人民共和国水利部. 水利建筑工程概算定额（上、下册）［M］. 郑州：黄河水利出版社，2002.

［3］ 中华人民共和国水利部. 水利水电设备及安装工程概算定额［M］. 郑州：黄河水利出版社，2002.

［4］ 中华人民共和国水利部. 水利工程施工机械台时费定额［M］. 郑州：黄河水利出版社，2002.

［5］ 中华人民共和国水利部. 水利工程概预算补充定额［M］. 郑州：黄河水利出版社，2005.

［6］ 陈全会，王修贵，谭兴华. 水利水电工程定额与造价［M］. 北京：中国水利水电出版社，2003.

［7］ 李春生，胡祥建. 水利工程造价编制实训［M］. 郑州：黄河水利出版社，2008.

［8］ 中国水利学会水利工程造价管理专业委员会. 水利工程造价［M］. 北京：中国计划出版社，2002.

［9］ 李春生. 水利水电工程造价［M］. 北京：中国水利水电出版社，2013.

［10］ 方国华，朱成立. 水利水电工程概预算［M］. 郑州：黄河水利出版社，2008.

［11］ 徐学东，姬宝霖. 水利水电工程概预算［M］. 北京：中国水利水电出版社，2005.

［12］ 钟汉华. 水利水电工程造价［M］. 北京：科学出版社，2004.

［13］ 吴恒安. 财务评价、国民经济评价、社会评价、后评价理论与方法［M］. 北京：中国水利水电出版社，1998.

［14］ 施熙灿. 水利工程经济学［M］. 4 版. 北京：中国水利水电出版社，2010.

［15］ 黄森开. 工程造价编制实训［M］. 北京：中国水利水电出版社，2003.

［16］ 中华人民共和国水利部. SL 328—2005 水利水电工程设计工程量计算规定［S］. 北京：中国水利水电出版社，2006.

［17］ 中华人民共和国建设部，中华人民共和国国家质量监督检验检疫总局. GB 50501—2007 水利工程工程量清单计价规范［S］. 北京：中国水利水电出版社，2007.

［18］ 国家计划委员会，建设部. 工程勘察设计收费标准［M］. 北京：中国物价出版社，2002.

［19］ 国家发展和改革委员会，建设部. 建设工程监理与相关服务收费管理规定［M］. 北京：中国市场出版社，2007.